이 책의 구성

준비편 실습 환경 설정 안내

도입편 머신러닝의 기본

> **1장** 기계 학습 입문 ▶ ▶ ▶   필수 **손실함수**

이론편 수학의 최단기 코스

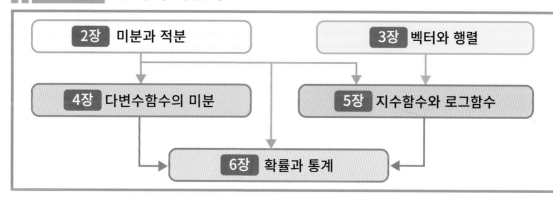

실습편 머신러닝 · 딥러닝 실전

필수 딥러닝 구현을 위한 필수 개념	1장 회귀1	7장 회귀2	8장 이진 분류	9장 다중 클래스 분류	10장 딥러닝
1 손실함수	○	○	○	○	○
3.7 행렬과 행렬 연산				○	○
4.5 경사하강법		○	○	○	○
5.5 시그모이드 함수			○		○
5.6 소프트맥스 함수				○	○
6.3 최대가능도 함수와 최대가능도 추정			○	○	○
10 오차역전파					○

발전편 실무 과제 해결로

> **11장** 실용적인 딥러닝을 위해

딥러닝을 위한 수학

인공지능의 핵심 원리를 이해하고
파이썬으로 구현해 보는

표지 일러스트레이터

미나

일러스트레이터이자 IT 전문서의 저자이며, 영어와 일본어 기술서의 역자이기도 하다. 홍차와 커피를 좋아하며, 시간이 남으면 피아노와 기타 연주를 즐긴다. 취미는 직업 만들기이다.

[예제파일 다운로드]
https://wikibook.co.kr/mathdl/
https://github.com/wikibook/math_dl_book_info/

딥러닝을 위한 수학

인공지능의 핵심 원리를 이해하고
파이썬으로 구현해 보는

지은이 아카이시 마사노리

엮은이 신상재

펴낸이 박찬규   엮은이 이대엽   디자인 북누리   표지디자인 Arowa & Arowana

펴낸곳 위키북스   전화 031-955-3658, 3659   팩스 031-955-3660

주소 경기도 파주시 문발로 115 세종출판벤처타운 311호

가격 25,000   페이지 324   책규격 188 x 240mm

1쇄 발행 2020년 03월 30일

2쇄 발행 2021년 06월 24일

ISBN 979-11-5839-194-2 (93500)

등록번호 제406-2006-000036호   등록일자 2006년 05월 19일

홈페이지 wikibook.co.kr   전자우편 wikibook@wikibook.co.kr

SAITAN COURSE DE WAKARU DEEP LEARNING NO SUGAKU written by Masanori Akaishi.
Copyright © 2018 by Masanori Akaishi.
All rights reserved.
Originally published in Japan by Nikkei Business Publications, Inc.
Korean translation rights arranged with Nikkei Business Publications, Inc., Tokyo
through Botong Agency. Seoul

이 책의 한국어판 번역권은 Botong Agency를 통한 저작권자와의 독점 계약으로 위키북스가 소유합니다.
신 저작권법에 의하여 한국 내에서 보호를 받는 저작물이므로 무단전재와 무단복제를 금합니다.
이 책의 내용에 대한 추가 지원과 문의는 위키북스 출판사 홈페이지 wikibook.co.kr이나
이메일 wikibook@wikibook.co.kr을 이용해 주세요.

이 도서의 국립중앙도서관 출판시도서목록 CIP는
서지정보유통지원시스템 홈페이지(http://seoji.nl.go.kr)와
국가자료공동목록시스템(http://www.nl.go.kr/kolisnet)에서 이용하실 수 있습니다.
CIP제어번호 CIP2020010765

딥러닝을 위한 수학

인공지능의
핵심 원리를 이해하고
파이썬으로 구현해 보는

아카이시 마사노리 지음
/
신상재 옮김

위키북스

아카이시 마사노리 (赤石 雅典)

1985년에 도쿄대학공학부 계수공학과를 졸업하고 1987년 도쿄대학공학계 연구과 계수공학 석사 과정을 수료한 후 일본 IBM에 입사했다. 도쿄 기초 연구소에서 수식 처리 시스템을 연구, 개발하다 1993년 시스템 엔지니어 부문으로 옮겨 오픈 시스템의 인프라 설계 및 구축, 애플리케이션 설계 등의 업무를 수행했다. 2013년에는 스마트 시티 사업에 참여하고 2016년에는 왓슨(Watson) 사업부로 옮겨 현재까지 이르고 있다.

저서로는 《왓슨 스튜디오로 시작하는 머신러닝, 심층학습》《실무 현장에서 사용할 수 있다! Python 자연어 처리 입문》이 있다. 교토정보대학원대학에서 '인공지능을 위한 수학'을 강의하고 있다. 그 밖에 기술 관련 사이트(Qiita)에 다수의 글을 기고하였다.

2012년 이미지 인식 경연대회[1]에서 경이로운 인식률로 주목받은 '딥러닝'은 이후에도 무서운 기세로 발전을 거듭하며 더 이상 거스를 수 없는 대세가 됐습니다.

인공지능(AI)은 과거에도 1차 붐과 2차 붐이 있었는데 이번의 3차 붐이 이전과 다른 점은 지금까지 풀지 못한 문제를 하나하나 해결하고 있다는 점입니다. 인공지능이 앞으로 어떤 모습으로 발전할지 알 수는 없지만 우리 사회에 꼭 필요한 기술로 자리 잡게 될 것이 분명합니다.

딥러닝이 사회에 일으킨 파장이 크다 보니 많은 사람들이 그 원리를 궁금해했고 저 역시 그랬습니다. 딥러닝을 익히면서 기초적인 부분은 이해하게 됐고 다행스럽게도 책 한 권을 쓸 수 있는 수준이 됐습니다.

이 과정에서 깨달은 것을 한마디로 요약하면 '딥러닝은 결국 수학이다'였습니다. 그리고 또 한 가지 느낀 것은 '머신러닝'이나 '딥러닝'을 다룬 수많은 책들이 초심자를 너무 의식한 나머지 딥러닝의 본질에 도달하지 못하거나, 내용은 좋은데 시작부터 내용이 이해하기 어렵다는 점이었습니다. 아주 쉽거나 아주 어려운 양극단의 책은 많이 있었지만 그 중간의 책은 찾기 어려웠습니다. 특히 입문서의 경우 초보자는 수학을 못한다는 전제가 있다 보니 수학적 개념을 설명할 때 비유가 지나쳐 본질을 이해하기 어려운 경우도 있었습니다.

제가 책을 써야겠다고 결심한 큰 이유는 이 같은 간극을 좁히고 싶었기 때문입니다. 그리고 이 책을 쓸 때 가장 중요하게 생각한 점은 기존의 입문서처럼 수학에서 도망치지 않게 하자는 것이었습니다.

수학을 설명할 때 어디부터 시작하면 좋을지 고민한 결과 고등학교 1학년 수학을 복습하는 것으로 출발점을 정했습니다. 이 책에서 수준이 가장 높은 부분이라면 대학교 수학 과정이 있는데 다변수함수나 행렬 정도일 겁니다[2].

---

1   LSVRC(Large Scale Visual Recognition Challenge) 2012
2   고등학교 재학 시절에 행렬을 배우지 않았냐고 의아해할 분들은 현재의 교과 과정을 살펴보기 바랍니다. 2009년 개정 교육과정에서 행렬이 빠진 후 2015년 개정 시 재추가가 논의됐으나 결과적으로는 행렬은 추가되지 않고 '공간 벡터'도 함께 빠졌습니다.

생각해 보면 제법 어려울 수도 있는 내용이다 보니 일부 입문서에서는 이런 내용을 다루지 않은 것이 아니겠냐는 생각도 들었습니다. 그래서 이런 어려움에 좌절하는 대신 딥러닝 알고리즘을 이해하는 데 정말로 필요한 개념은 무엇인지 파악하고 그것을 알기 위한 지식을 고등학교 1학년 과정까지 찾아 들어갔습니다. 그렇게 개념을 정리하고 보니 딱 책 반 권 정도의 분량이 나왔고 나머지 반 권의 분량에 딥러닝 알고리즘을 다루면 제가 찾던 책이 될 것 같았습니다. 이 책은 그러한 아이디어와 접근법을 토대로 만들어졌습니다.

이 책은 준비편과 도입편, 이론편과 실습편, 그리고 마지막 발전편까지 총 5개의 부분으로 구성돼 있습니다. 준비편에서는 이 책에서 다룰 소스코드에 대한 설명과 실습 환경을 구성하는 방법을 설명했고, 뒤이어 나오는 도입편에서는 이 책에서 다루는 내용을 전반적으로 파악할 수 있게 했습니다. 처음에는 기본 개념만 다루려고 했는데 편집 과정에서 고등학교 1학년의 수준으로 쉽게 풀어 써달라는 요청이 있어 미분을 사용하지 않고 문제를 풀 수 있게 했습니다[3].

결과적으로 첫 단계에서 문제를 풀다 보면 머신러닝이나 딥러닝은 결국 '예측함수'에서 '손실함수'를 도출한 다음, '손실함숫값이 최소화'되도록 수학 모델을 만드는 것임을 알게 됩니다. 그리고 더 일반적인 문제를 풀기 위해서는 지수함수나 로그함수, 편미분 같은 개념이 필요해서 수학적 지식 없이는 딥러닝을 익히기가 어렵다는 것도 깨달을 겁니다.

그래서 이 책의 전반부인 이론편에서는 꼭 필요한 수학 지식을 설명했습니다. 특히 다음의 세 가지 포인트를 염두에 뒀습니다.

첫 번째로 이 책에 나오는 공식은 최대한 쉽게 설명해서 직관적으로 감을 잡을 수 있게 노력했습니다. 이 책을 준비할 때 여러 권의 고교 수학 참고서를 살펴봤는데, 주요 공식이 불쑥 나오더니 무작정 연습 문제를 푸는 형태가 많았습니다. 그런 접근법이라면 이해도 안 될뿐더러 이후의 내용도 이해하기 어렵다고 판단했습니다.

---

3   선형회귀 문제를 좌표계의 평행 이동과 완전제곱꼴을 사용한 방식으로 풀었습니다. 1.3절을 참고하세요.

그래서 이 책에서는 새로운 공식을 배울 때마다 왜 이 공식이 나왔는지를 최대한 친절하게 설명하려 했습니다[4]. 가능한 한 그림 위주로 설명하고 이 공식은 대략 이런 식으로 동작한다고 감이라도 잡을 수 있게 했습니다. 예를 들어, 2장에 나오는 미분은 함수의 그래프를 점점 확대해 보면 결국 직선으로 볼 수 있다는 이야기입니다. 이런 특징을 활용하면 더 복잡한 미분 공식도 간단히 이해할 수 있습니다. 자세한 내용은 2장을 읽을 때 살펴보기 바랍니다.

두 번째로 신경 쓴 부분은 꼭 필요한 개념만 최소한으로 다루자는 것이었습니다. 이 책의 목적이 딥러닝을 배우는 것이라면 그와 관련 없는 개념은 몰라도 됩니다. 이렇게 취사선택하는 과정에서 막연히 어렵다고 느낄 수 있는 수학의 진입 장벽을 낮췄습니다. 개인적으로 '삼각함수의 미분과 파이의 관계'나 '행렬의 고윳값과 고유 벡터' 같은 주제도 다루고 싶었지만 딥러닝에서는 쓰지 않는 개념이라 눈물을 머금고 빼기로 했습니다.

세 번째는 개념 간의 관계를 놓치지 않도록 노력했습니다. 수학적인 개념 사이에는 어떤 형태로든 관계와 의존성이 있습니다. 고등학교 1학년 때 배우는 수학을 시작으로 어떤 개념을 설명할 때는 중간에 언급되지 않은 내용이 나오지 않도록 이론편의 순서를 여러 차례 조정했습니다. 최종적으로는 지금의 형태가 됐는데, 그렇게 정리된 관계를 한눈에 알아볼 수 있게 각 장의 첫머리에 개념도를 그려 뒀습니다. 잘 모르는 개념이 있다면 이론편에 나오는 각 장의 개념도를 살펴보고 어디를 놓쳤는지 확인하기 바랍니다.

이 책의 후반부인 '실습편'에서는 딥러닝 알고리즘을 설명합니다. 실습편에서 특별히 염두에 둔 것은 '작은 보폭으로 한 걸음씩 나아갈 수 있게 한다'였습니다. 기본적인 '선형회귀'부터 마지막의 딥러닝에 이르기까지 이 책에서 다루는 다양한 머신러닝 모델은 마치 생물의 진화 과정처럼 이어집니다. 진화하는 순서대로 모델을 펼쳐 보면 모델 간의 차이점이 무엇인지 알게 되고, 다음 단계를 이해할 때 필요한 개념이 그리 많지 않다는 것을 알게 됩니다. 예를 들어, 딥러닝은 10장에서 다루지만 9장의 로지스틱 회귀에서 특별히 추가된 개념은 많지 않습니다. 조금씩 이해를 쌓다 보면 딥러닝에 자연스럽게 이를 것입니다. 각 모델에서 필요한 개념은 따로 정리해 뒀으니 꼭 한 번 살펴보기 바랍니다.

---

4 '증명'이 아니라 '설명'한다는 점이 이 책의 특징입니다. 공식을 자유롭게 다루기 위해서는 '대략 이런 것이구나'라고 감을 잡는 것이 중요합니다. 개인적으로는 수학자가 아니라면 엄밀한 증명이 반드시 필요한 것은 아니라고 생각합니다.

실습편에서 두 번째로 신경 쓴 부분은 '파이썬 코드를 주피터 노트북으로 실행한다'였습니다. 저는 파이썬을 비롯한 각종 프로그램은 자신이 이해한 것을 확인시켜주는 도구라고 생각합니다. 그래서 이 책에서는 독자가 직접 코드를 실행하면서 책의 내용을 확인할 수 있도록 코드를 작성하고, 실행하고, 결과를 확인할 수 있는 주피터 노트북을 쓰기로 했습니다.

그래서 이 책의 준비편에서는 주피터 노트북을 구성하는 방법을 안내합니다. 소스코드를 내려받아 실행해 보면서 책의 내용을 확인해 봅시다. 주피터 노트북은 소스코드 전체를 한 번에 실행할 수도 있지만 단계별로 일부만 실행할 수도 있습니다. 필요하면 코드의 매개변수도 바꿔보면서 결과를 확인해 보기 바랍니다. 그러다 보면 코드에 대한 이해도 한층 깊어질 거라 생각합니다.

파이썬 코드는 알고리즘의 근간이 되는 수식과 연결되도록 구성했습니다. 파이썬은 벡터나 행렬을 하나의 변수로 표현할 수 있어서 복잡한 계산도 간결하게 쓸 수 있습니다[5]. 이 책에서는 그런 점을 살려 예측이나 학습 알고리즘을 구현할 때 루프를 전혀 쓰고 있지 않습니다. 수식과 파이썬 코드가 일대일이 되도록 만들었는데 이런 방식이 알고리즘을 이해하는 데 도움이 될 것이라 생각합니다.

실습과 관련해서 또 하나 신경 쓴 부분은 소스코드가 실행될 때 에러가 나는 부분을 일부러 남겨뒀다는 점입니다. 그 에러는 독자가 실제로 머신러닝을 할 때 겪을 수 있는 것으로, 왜 에러가 나는지, 어떻게 해결하면 좋을지를 직접 체험하며 고칠 수 있도록 의도한 부분입니다[6].

이 책의 마지막 '발전편'에서는 본문에서 미처 다루지 못한 딥러닝의 주요 개념과 기법을 소개합니다. 상당히 어려운 내용을 짧게 정리했는데 여기까지 읽은 독자라면 큰 어려움 없이 읽을 수 있으리라 생각합니다. 마지막 장을 마무리하면서 기초부터 차근차근 쌓아온 보람을 느낄 수 있으면 좋겠습니다.

자, 이제 수학과 파이썬을 길잡이 삼아 딥러닝이라는 산을 올라보세요. 산꼭대기에 올라서면 이제까지 본 적이 없는 새로운 경치가 펼쳐져 있을 겁니다.

2019년 3월

아카이시 마사노리

---

5   정확히 말하자면 파이썬에서 사용하는 NumPy 라이브러리의 특징입니다.
6   옮긴이: 7.10절을 참고하세요.

신상재

2001년에 부산대학교 컴퓨터공학과를 졸업하고 삼성 SDS에 입사했다. 별다른 재주 없이 20년을 버틴 끝에 자칭 '고인 물의 전당'에 스스로 들어가 살아있는 레거시가 됐다. 일찍이 수포자였으나 초등학교 아들이 수학 문제집을 푸는 것을 보고 언젠가는 미적분을 물어볼지 모른다는 두려움에 인공지능을 핑계 삼아 수학 공부를 다시 하고 있다. 유튜브 채널 '번역하는 개발자'에서 자신이 번역한 책을 소개하고 번역하며 겪었던 에피소드를 공유하고 있다.

주요 번역서로는 《비즈니스 프레임워크》(로드북, 2020) 《스프링 철저 입문》(위키북스, 2018) 《인공지능을 위한 수학》(프리렉, 2018) 등이 있다.

때는 바야흐로 인공지능의 시대라고 할 정도로 우리의 일상에는 '인공지능'이라는 단어가 너무 흔해졌습니다. 다만 여전히 인공지능은 전지전능하고 인간의 의지와 상관없이 생각할 수 있으며, 심하게는 인간에게 위협을 줄 수 있는 존재라고 생각하는 사람도 있습니다. 막상 '인공지능'을 이해하기 시작하면 그 안에는 인간이 고민해서 만든 프로그램이 있으며, 인간이 정성스럽게 정제한 데이터가 있다는 것을 알게 됩니다. 그리고 그 기저에는 우리가 학교를 다니면서 이걸 왜 배워야 하나 한 번쯤은 의심했을 '수학'이 있다는 걸 깨닫게 됩니다.

이 책은 '딥러닝'을 해보겠다고 마음을 먹은 이들에게 어디에서 출발해서 어디로 가야 하는지를 알려주는 이정표와 같습니다. 고등학교 때의 기억을 거슬러 올라가 수학적 개념을 재확인하고, 그것을 컴퓨터가 알아들을 수 있도록 프로그래밍 언어로 옮기고, 그것을 실행하면서 인사이트를 얻는 과정을 함께 경험하도록, 그리고 그 과정에서 쉽게 포기하지 않도록 가능한 한 쉽고 직관적으로 설명합니다. 이 책이 어떤 책인지 빠르게 파악하실 수 있도록 몇 가지 특징을 정리해보았습니다.

원서의 특징

이 책의 원서인 《최단 코스로 배우는 딥러닝의 수학(最短コースでわかる ディープラーニングの数学)》은 다음과 같은 특징이 있습니다.

- 수식 전개는 수학적 엄밀함보다 직관적인 이해를 우선으로 합니다.
- 딥러닝을 배우는 데 꼭 필요한 수식만 다루고 그 수식을 파이썬으로 직접 구현했습니다.
- 실습 코드에는 macOS와 왓슨 스튜디오 환경에 맞게 보완한 코드를 추가했습니다.

번역서에서 보완한 내용

번역서에는 다음과 같은 내용을 추가했습니다.

- 이론을 배우면서 바로 실습할 수 있도록 실습 환경 구성을 먼저 설명했습니다.
- 인공지능 관련 용어가 헷갈리지 않도록 관계도를 추가했습니다.

- 읽다가 멈칫하지 않도록 이 책에 나오는 수학 기호와 그리스 문자를 따로 정리했습니다.

- 본문 내에서 이전, 이후의 내용을 언급할 때는 해당 절을 명시해서 찾기 쉽게 만들었습니다.

- 주요 단어는 따로 검색할 수 있도록 처음 등장할 때 영문명을 병행 표기했습니다.

- 책을 읽다가 동적으로 변화하는 그래프를 휴대폰으로 바로 볼 수 있도록 QR코드를 추가했습니다.

책의 공략법

이 책은 다음과 같은 방법으로 공략할 수 있습니다.

- 각 장을 읽으면서 해당 장의 소스코드를 바로 실행해보기 바랍니다.

- 어떤 수식이 어떤 파이썬 코드로 구현됐는지 확인해보기 바랍니다.

- 소스코드의 파라미터를 직접 수정해보면서 어떤 변화가 생기는지 확인해보기 바랍니다.

- 경사하강법까지는 어렵지 않으나 오차역전파법부터는 어려울 수 있으니 집중해서 보기 바랍니다.

- 상세한 수식의 이해보다 문제를 해결하는 전체적인 흐름을 이해하기 바랍니다.

- 같은 주제를 다룬 다른 책과 교차해서 읽으면서 같은 개념을 다면적으로 살펴보기 바랍니다.

이 책 한 권으로 딥러닝에 통달하거나 전문가로 활약하진 못합니다. 하지만 인공지능이 인간을 위협하진 않을까 우려하는 분들이나 딥러닝만 도입하면 안 되던 비즈니스도 성공하지 않을까 생각하는 이들에게 딥러닝이 무엇인지, 어떻게 만들어지는지 경험하는 데는 충분합니다.

인공지능과 관련된 수많은 책이 범람하는 가운데 저자와 역자, 베타리더가 온라인으로 국경을 넘나들면서 고민한 흔적을 한 권의 책에 담아냈습니다. 부디 이 책이 여러분이 가진 딥러닝에 대한 궁금증을 풀어주고, 잊혀졌던 수학적 개념을 다시 소환하는 계기가 되면 좋겠습니다.

'수학이 이렇게 유용한 것이었나?', '이게 이럴 때 쓰이는 것이구나!'라는 즐거움을 여러분도 함께 만끽하길 바랍니다.

수학은 결코 어렵지 않습니다. 살 빼는 것에 비하면

신상재

곽도영 (NAVER iOS Developer)

최근 딥러닝은 사용하기 편리한 방향으로 나아가고 있습니다. 하지만 조금만 더 깊게 들어가 보면 수식에서 막힐 때가 많았던 것 같습니다. 이 책에서는 기초적인 수학 기호부터 미분까지, 딥러닝에 필요한 수학을 고등학교 수준에서 차근차근 설명합니다. 저에게 이 책은, 논문을 볼 때 막연히 두려웠던 수식들과 친해질 수 있는 좋은 기회였습니다.

이 책을 통해 독자분들이 좀 더 친숙하게, 그리고 더 깊게 딥러닝을 이해하며 앞으로 나아갈 수 있기를 기대합니다.

김세준 (클라우드메이트 Azure사업부장)

"수학전공자가 아닌 나에게 꼭 필요한 책"

예전에 치열하게 공부했던 고등학생 때가 떠오르네요. 그때 수학을 즐겁게 공부했었는데 다시 개념을 보니 추억을 되돌아보는 듯한 기분이 들었습니다.

이 책은 추억을 되살리면서 딥러닝을 공부할 수 있는 적절한 난이도를 갖추고 있습니다. 딱 고등학생 때 배우는 수학 수준으로도 이해할 수 있게 설명하니 수학 전공이 아닌 저에겐 알맞은 난이도였습니다.

특히 실습편에서 실제로 기계학습을 돌려보며 이론편에서 설명한 내용들을 풀어가니 마치 수학 문제를 푼 것 같은 보람찬 느낌이 듭니다.

이중민 (지나가던 IT/수학 관련 번역자)

지금까지 딥러닝을 공부할 때 알면 좋은 수학 관련 책이 여러 권 출간되었습니다. 어떤 책이든 특징이 있지만 이 책은 지금까지 출간된 머신러닝과 딥러닝 수학 관련 책에서 소개한 수학 이론이 모두 포함(심지어 삼각함수도 소개합니다)되었다는 점에서 가치가 있습니다. 기존 책에서는 간략하게 소개한 공식도 비교적 자세하게 전개 과정을 다룹니다. 마지막으로 이러한 수학 이론을 충분히 배운 후 실제 파이썬으로 구현하는 결과도 초급부터 중급 내용까지 잘 소개되었습니다.

처음 딥러닝을 공부하는 사람이 부담을 느낄 수 있는 개발 환경 설치와 클라우드에서 주피터 노트북을 사용하는 방법 등도 잘 알려줍니다. 딥러닝이나 머신러닝 수학을 제대로 공부하고 싶은 분이라면 이 책을 꼭 읽어보길 권합니다.

익명의 베타리더

익명을 요청한 베타리더가 계셨습니다.

덕분에 많은 오류를 찾아내고 보완할 수 있었습니다. 수학 전공자가 보았을 때 지적할 수 있는 표현을 고치면서도 비전공자가 보았을 때 이해할 수 있도록 난이도 조절을 하는 데 큰 도움을 주셨습니다. 보완한 내용은 본문 행간에, 옮긴이의 각주에, 그림 등에 고스란히 녹였습니다.

이름을 밝힐 수는 없지만, 지면을 빌려 감사드립니다.

이론편

CHAPTER
02 | 미분과 적분

CHAPTER
03 | 벡터와 행렬

발전편

부록

준비편

실습 환경 구성

이 책의 실습편에서는 본문을 읽으면서 소스코드를 실행해 볼 수 있습니다. 실습 환경을 미리 구성한 다음, 읽다가 궁금한 것이 있으면 있으면 바로 실행해보고, 소스코드도 수정하면서 이해의 폭을 넓혀 보기 바랍니다[1].

소스코드 다운로드

이 책에서 사용되는 소스코드는 깃허브(GitHub)라는 소스코드 저장소에서 다운로드할 수 있습니다[2].

- URL: https://github.com/wikibook/math_dl_book_info

- 단축 URL: https://bit.ly/2MM54Yu

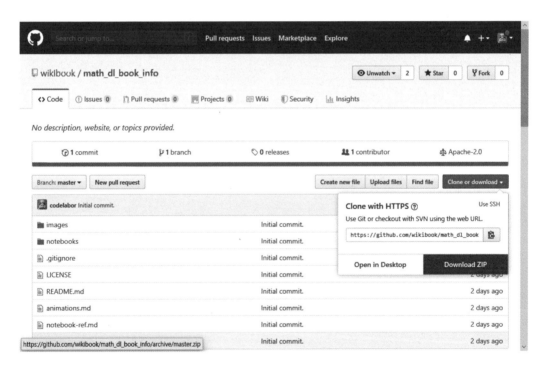

---

1 옮긴이: 이후 나오는 내용은 이 책의 번역 시점(2020년 03월)에 맞춰 새로 작성했습니다. 이 책을 보는 시기에 따라 버전의 차이나 설치, 설정, 오류의 내용이 다를 수 있습니다.

2 옮긴이: 공개되는 소스코드는 Apache License 2.0 라이선스를 따릅니다.

화면 우측에 보이는 초록색 'Clone or download' 버튼을 누르면 그 아래로 파란색 'Download ZIP' 버튼이 나타납니다. 이 버튼을 눌러 zip 파일로 압축된 소스코드를 받습니다.

개인 PC의 환경에 따라 다운로드 경로는 달라질 수 있으며, 별다른 설정을 하지 않았다면 다음과 같은 기본 다운로드 경로에 파일이 저장됩니다.

- 윈도우: C:\Users\사용자명\Downloads\

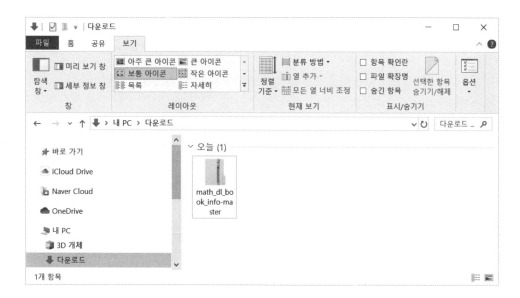

- macOS: /Users/사용자명/Downloads/

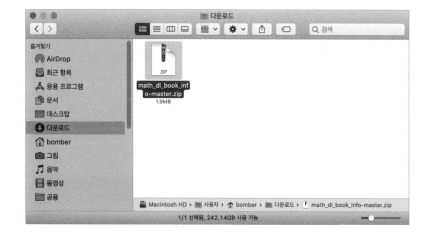

다음은 다운로드한 압축 파일을 풀어봅시다[3]. 운영체제마다 기본으로 제공하는 압축 해제 방법이 있는데 윈도우 사용자라면 파일 탐색기에서, macOS 사용자라면 파인더에서 압축 파일을 선택한 다음, 마우스 오른쪽 버튼을 클릭했을 때 표시되는 컨텍스트 메뉴에서 압축을 풀 수 있습니다.

- 윈도우: '압축 풀기' 메뉴 선택

- macOS: '다음으로 열기' 선택 → '아카이브 유틸리티.app' 메뉴 선택

압축을 푼 파일을 원하는 경로로 옮겨도 되고 압축을 푼 상태 그대로 둬도 상관없습니다. 나중에 주피터 노트북에서 이 파일을 사용하게 되므로 압축이 풀린 위치만 잘 기억해두기 바랍니다.

제공되는 소스코드는 다음과 같은 환경에서 테스트했습니다. 그 밖의 환경에서 실행할 경우, 소스코드나 설정을 수정해야 할 수 있습니다.

- 로컬 PC 환경: Anaconda(윈도우, macOS)

- 클라우드 환경: Google Colaboratory, IBM Watson Studio

개인 PC에서 주피터 노트북 사용하기

주피터 노트북은 노트북(notebook)이라는 파일을 실행하고, 결과를 기록하면서, 데이터를 분석하는 툴입니다. 노트북 파일은 파이썬(Python)이라는 프로그래밍 언어로 복잡한 계산을 하거나 그래프를 그릴 수 있고, 마크다운(Markdown) 문법으로 수식이나 문서를 쓸 수도 있습니다[4]. 그래서 주피터 노트북은 딥러닝을 배우는 데 최적의 환경을 제공하는 툴이라 할 수 있습니다.

주피터 노트북은 개인 PC에 설치해서 쓸 수 있고 클라우드 서비스로 쓰기도 합니다.

이 책에서는 개인 PC에서 주피터 노트북을 실행할 수 있는 아나콘다(Anaconda)라는 툴을 사용합니다[5].

---

3 옮긴이: macOS의 사파리 브라우저는 설정에 따라 다운로드 즉시 압축을 해제하거나 해제하지 않을 수 있습니다. (환경설정 → 일반 → 다운로드 후 '안전한' 파일 열기)

4 옮긴이: 주피터 노트북은 아이파이썬 노트북(IPython Notebook)이 발전한 것입니다. 노트북 파일에는 파이썬 코드나 마크다운 문서를 쓸 수 있는데 노트북 파일 자체는 JSON 형식의 텍스트 파일이며 확장자인 '.ipynb'는 'ipython notebook'에서 유래한 것입니다.

5 옮긴이: 아나콘다는 데이터 분석에 필요한 각종 툴을 모아놓은 파이썬 배포판으로, 이 책의 실습에는 아나콘다에 내장된 주피터 노트북을 사용합니다.

아나콘다를 사용하는 경우(윈도우)

윈도우 운영체제에서 주피터 노트북을 사용하는 방법을 살펴봅시다. 여기서는 Windows 10 Enterprise 1909 버전(64비트)을 기준으로 합니다.

아나콘다 사이트 접속

아나콘다를 다운로드하기 위해 다음 경로에 접속합니다. 화면 우측 상단의 'Download'를 클릭합니다.

- URL: https://www.anaconda.com/distribution/

- 단축 URL: https://bit.ly/2MMwfT2

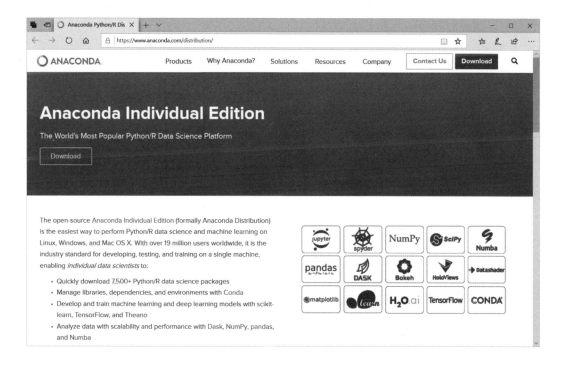

설치 파일 다운로드

이 책의 출간 시점에는 2020.02 버전을 이용할 수 있습니다. 설치할 컴퓨터의 아키텍처(32비트/64비트)에 맞춰 다운로드할 설치 파일을 선택합니다. 운영체제 아키텍처를 모를 때는 윈도우 10을 기준으로 '설정' → '시스템' → '정보' 화면으로 이동한 후 '디바이스 사양'의 '시스템 종류'를 확인합니다. '64비트 운영 체제, x64 기반 프로세서' 같은 정보에서 운영체제 아키텍처를 확인할 수 있습니다.

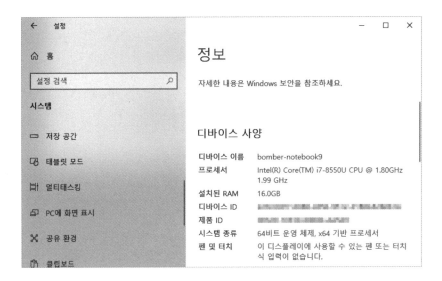

이 책에서는 윈도우용 파이썬 3.7 중에서도 64bit Graphical Installer를 사용한다는 전제로 설명합니다.

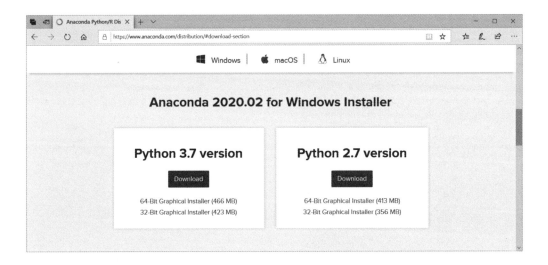

다운로드 경로를 특별히 지정하지 않았다면 운영체제의 사용자별 홈 디렉터리 아래의 '다운로드' 디렉터리에 파일이 저장됩니다[6].

---

6   옮긴이: 운영체제의 언어가 영어로 설정돼 있다면 'Downloads'로 보입니다.

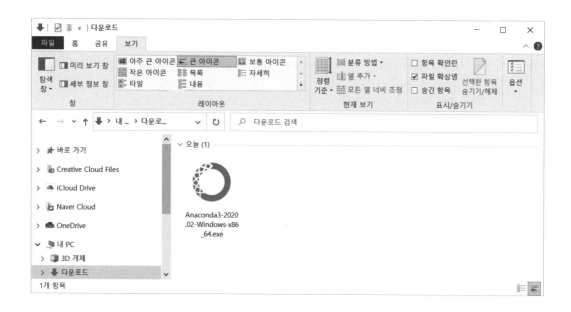

아나콘다 설치

다운로드한 파일을 실행해 설치를 시작합니다.

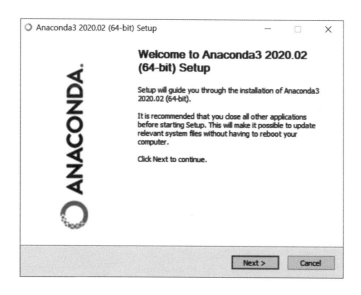

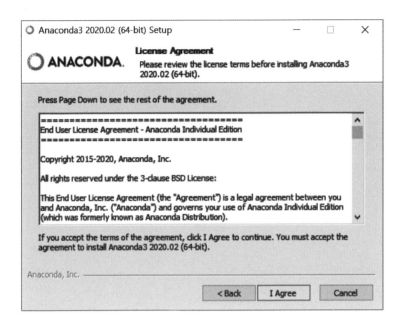

이후 설정 과정은 기본 설정으로 진행하면 됩니다. 다음은 운영체제의 사용자 중 프로그램을 설치한 자신만 프로그램을 사용할 수 있게 설정하는 내용입니다.

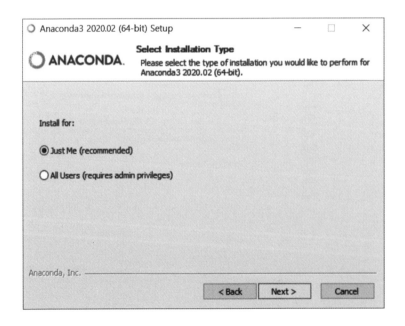

운영체제의 사용자명이 'bomber'라면 사용자별 홈 디렉터리 아래에 다음과 같이 설치됩니다.

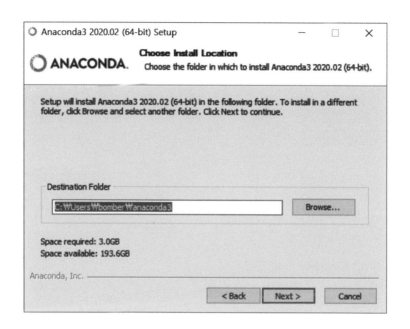

다음은 아나콘다에 포함된 파이썬을 시스템의 기본 파이썬 3.7 버전으로 사용하겠다는 의미입니다. 이 책의 번역 시점에 파이썬 3.8이 나오긴 했지만 아나콘다는 3.7까지만 지원합니다.

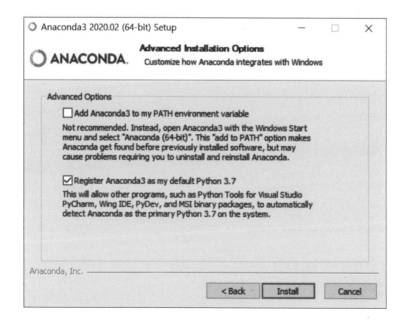

이후 설치 과정은 다음과 같습니다.

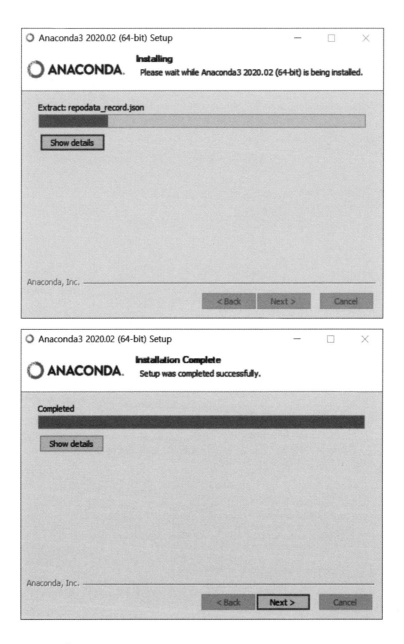

파이썬 개발을 위한 IDE[7]로 파이참(PyCharm)이라는 툴을 권장하지만 이 책에서는 주피터 노트북을 사용할 것이므로 필요하지 않습니다.

---

7 옮긴이: Integrated Development Environment의 약자로 애플리케이션을 개발하기 위한 각종 작업을 하나의 프로그램으로 할 수 있도록 통합된 개발 환경을 제공합니다. 텍스트 편집기, 컴파일러, 디버거 등의 개발 도구가 포함돼 있습니다.

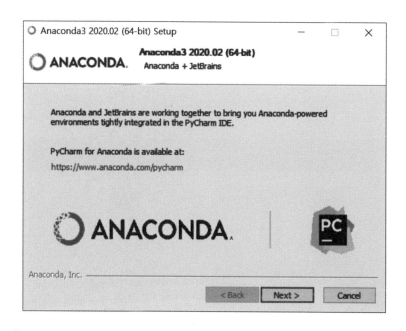

설치가 완료되면 아나콘다와 관련된 페이지를 볼 수 있습니다. 이 책을 볼 때는 해당 페이지를 볼 필요가 없지만 주피터 노트북을 아나콘다 클라우드에 공유하거나 아나콘다의 사용법이 궁금하다면 참고해도 좋습니다.

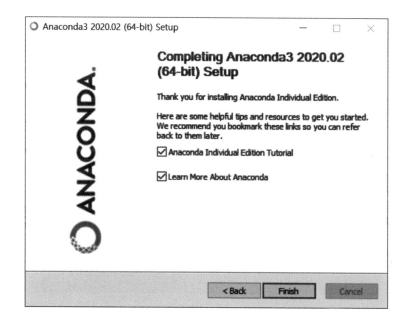

파이썬 환경 설정

우선 앞서 설치한 아나콘다를 명령행 방식인 CLI로 실행하도록 아나콘다 프롬프트(Anaconda Prompt)를 실행합니다[8]. 윈도우 10을 사용한다면 좌측 하단의 검색 창에서 'anaconda prompt'를 입력하면 쉽게 찾을 수 있습니다.

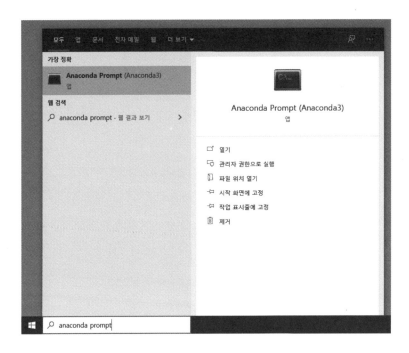

이후 실행되는 아나콘다 프롬프트에서는 운영체제의 기본 명령행 도구와 달리 아나콘다 관련 명령어를 사용할 수 있습니다. 명령어를 입력하는 프롬프트 표시 'C:\Users\<사용자명>' 앞에 현재 파이썬 환경이 표시됩니다. 파이썬 환경으로 'base'가 보이는데 이것은 기본 설치한 파이썬 3.7의 환경을 의미합니다.

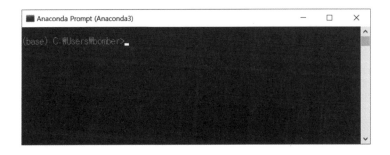

---

8 CLI: Command Line Interface의 약자로 사용자와의 입출력을 문자(명령)로 상호작용하는 방식입니다.

소스코드를 실행할 때 필요한 모듈을 추가합니다. 필요한 모듈은 다음과 같습니다.

- matplotlib
- scikit-learn
- jupyter
- tensorflow
- keras

아나콘다 프롬프트에 다음 명령어로 모듈을 추가합니다.

```
conda install 모듈명
```

이 명령어는 'conda'라는 패키지 관리자에게 'install'이라는 명령을 내리되 설치할 모듈은 '모듈명'이라는 의미입니다. 이 명령어로 다음과 같이 추가 모듈을 설치합니다. 지면 관계상 명령 결과는 생략하고 사용자가 입력할 명령어만 표시했습니다[9].

```
(base) C:\Users\bomber>conda install matplotlib
(base) C:\Users\bomber>conda install scikit-learn
(base) C:\Users\bomber>conda install jupyter
(base) C:\Users\bomber>conda install tensorflow
(base) C:\Users\bomber>codna install keras
```

여기까지 완료되면 다음은 주피터 노트북을 실행할 차례입니다.

주피터 노트북 실행

주피터 노트북을 실행하기 위해 GUI 툴인 아나콘다 내비게이터를 실행합니다[10]. 윈도우 10을 사용한다면 좌측 하단의 검색창에 'anaconda navigator'를 입력하면 쉽게 찾을 수 있습니다.

---

9 옮긴이: 모듈을 각각 설치하도록 안내한 것은 설치 과정에서 어떤 일이 벌어지는지 살펴보도록 의도한 것입니다. 모듈 설치에 익숙해지면 간단히 'conda install matplotlib scikit-learn jupyter tensorflow keras'처럼 한 줄로 실행해도 됩니다.

10 GUI: Graphical User Interface의 약자로 사용자와의 입출력을 그림으로 상호작용하는 방식입니다.

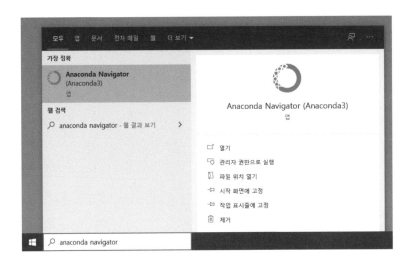

아나콘다 내비게이터가 실행되면 'Jupyter Notebook'을 찾아 실행(Launch)합니다

아나콘다 내비게이터가 제공하는 다양한 툴 중에서 'Jupyter Notebook'을 찾아 실행(Launch)합니다.

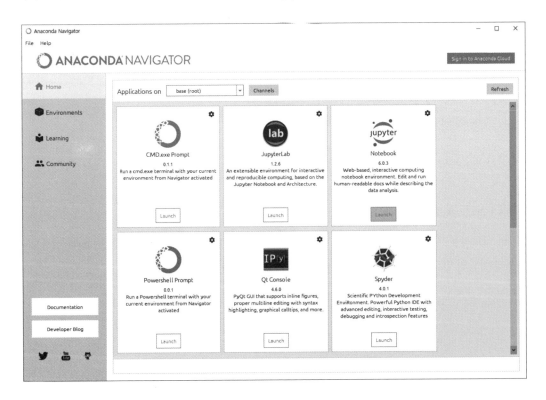

주피터 노트북이 실행되면 기본적으로 운영체제의 사용자별 홈 디렉터리를 표시합니다. 여기서 실행하고 싶은 주피터 노트북 파일이 있는 곳으로 이동합니다.

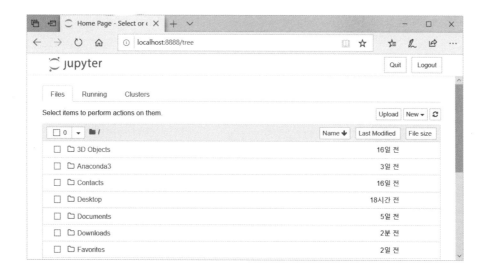

소스코드 실행

이제 앞에서 내려받은 소스코드를 실행해 볼 차례입니다. 여기서는 11장의 소스코드가 정상 동작하는지 확인해 보겠습니다. 이 소스코드는 이 책의 실습 중에서도 가장 복잡하고 실행 시간도 오래 걸립니다. 그래서 이 소스코드만 잘 동작하면 나머지 소스코드도 큰 무리 없이 동작할 겁니다.

'Downloads' 디렉터리로 이동해서 압축이 풀린 소스코드를 찾습니다.

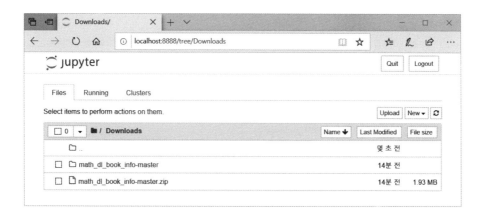

11장의 소스코드 위치는 다음과 같습니다. 이 경로는 'bomber'라는 사용자가 기본 다운로드 디렉터리에 소스코드를 다운로드한 다음 압축을 풀었을 때의 위치입니다.

```
C:\Users\bomber\Downloads\math_dl_book_info-master\notebooks\ch11-keras.ipynb
```

주피터 노트북에서 이 파일을 찾습니다.

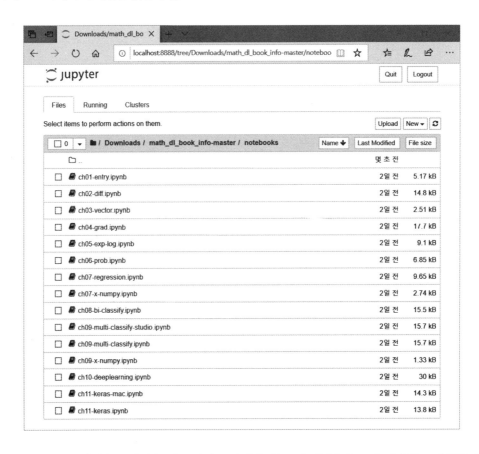

'ch11-keras.ipynb' 파일을 클릭했을 때 표시되는 화면에서 'Run' 버튼을 누르면 단계별로 실행할 수 있고 삼각형 모양의 버튼(▶▶)을 누르면 전체를 한 번에 실행할 수 있습니다.

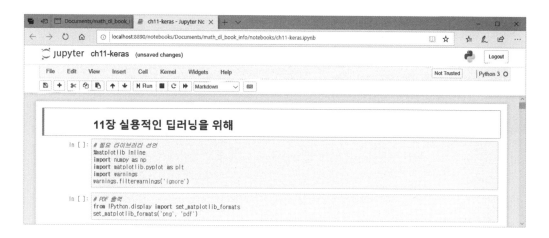

컴퓨터 사양에 따라 전체 실행 시간은 달라질 수 있는데 학습이 끝나고 결과가 나오기까지 십여 분이 걸립니다.

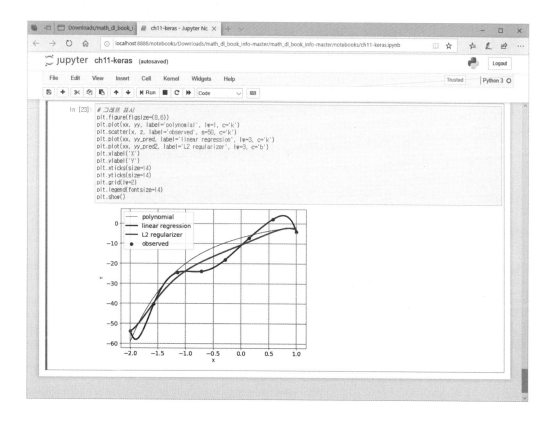

위와 같이 그래프가 잘 그려졌다면 실습할 환경은 준비됐습니다. 이후부터는 이 책의 내용을 소스코드와 비교하면서 읽어보기 바랍니다.

아나콘다를 사용하는 경우(macOS)

macOS 운영체제에서 주피터 노트북을 사용하는 방법을 살펴봅시다. 이 책에서는 macOS Catalina 버전 10.15.3(64비트)를 기준으로 합니다.

아나콘다 사이트 접속

아나콘다를 다운로드하기 위해 다음 경로에 접속합니다. 화면 우측 상단의 'Download'를 클릭합니다.

- URL: https://www.anaconda.com/distribution/

- 단축 URL: https://bit.ly/2MMwfT2

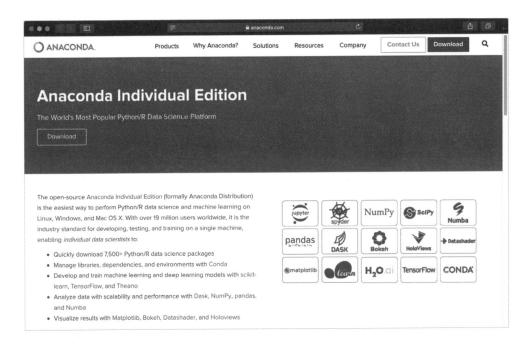

설치 파일 다운로드

이 책의 출간 시점에는 2020.02 버전을 이용할 수 있습니다. 윈도우에서는 운영체제 아키텍처에 따라 설치 파일이 달라지지만 macOS는 10.5 레오파드(Leopard) 버전 이후로 모두 64비트 운영체제입니다. 대신 macOS에서는 명령행 방식인 CLI냐 그림으로 표시되는 GUI냐에 따라 설치 파일이 달라집니다[11]. 이 책에서는 macOS용 Python 3.7 중에서도 64bit Graphical Installer를 사용한다는 전제로 설명합니다.

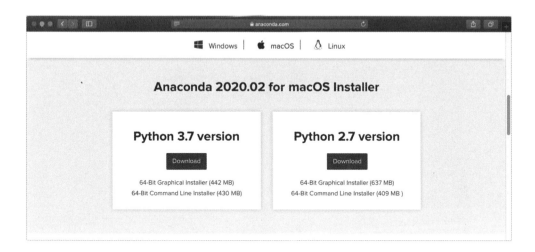

다운로드 경로를 특별히 지정하지 않았다면 운영체제의 사용자별 홈 디렉터리 아래의 '다운로드' 디렉터리에 파일이 다운로드됩니다[12].

---

11 GUI: Graphical User Interface의 약자로 사용자와의 입출력을 그림으로 상호작용하는 방식입니다.
CLI: Command Line Interface의 약자로 사용자와의 입출력을 문자(명령)로 상호작용하는 방식입니다.
12 옮긴이: 운영체제의 언어가 영어로 설정돼 있다면 'Downloads'로 보입니다.

아나콘다 설치

다운로드한 파일을 실행해 설치를 시작합니다.

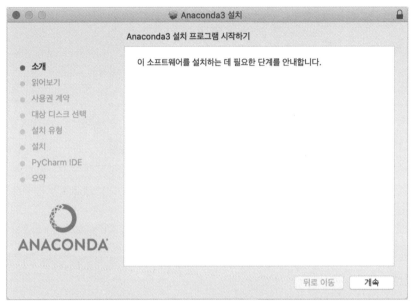

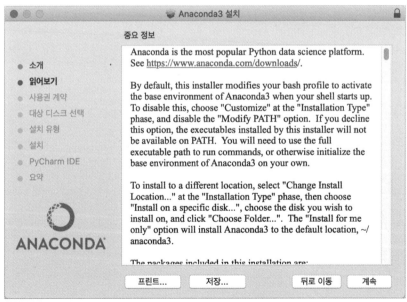

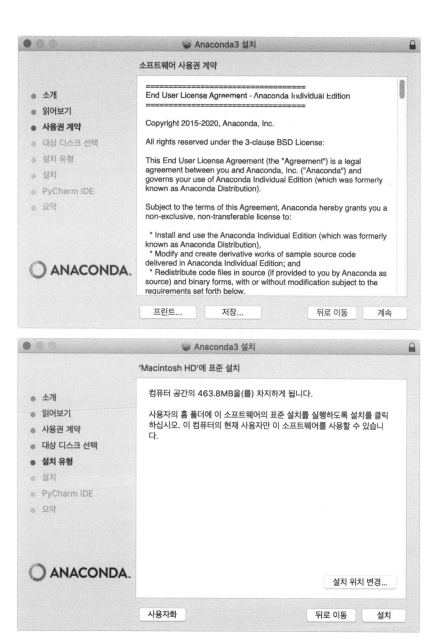

이후 설정 과정은 기본 설정으로 진행하면 됩니다. macOS용은 윈도우용과 달리 설치 과정에서 전체 사용자가 사용할지, 개별 사용자가 사용할지를 물어보는 화면이나 아나콘다에 포함된 파이썬 3.7을 기본으로 사용할지 결정하는 화면이 나오지 않습니다. 이후 설치 과정은 다음과 같습니다.

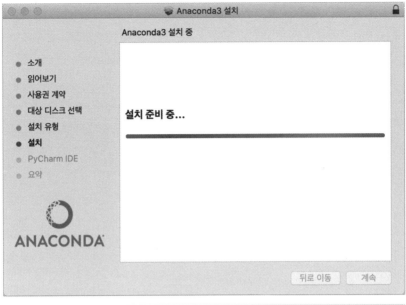

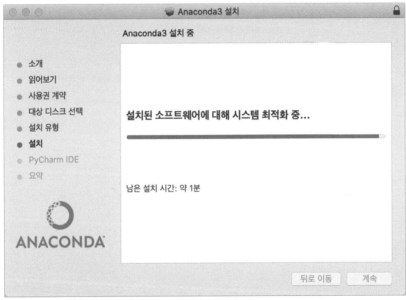

파이썬 개발을 위한 IDE[13]로 파이참(PyCharm)이라는 툴을 권하지만 이 책에서는 주피터 노트북을 사용할 것이므로 필요하지 않습니다.

---

13 옮긴이: Integrated Development Environment의 약자로 애플리케이션을 개발하기 위한 각종 작업을 하나의 프로그램으로 할 수 있도록 통합된 개발 환경을 제공합니다. 텍스트 편집기, 컴파일러, 디버거 등의 개발 도구가 포함돼 있습니다.

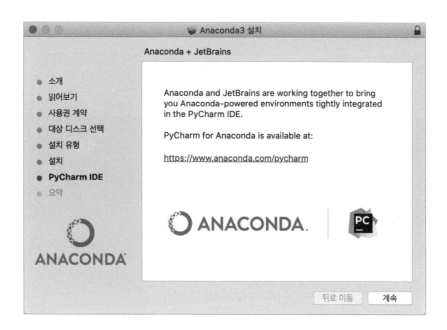

설치가 완료되면 주피터 노트북을 클라우드에 공유할 수 있는 아나콘다 클라우드 가입 링크가 표시됩니다. 이 책에서는 사용하지 않지만 작업한 주피터 노트북을 공유하고 싶다면 써보시기 바랍니다.

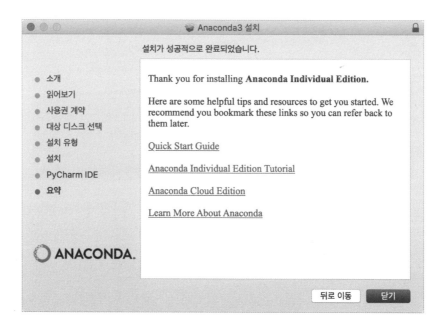

파이썬 환경 설정

윈도우에서는 아나콘다 프롬프트(Anaconda Prompt)라는 별도의 CLI 툴을 사용했지만 macOS에서는 기본으로 제공되는 터미널을 사용합니다.

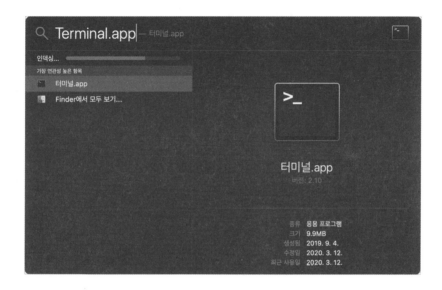

명령어를 입력하는 프롬프트 표시(예: 'bomber-macbook-pro') 앞에 현재 파이썬 환경이 표시됩니다[14]. 파이썬 환경으로 'base'가 보이는데 이것은 기본 설치한 파이썬 3.7 환경을 의미합니다[15].

이제 소스코드를 실행할 때 필요한 모듈을 추가합니다. 필요한 모듈은 다음과 같습니다.

- matplotlib
- scikit-learn

---

14 옮긴이: 프롬프트 표시는 사용자마다 다르게 표시될 수 있으며 이 책에서는 호스트 이름이 'bomber-macbook-pro'로 설정된 경우를 보여줍니다.

15 옮긴이: 이 책에서는 zsh을 사용한다는 전제로 설명합니다. 다른 셸을 사용할 때는 화면에 표시되는 내용이나 환경변수를 사용하는 방법이 다를 수 있습니다.

- jupyter

- tensorflow

- keras

아나콘다 프롬프트에 다음 명령어로 모듈을 추가합니다.

```
conda install 모듈명
```

이 명령어는 'conda'라는 패키지 관리자에게 'install'이라는 명령을 내리되 설치할 모듈은 '모듈명'이라는 의미입니다. 이 명령어로 다음과 같이 추가 모듈을 설치합니다. 지면 관계상 명령 결과는 생략하고 사용자가 입력할 명령어만 표시했습니다[16].

```
(base) bomber-macbook-pro:~ bomber$ conda install matplotlib
(base) bomber-macbook-pro:~ bomber$ conda install scikit-learn
(base) bomber-macbook-pro:~ bomber$ conda install jupyter
(base) bomber-macbook-pro:~ bomber$ conda install tensorflow
(base) bomber-macbook-pro:~ bomber$ codna install keras
```

여기까지 완료되면 다음은 주피터 노트북을 실행할 차례입니다.

주피터 노트북 실행

주피터 노트북을 실행하기 위해 GUI 툴인 아나콘다 내비게이터를 실행합니다. macOS를 사용한다면 스포트라이트(Spotlight) 검색창에 'anaconda navigator'를 입력하면 쉽게 찾을 수 있습니다.

---

16 옮긴이: 모듈을 각각 설치하도록 안내한 것은 설치 과정에서 어떤 일이 벌어지는지 살펴보도록 의도한 것입니다. 모듈 설치에 익숙해지면 간단히
    'conda install matplotlib scikit-learn jupyter tensorflow keras'처럼 한 줄로 실행해도 됩니다.

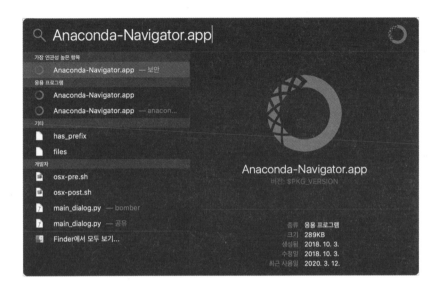

아나콘다 내비게이터가 제공하는 다양한 툴 중에서 'Jupyter Notebook'을 찾아 실행(Launch)합니다.

주피터 노트북이 실행되면 기본적으로 운영체제의 사용자별 홈 디렉터리를 표시합니다. 여기서 실행하고 싶은 주피터 노트북 파일이 있는 곳으로 이동합니다.

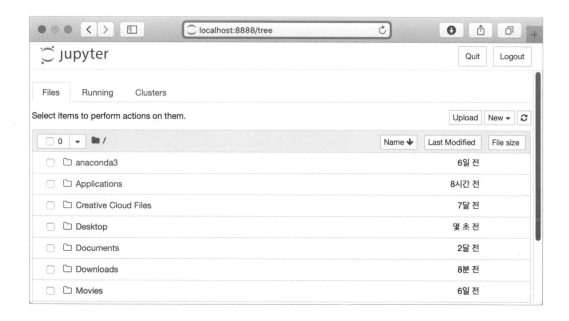

macOS 환경에서 주의할 점

macOS 환경에서 케라스를 사용할 때 정상적으로 동작하는 것처럼 보이지만 매트플롯립(matplotlib)[17]으로 그래프를 그릴 때 오동작하는 현상이 있습니다. 이 문제를 피하려면 다음과 같은 코드가 필요합니다.

```
# macOS의 문제 회피
import os
import platform

if platform.system() == 'Darwin':
    os.environ['KMP_DUPLICATE_LIB_OK']='True'
```

편의상 11장의 소스코드를 macOS용으로 따로 만들어 둔 것이 있으니 macOS를 사용한다면 소스코드 파일명 뒤에 '-mac'이라는 접미어가 붙은 것을 쓰기 바랍니다.

- 파일명: ch11-keras-mac.ipynb

---

17 옮긴이: 매트플롯립은 데이터를 차트나 그래프로 그려주는 라이브러리입니다.

소스코드 실행

이제 앞에서 내려받은 소스코드를 실행해 볼 차례입니다. 여기서는 11장의 소스코드가 정상 동작하는지 확인해 보겠습니다. 이 소스코드는 이 책의 실습 중에서도 가장 복잡하고 실행 시간도 오래 걸립니다. 그래서 이 소스코드만 잘 동작하면 나머지 소스코드도 큰 무리 없이 동작할 겁니다.

'Downloads' 디렉터리로 이동해서 압축이 풀린 소스코드를 찾습니다.

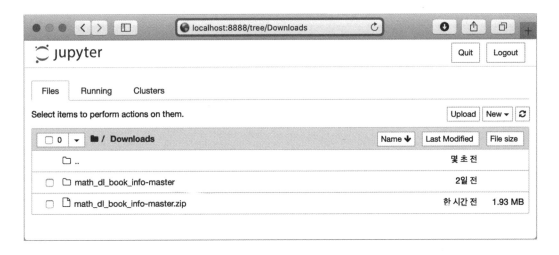

11장의 소스코드 위치는 다음과 같습니다. 이 경로는 'bomber'라는 사용자가 기본 다운로드 디렉터리에 소스코드를 다운로드한 다음 압축을 풀었을 때의 위치입니다.

앞서 macOS에서는 케라스가 매트플롯립을 사용할 때 오동작하는 경우가 있으므로 별도의 처리가 필요하다고 했습니다. macOS용 처리를 따로 해둔 소스코드는 다음과 같이 파일명 뒤에 '-mac' 접미어를 붙여뒀습니다.

/Users/bomber/Downloads/math_dl_book_info-master/notebooks/ch11-keras-mac.ipynb

주피터 노트북에서 이 파일을 찾습니다.

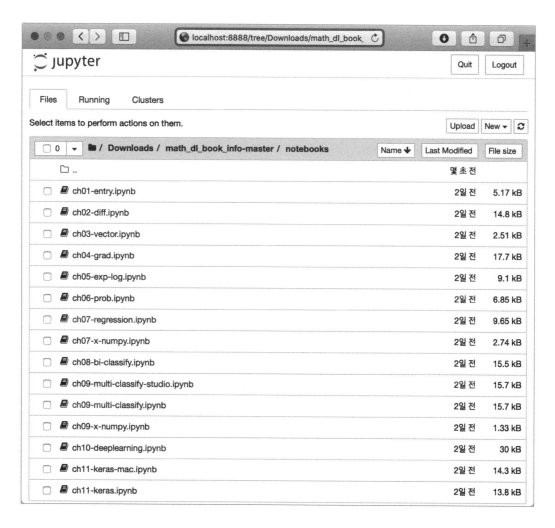

'ch11-keras-mac.ipynb' 파일을 클릭했을 때 표시되는 화면에서 'Run' 버튼을 누르면 단계별로 실행할 수 있고 삼각형 모양의 버튼(▶▶)을 누르면 전체를 한 번에 실행할 수 있습니다.

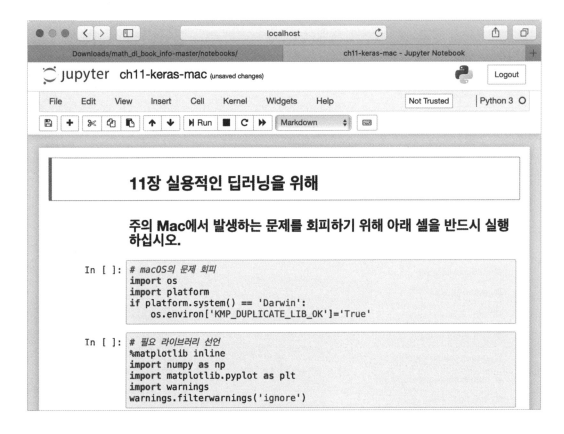

컴퓨터 사양에 따라 전체 실행 시간은 달라질 수 있는데 학습이 끝나고 결과가 나오기까지 십여 분이 걸립니다.

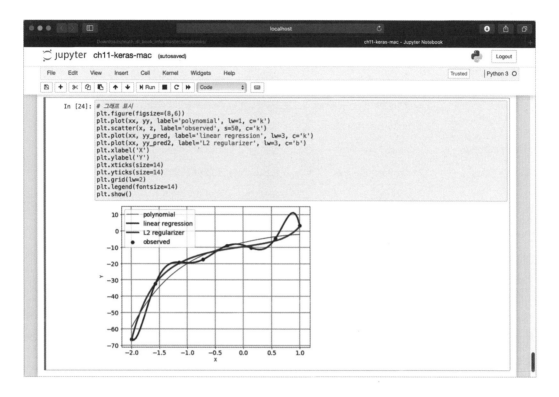

위와 같이 그래프가 잘 그려졌다면 실습할 환경은 준비됐습니다. 이후부터는 이 책의 내용을 소스코드와 비교하면서 읽어보기 바랍니다.

비주얼 스튜디오 코드를 사용하는 경우

비주얼 스튜디오 코드(Visual Studio Code)에서 노트북(notebook)을 실행할 수 있습니다. 관련 내용은 다음 문서를 참고합니다.

- 단축 URL: https://bit.ly/2OeOU9n (영어)

클라우드에서 주피터 노트북 사용하기

주피터 노트북은 다양한 클라우드 환경에서도 사용할 수 있습니다. 개인 PC에 주피터 노트북을 설치하지 않고 주피터 노트북을 온라인에서 사용하고 싶다면 다음 문서를 참고하기 바랍니다.

클라우드 서비스	상세 제품명	참고 URL
Google Cloud	Google Colaboratory	https://bit.ly/2OczF2c (영어)
IBM Cloud	Watson Studio	https://ibm.co/2qSM6XL (영어)
AWS	SageMaker	https://amzn.to/2OqzP51 (한국어)
	Deep Learning AMI	https://amzn.to/2QqQkQO (한국어)
Microsoft Azure	Azure Notebooks	https://bit.ly/33OLNvC (한국어)
Alibaba Cloud	Container Service	https://bit.ly/2CGgx67 (영어)
	PyODPS	https://bit.ly/2QkLtAF (영어)
Naver Cloud Platform	Cloud Hadoop	https://bit.ly/357li4z (한국어)

미리 알아두면 좋을 지식

이 책에 나오는 내용 가운데 미리 알아두면 좋을 내용을 정리했습니다. 본문을 읽다가 헷갈리거나 멈칫할 수 있는 부분이므로 가볍게 눈에 익혀 두고 본문을 읽어보시기 바랍니다.

인공지능 관련 용어의 관계도

이 책에 나오는 인공지능 용어의 포함 관계는 다음과 같습니다. 큰 맥락에서 포함 관계만 눈에 익혀 두고 자세한 내용은 본문을 읽으면서 채워보세요.

인공지능의 포함 관계

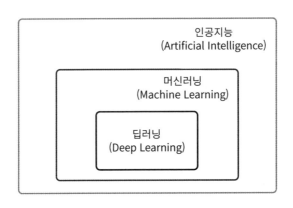

머신러닝의 포함 관계

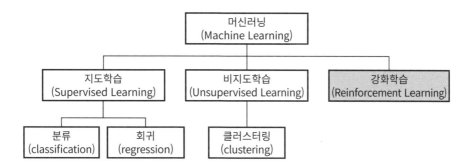

이 책에서 사용하는 수학 기호와 그리스 문자

오랜만에 수학을 복습한다면 이미 배운 적이 있는 수학 기호나 그리스 문자도 헷갈릴 수 있습니다. 본문에 사용된 수학 기호화 그리스 문자를 정리했습니다.

단원	기호	의미
2.2 합성함수와 역함수	∘	합성함수(circle, of)
2.5.3 칼럼	C	조합(combination)
	!	계승(factorial)
	·	곱하기
3.3.1 벡터의 길이	| |	절댓값
	√	근호, 제곱근(radical sign, root, square root)
3.3.2 Σ 기호의 의미	Σ	누적합(sigma)
3.4 삼각함수	θ	각도(theta)
	π	180도(pi)
6.2 확률밀도함수와 확률분포함수	μ	평균(mu)
	σ	표준편차(sigma)
5.1.1 거듭제곱의 정의와 법칙	×	곱하기(multiplied by)
5.1.2 거듭제곱의 확장	≠	같지 않음(not equal)
4.2 편미분	∂	편미분(del, round d, partial derivative, delta)
5.5 시그모이드 함수	∞	무한대(infinity)
7.6 손실함수의 작성	α	학습률(alpha)
11.5 심화 학습법	▽	델 연산자, 벡터 미분 연산자(nabla)
	γ	감쇠율(gamma)

01 | 머신러닝 입문

이 책의 목표는 머신러닝과 딥러닝을 수학으로 이해하는 것입니다.

이번 장에서는 머신러닝과 딥러닝이 무엇인지 알아보고 머신러닝과 딥러닝을 이해하는 데 수학이 왜 필요한지를 고등학교 1학년 수학으로 예를 들어 설명합니다.

1.1 인공지능과 머신러닝

최근에는 인공지능과 머신러닝이란 말을 어렵지 않게 들을 수 있습니다. 익숙한 단어인 것은 분명한데 우리는 과연 이 단어의 정의를 말로 풀어서 설명할 수 있을까요?

개인적으로는 인공지능이 무엇이라고 명확하게 정의하기 어렵다고 생각합니다. '인공지능이란 무엇인가' 라는 질문은 1950년에 '튜링 테스트[1]'를 만든 앨런 튜링의 시대부터 다양한 형태로 논의돼 왔습니다. 구현 방식으로 보자면 지식 데이터베이스로 연역 추론을 하는 '규칙 기반(rule-based) 시스템[2]'도 인공지능에 포함됩니다. 이처럼 인공지능이라는 말은 광범위하게 쓰이다 보니 딱 부러지게 설명하기 어려운 것이 사실입니다.

이에 반해 '머신러닝'이란 말은 내용이나 동작 방식에 있어서 어느 정도 명확하게 설명할 수 있습니다. 참고로 이 책에서 다루는 내용은 모두 '머신러닝'의 범주에 들어갑니다.

---

1 다른 공간에 격리된 컴퓨터 시스템과 인간을 대화하게 만든 다음, 대화 상대가 컴퓨터라고 인식하지 못할 만큼 대화가 자연스러우면 그 시스템을 인공지능 시스템이라 볼 수 있습니다.

2 규칙 기반 시스템 중에서 가장 유명한 것은 1970년대에 개발된 'MYCIN'이라는 시스템입니다. 이 시스템은 500여 개의 규칙으로 만들어진 지식 기반 (knowledge base) 정보를 이용해 환자의 혈액 질환을 판정하고 항생제를 처방할 수 있었습니다. 진단의 정확도는 65% 정도였는데 이는 전문의(專門醫)가 아닌 일반의(一般醫)가 진단한 것보다 높은 수치라고 알려져 있습니다.

그래서 이제부터는 '인공지능'이라는 말은 가급적 쓰지 않는 대신 '머신러닝'이라는 말을 사용하겠습니다. 한편 '딥러닝'은 다양한 '머신러닝' 방법 중 하나입니다. 구체적으로 어떤 특징이 있는지는 이번 장의 후반부에서 자세히 설명하겠습니다.

1.2 머신러닝이란?

'머신러닝(machine learning)'이란 무엇일까요? 머신러닝이 무엇인지는 설명하는 사람에 따라 조금씩 다를 수 있습니다. 그래서 본격적인 설명에 앞서 머신러닝에 대한 각자의 인식 차이를 좁힐 겸 제가 생각하는 머신러닝을 간단히 설명해 보겠습니다.

1.2.1 머신러닝 모델이란?

이 책에서는 다음의 두 가지 원칙을 만족하는 시스템을 머신러닝 모델이라 간주합니다.

- 원칙 1: 머신러닝 모델은 입력 데이터가 주어질 때 출력 데이터를 반환하는 함수와 같은 기능이 있다.
- 원칙 2: 머신러닝 모델의 행동은 학습으로 결정된다.

이해를 돕기 위해 구체적인 예를 들어봅시다.

표 1-1 두 종류 붓꽃의 꽃잎 크기

class	length (cm)	width (cm)
0	1.4	0.2
1	4.7	1.4
0	1.3	0.2
1	4.9	1.5
0	1.4	0.2
1	4.9	1.5

표 1-1을 살펴봅시다. 이 데이터는 붓꽃의 꽃잎 정보를 담은 '아이리스 데이터셋(Iris Data Set)'에서 발췌한 것으로 머신러닝에서 자주 활용되는 공개 데이터셋입니다. 여기서 'class'는 붓꽃의 종류를, 'length'는 꽃잎의 길이를, 'width'는 꽃잎의 너비를 의미합니다.

입력 데이터는 length와 width를, 출력 데이터는 class를 사용하는 모델을 만든다고 가정합시다. 표 1-1과 같이 데이터가 6개만 있다면 사람이 직접 데이터를 관찰해서 다음과 같은 규칙을 찾을 수 있습니다.

```
if width > 1
then class = 1
else class = 0
```

이 같은 논리를 구현할 수 있다면 같은 기능을 하는 블랙박스도 만들어 낼 수 있을 겁니다.

다만 이런 판단 기준을 사람이 정한다면 그것은 '머신러닝'이라 부를 수 없습니다. **'머신러닝 모델'이라 말할 수 있으려면 인간은 모델에 데이터를 제공하는 역할만 하고 위와 같은 프로그램의 논리는 모델 스스로가 찾아낼 수 있어야 합니다.** 이것은 앞서 살펴본 '원칙 2: 머신러닝 모델의 행동은 학습으로 결정된다'에 해당하는 내용입니다.

1.2.2 학습 방법

머신러닝 모델에 사용하는 학습 방법은 크게 세 가지가 있습니다[3].

지도학습(supervised learning)
입력 데이터와 **정답 데이터**가 학습 데이터로 함께 제공되는 방법입니다.

비지도학습(unsupervised learning)
입력 데이터만 있고 정답 데이터는 없는 상태에서 학습하고 출력 데이터를 얻는 방법입니다. 비지도학습의 대표적인 예는 주어진 데이터를 분석해서 자동으로 군집을 묶어주는 클러스터링이 있습니다.

강화학습(reinforcement learning)
'측정값(관측값)'을 입력받고 '행동 방침'을 출력하는 방법입니다. 출력 단계에서는 그것이 정답인지 알 수 없지만 나중에 그 결과에 대한 보상(reward)으로 정답 여부를 확인합니다.

세 가지 학습 방법 중에서는 지도학습이 가장 간단하고 이해하기 쉬운 모델입니다. 이 책에서 다루는 내용도 바로 이 지도학습에 관한 내용입니다.

---

3   옮긴이: 지도학습, 비지도학습, 준지도학습, 강화학습의 네 가지로 분류하기도 합니다. https://blogs.nvidia.com/blog/2018/08/02/supervised-unsupervised-learning/

1.2.3 지도학습에서의 회귀와 분류

지도학습 모델에는 하루 예상 매출액과 같이 출력이 **연속값**(continuous value)으로 나오는 유형과 동물의 사진을 분류하는 것과 같이 출력이 **이산값**(discrete value)[4]으로 나오는 유형이 있습니다. 이 때 전자를 **회귀**(regression) **모델**, 후자를 **분류**(classification) **모델**이라 합니다. 이 책에서는 회귀 모델과 분류 모델 둘 다 다룰 것입니다.

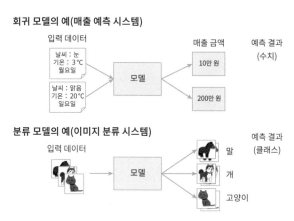

그림 1-1 회귀 모델과 분류 모델

1.2.4 학습 단계와 예측 단계

지도학습에는 '학습 단계'와 '예측 단계'가 있습니다.

학습 단계는 그림 1-2와 같이 입력 데이터와 정답 데이터로 구성된 학습 데이터를 사용해 예측 결과가 정답 데이터에 가까워지도록 모델을 정교하게 만드는 단계입니다.

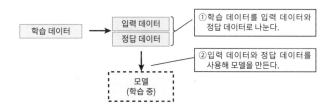

그림 1-2 학습 단계

---

4 클래스(class)나 레이블(label)이라고도 합니다.

예측 단계는 그림 1-3과 같이 정답 데이터는 없고 입력 데이터만 사용합니다. 머신러닝 모델은 입력 데이터를 보고 정답 데이터가 어떻게 나올지 예측한 다음, 그 결과를 시스템의 출력으로 내놓습니다.

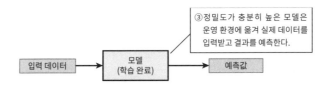

그림 1-3 예측 단계

1.2.5 손실함수와 경사하강법

지금까지 설명한 머신러닝 모델에서는 내부가 어떻게 구현됐는지 전혀 언급하지 않았습니다. 마치 블랙박스를 다루는 것처럼 겉으로만 보여지는 동작을 설명했는데 이런 동작은 여러 가지 방법으로 구현할 수 있습니다. 예를 들어 **결정 트리(decision tree)**'라는 분류 모델[5]은 데이터를 관찰한 다음, 사람의 생각과 비슷하게 if then else의 규칙을 자동으로 만듭니다.

이 책에서 다룰 모델은 이와는 전혀 다른 방법으로 접근하는데, 데이터와 매개변수, 그리고 수치를 계산할 수 있는 함수를 준비한 다음, 그것을 활용해 머신러닝 모델을 만듭니다. 그리고 그 함수의 매개변숫값을 조정하면서 목표하는 결과가 출력으로 나오도록 모델(함수)을 보완합니다.

이런 과정을 그림 1-4에 표현했습니다.

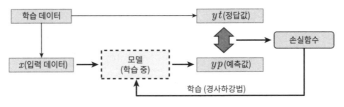

그림 1-4 손실함수를 이용한 학습 방법

'**손실함수(loss function)**'는 어떤 **모델의 예측 데이터가 정답 데이터와 얼마나 비슷한지 가늠하는 지표** 성격의 함수입니다. 만약 모든 학습 데이터에 대해 yp가 yt와 같다면, 즉 예측 데이터가 정답 데이터와 같다면 손실함수의 값은 0이 되고, yp와 yt의 차이가 크다면 손실함수의 값도 커지는 특징이 있습니다.

5　옮긴이: 표 1-5에 대표적인 분류 모델이 정리돼 있습니다.

'경사하강법(gradient descent)'은 손실함수의 값이 최소가 되도록 모델의 매개변수를 조정하는 알고리즘입니다.

쉽게 말하자면 이 책은 '손실함수'와 '경사하강법'의 개념을 이해시키기 위해 쓰여졌습니다. 아직은 무슨 의미인지 모를 수 있는데 자세한 내용은 이 책을 보면서 차차 알게 될 것입니다. 지금은 '손실함수'와 '경사하강법'이라는 두 단어와 그림 1-4의 개념만 머릿속에 담아 둡시다.

1.3 처음으로 만나는 머신러닝 모델

앞에서 언급한 '손실함수'에 대해 좀 더 구체적으로 이해할 수 있도록 예제를 하나 살펴보겠습니다. 이 예제는 정답을 풀기에는 시간이 걸리지만 그렇다고 '편미분(partial differential)'처럼 어려운 내용은 나오지 않습니다. '2차함수' 같은 고등학교 1학년의 수학을 복습하면서 설명하겠습니다. 내용을 보고 나면 '머신러닝 모델을 수학으로 푼다'라는 의미가 무엇인지 감잡을 수 있습니다. 정답이 나올 때까지 포기하지 말고 읽어보기 바랍니다.

예제는 '단순회귀모델(simple regression model)'에 관한 것인데, 이는 하나의 실숫값 입력(x)으로 하나의 실숫값 출력(y)을 예측하는 모델입니다. 예를 하나 들어 봅시다. 성인 남자의 키 x(cm)가 입력값이고 몸무게 y(kg)가 출력값인 모델을 생각해 봅시다. 이때 모델의 내부 구조에서는 '선형회귀'라는 방법을 사용합니다.

'선형회귀(linear regression)'란 1차함수로 예측하는 모델로, 입력 데이터를 x, 출력 데이터를 y라고 할 때 선형회귀 예측식을 다음과 같이 쓸 수 있습니다[6].

$$y = w_0 + w_1 x \tag{1.3.1}$$

우선 학습 데이터는 표 1-2와 같은 3개의 데이터라고 가정합시다.

표 1-2 학습 데이터 1

키 x(cm)	몸무게 y(kg)
167	62
170	65
172	67

---

6 1차함수는 보통 $y = ax + b$와 같은 모양으로 표현되는데 머신러닝에서는 a나 b를 '가중치'라고 부르고 글자도 'weight'의 약자를 써서 w_0, w_1과 같이 씁니다. 이 책에서도 이 같은 관례에 따라 수식을 표기합니다.

이 데이터는 쉽게 답을 구할 수 있도록 값을 조정해서 만든 것입니다. 그래서 수식 (1.3.1)에 해당하는 예측식을 다음과 같이 어렵지 않게 찾을 수 있습니다.

$$y = x - 105$$

이번에는 학습 데이터가 표 1-3과 같이 5개의 데이터라고 가정합시다.

표 1-3 학습 데이터 2

키 x (cm)	몸무게 y (kg)
166	58.7
176	75.7
171	62.1
173	70.4
169	60.1

이번에는 앞의 예와 달리 실측 데이터를 학습 데이터로 사용했습니다. 이런 경우에는 표본 수가 조금만 늘어나더라도 어떻게 예측할지 난감해집니다. 바로 이럴 때 수학적인 접근법이 필요합니다.

우선 표 1-3의 데이터를 그림 1-5와 같이 산점도(scatter plot)로 표현해 봅시다.

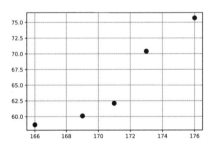

그림 1-5 학습 데이터의 2차원 산점도 표시

그림 1-6은 매개변숫값을 고정했을 때 모델의 예측값[7]을 직선 모양으로 표현한 것입니다.

---

7   아직 예측값을 구하는 방법을 다루지 않았으므로 여기서는 예측값과 매개변숫값을 임의로 지정해서 쓰고 있습니다.

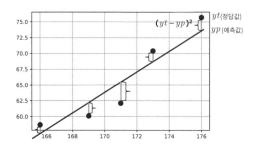

그림 1-6 그래프에서의 측정값과 예측값의 오차

yt를 정답값, yp를 모델의 예측값[8]이라고 할 때 이 회귀 모델의 오차는 $(yt - yp)$이며, 그림 1-6에서는 파란 직선으로 표시했습니다. 단 이렇게 계산하면 오차가 음수로 나올 수 있기 때문에 여러 점에서의 오차를 모두 더하면 오차가 오히려 줄어들 수 있습니다. 그래서 **정답값 yt와 예측값 yp 간의 차이를 구하되 음수가 나오지 않도록 제곱한 다음, 모든 점에서의 오차를 합산하는 방식**으로 손실함수를 만듭니다[9].

이런 접근법을 '**잔차제곱합(residual sum of squares)**[10]'이라 하고 선형회귀 모델에서 사용하는 손실함수 중 가장 기본적인 계산 방식입니다.

이렇게 정의한 손실함수가 어떤 모양이 되는지 실제로 계산하면서 확인해 봅시다. 예측값을 yp라고 할 때 수식 $(1.3.1)$의 형태로 표현하면 다음과 같습니다.

$$yp = w_0 + w_1 x$$

표본 5개의 좌푯값을 $(x^{(i)}, y^{(i)})$와 같이 써서 우측 상단의 첨자로 구분할 때 손실함수 $L(w_0, w_1)$의 식은 다음과 같이 표현할 수 있습니다.

$$
\begin{aligned}
L(w_0,\ w_1) &= (yp^{(1)} - yt^{(1)})^2 + (yp^{(2)} - yt^{(2)})^2 + \cdots + (yp^{(5)} - yt^{(5)})^2 \\
&= (w_0 + w_1 x^{(1)} - yt^{(1)})^2 + (w_0 + w_1 x^{(2)} - yt^{(2)})^2 + \cdots \\
&\quad + (w_0 + w_1 x^{(5)} - yt^{(5)})^2
\end{aligned}
$$

위의 식을 전개한 다음, w_0, w_1로 정리하면 다음과 같은 식이 됩니다.

---

8 예측값과 정답값은 다양한 방식으로 표기할 수 있는데 이 책에서는 '예측값(predict)'이라는 의미로 yp, '정답값(true)'이라는 의미로 yt로 표현했습니다.

9 오차가 음수로 나오지 않도록 절댓값을 사용하는 방법도 있습니다. 다만 이렇게 하면 미분 계산이 복잡해지기 때문에 실제로는 사용하지 않습니다.

10 옮긴이: 잔차(残差)제곱합을 오차(誤差)제곱합(SSE: sum of square for error)이라고도 합니다.

$$
\begin{aligned}
L(w_0, \ w_1) &= 5\,w_0{}^2 + 2\left(x^{(1)} + x^{(2)} + \cdots + x^{(5)}\right)w_0 w_1 \\
&+ \left(x^{(1)2} + x^{(2)2} + \cdots + x^{(5)2}\right)w_1{}^2 - 2\left(yt^{(1)} + yt^{(2)} + \cdots + yt^{(5)}\right)w_0 \\
&- 2\left(x^{(1)}yt^{(1)} + x^{(2)}yt^{(2)} + \cdots + x^{(5)}yt^{(5)}\right)w_1 \\
&+ yt^{(1)2} + yt^{(2)2} + \cdots + yt^{(5)2}
\end{aligned}
\tag{1.3.2}
$$

수식 $(1.3.2)$를 자세히 보면 w_0과 w_1에 관한 2차식으로 돼 있습니다. $w_0 w_1$과 w_0의 계수는 입력 데이터의 x 좌표와 y 좌표를 각각 더하는 식이므로 좌푯값의 평균을 원점으로 하는 새로운 좌표계에서는 값을 0으로 만들 수 있습니다.

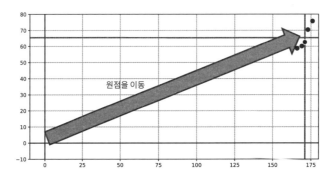

그림 1-7 원점 이동

이 식을 실제로 계산해 봅시다. x좌표의 평균값은 171.0이고 y좌표의 평균값은 65.4입니다. 앞의 학습 데이터에서 평균값을 뺀 값을 X, Y라고 할 때 새로 만들어진 학습 데이터는 다음과 같습니다.

표 1-4 학습 데이터 3

X	Y
−5	−6.7
5	10.3
0	−3.3
2	5.0
−2	−5.3

새로운 좌표로 산점도를 그리면 다음과 같습니다.

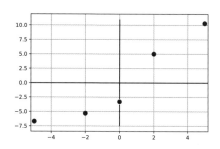

그림 1-8 새로운 좌표계에서의 산점도

새로운 좌표계에 대한 가중치를 W_0, W_1이라고 할 때 예측식은 다음과 같이 표현할 수 있습니다.

$$Yp = W_0 + W_1 X \tag{1.3.3}$$

새로운 좌표계의 수식 (1.3.3)에 대해 표 1-4의 X, Y 값으로 손실함수를 구하면 다음과 같은 모양이 나옵니다[11].

$$L(W_0, W_1) = 5\,W_0^{\,2} + 58\,W_1^{\,2} - 211.2\,W_1 + 214.96 \tag{1.3.4}$$

이때 W_0와 관련된 부분은 $5\,W_0^{\,2}$밖에 없습니다. 만약 W_0가 0이라면 이 부분은 0이 되어 최솟값이 될 것이 분명합니다. 남은 $58\,W_1^{\,2} - 211.2\,W_1 + 214.96$을 최소화하기 위한 W_1값은 2차함수의 완전제곱꼴을 이용해 구할 수 있습니다.

$$
\begin{aligned}
L(0, W_1) &= 58W_1^{\,2} - 211.2W_1 + 214.96 = 58\left(W_1^{\,2} - \frac{2 \cdot 52.8}{29}W_1\right) + 214.96 \\
&= 58\left(W_1^{\,2} - 2 \cdot \frac{52.8}{29}W_1 + \frac{52.8}{29}^2\right) + 214.96 - 58 \cdot \left(\frac{52.8}{29}\right)^2 \\
&= 58\left(W_1 - \frac{52.8}{29}\right)^2 + 214.96 - \frac{2 \cdot 52.8^2}{29} \\
&= 58(W_1 - 1.82068\cdots)^2 + 22.6951\cdots
\end{aligned}
$$

결국 W_1이 1.82068...일 때 최솟값 22.6951...이 나오는 것을 알 수 있습니다. 확인을 위해 2차함수의 그래프를 그려 보면 그림 1-9와 같습니다.

---

11 구체적으로는 수식 (1.3.2)의 x, yt 대신 새로운 좌표계의 X, Yt를 넣은 것입니다.

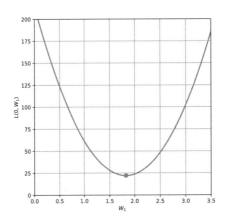

그림 1-9 $L(0, W_1)$ 의 그래프

결국 새로운 좌표계로 표현한 손실함수 (1.3.4)가 최소가 될 때는

$$(W_0, \ W_1) = (0, \ 1.82068\cdots) \tag{1.3.5}$$

일 때라는 것을 알 수 있습니다.

최적의 예측함수와 회귀 직선 그래프 표시

앞 절에서 설명한 **'학습 단계'**와 **'예측 단계'**의 관점에서 보자면 지금까지의 계산 과정은 최적의 W_0, W_1 을 구하기 위한 '학습 단계'에 해당합니다. 그리고 이제부터 뒤에 나오는 것이 '예측 단계'에 관한 내용입니다.

앞서 수식 (1.3.5)에서 얻은 매개변숫값을 원래의 수식 (1.3.3)에 대입하면 다음과 같은 식을 만들 수 있습니다.

$$Y = 1.82068X \tag{1.3.6}$$

이것이 이번 계산에서 얻어낸 **회귀 모델의 예측식**입니다. 이 직선식을 산점도에 표현하면 그림 1-10과 같습니다.

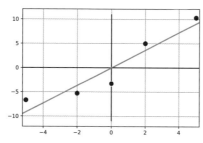

그림 1-10 산점도와 회귀 직선(좌표계 변환 후)

그래프로 확인해봐도 5개의 점에 대한 직선근사(linear approximation)로 적절하다는 것을 알 수 있습니다. 마지막으로 새로 옮긴 좌표계를 이동 전의 좌표계로 되돌려 원래 모양의 회귀 모델 예측식을 만들어 보겠습니다. 좌표계를 변환할 때

$$x = 171 + X$$
$$y = 65.4 + Y$$

이었기 때문에 X, Y는 다음과 같이 정리할 수 있습니다.

$$X = x - 171 \qquad\qquad (1.3.7)$$
$$Y = y - 65.4 \qquad\qquad (1.3.8)$$

수식 (1.3.7)과 수식 (1.3.8)을 수식 (1.3.6)에 대입하면 다음과 같은 식을 얻을 수 있습니다.

$$y = 1.82068x - 245.936$$

이 그래프를 원래의 산점도에 그려 봅시다.

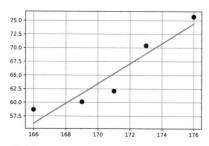

그림 1-11 원래 좌표계에서의 산점도와 예측식의 그래프

이번에도 적절한 선형직선이 나오는 것을 알 수 있습니다. 지금까지 머신러닝 모델에서 가장 간단한 **단순선형회귀(simple linear regression)**라는 모델을 고등학교 1학년 수학만 써서 설명했습니다.

1.4 이 책에서 다루는 머신러닝 모델

앞 절에서 살펴본 것은 연속값을 예측하는 회귀 모델이었는데 이 책이 목표하는 딥러닝 모델에는 이산값을 예측하는 분류 모델이 더 많습니다. 그럼에도 회귀 모델을 먼저 소개한 이유는 회귀 모델이 수학적으로 더 쉽기 때문에 회귀 모델을 먼저 이해하면 분류 모델도 어렵지 않게 익힐 수 있기 때문입니다.

분류 모델에는 다양한 종류가 있는데 그중에서도 대표적인 것을 표 1−5에 정리했습니다.

표 1−5 대표적인 분류 모델

모델명	개요
로지스틱 회귀(logistic regression)	선형회귀에 시그모이드 함수를 사용해 확률값으로 해석
신경망(artificial neural network)	로지스틱 회귀의 메커니즘에 은닉층을 추가
서포트 벡터 머신(support vector machine)	두 클래스의 표본값과 경계선의 거리를 기준으로 최적화
단순 베이즈(naive bayes)	베이즈 공식을 이용해 측정값으로 확률을 갱신
결정 트리(decision tree)	특정 항목의 임곗값을 기준으로 분류
랜덤 포레스트(random forest)	여러 개의 결정 트리를 사용해 다수결로 분류

이 책에서는 이 같은 분류 모델 중에서 '**로지스틱 회귀 모델**'과 '**신경망 모델**'을 다룹니다. 이 모델을 다루는 이유는 이 책이 목표하는 '딥러닝 모델'이 두 모델의 연장선에 있으며 이들 간에 공통된 특징이 있기 때문입니다. '로지스틱 회귀 모델'과 '신경망 모델', 그리고 '**딥러닝 모델**'의 공통적인 특징은 다음과 같습니다.

    (A) 예측 모델의 구조는 미리 정해져 있고 매개변숫값만 바꿀 수 있다.

    (B) 모델의 구조는 다음과 같다.

        (1) 각 입력값에 매개변숫값(**가중치**)을 곱한다.

        (2) 곱한 결과의 합을 구한다.

        (3) (2)의 결과에 어떤 함수(**활성화 함수**)를 적용하고 그 함수의 출력을 최종적인 예측값(yp)으로 사용한다.

    (C) 매개변숫값(가중치)의 최적화기 곧 학습 과정이다.

(D) 모델이 정답값을 얼마나 정확하게 예측했는지 평가하기 위해 '**손실함수**'를 정한다.

(E) 손실함수에서 적절한 매개변숫값을 찾기 위해 '**경사하강법**'이라는 기법을 사용한다.

그림 1-12는 (B)의 구조를 도식화한 것입니다.

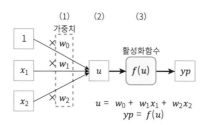

그림 1-12 예측 모델의 구조

'로지스틱 회귀'는 위와 같은 (B)의 구조를 1개의 계층으로 구성한 모델입니다. 한편 '신경망'은 여기에 '은닉층(hidden layer)'이라고 부르는 중간 노드가 추가되어 (B)의 구조가 2개 계층으로 구성된 모델입니다(그림 1-13).

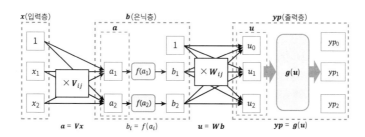

그림 1-13 신경망 모델의 구조

이 같은 구조가 3계층 이상(은닉층이 2계층 이상)으로 구성된 모델을 '딥러닝' 모델이라 합니다. 이러한 세 가지 모델은 계층의 개수가 다를 뿐 기본적으로는 같은 방식으로 예측하고 학습하는 모델임을 알 수 있습니다[12].

---

12 '신경망'은 이름 그대로 뇌의 신경 세포(뉴런)의 생물학적 구조를 바탕으로 고안된 수학적 모델입니다. '층(layer)'이라는 구조를 신경 세포라 한다면 '입력층'과 '출력층' 사이에 세포 간의 결합이 한 단계로 된 모델을 '로지스틱 회귀'라 하고, '입력층'과 '은닉층', '출력층'의 각 층 사이에 세포 간의 결합이 한 단계씩, 총 두 단계가 있는 모델을 '신경망'이라 하며, '은닉층'이 두 단계 이상이라 세포 간의 결합이 세 단계 이상인 모델을 '딥러닝'이라 합니다.

사실 앞에서 소개한 '선형회귀'라는 모델은 '분류'가 아닌 '회귀' 모델인데 지금 소개한 분류 모델과 비슷한 면이 있습니다. 분류 모델의 공통적인 특징 중 (B)–(3)의 활성화함수만 빼면 나머지 (A)에서 (D)까지의 특징을 모두 만족하기 때문입니다(그림 1–14)[13].

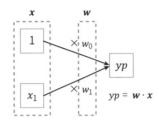

그림 1–14 선형회귀 모델의 구조

즉, 예측식의 구조로만 보면 선형회귀 모델은 로지스틱 회귀와 같은 분류 모델로 가기 전인 한 단계 앞 모델이라 할 수 있습니다.

그래서 이 책의 후반부에 나올 실습편에서는 우선 '선형회귀 모델'로 시작한 다음, 뒤이어서 분류 모델인 '로지스틱 회귀 모델'을, 그다음은 '신경망 모델'을, 마지막으로는 이들을 확장한 '딥러닝 모델'을 다루면서 머신러닝 모델의 진화 과정을 따라 설명할 것입니다.

1.5 머신러닝과 딥러닝에서 수학이 필요한 이유

손실함수를 이용해 최적의 매개변숫값을 찾는다는 회귀 모델의 접근법은 분류 모델에도 그대로 사용됩니다[14].

단 1.3절의 모델은 1, 2차함수만 있어서 어렵지 않게 풀 수 있었지만 실제로는 예측함수나 손실함수로 다음과 같은 수식을 사용하면서 문제의 난이도가 높아집니다.

시그모이드 함수

$$f(u) = \frac{1}{1 + \exp{(-u)}}$$

($\exp(x)$는 네이피어 상수를 밑으로 하는 지수함수)

---

13 (E)를 사용하면 문제를 바로 해결할 수 있지만 수학적으로 난이도가 있습니다. 참고로 앞 절에서는 그러한 배경지식이 없는 상태에서 고등학교 수학으로 해결할 수 있도록 완전제곱꼴을 사용해 문제를 풀었습니다.

14 옮긴이: 1.3절을 참고하세요.

예측함수

$$u(x_1, x_2) = w_0 + w_1 x_1 + w_2 x_2$$
$$yp = f(u)$$

손실함수

$$L(w_0, w_1, w_2) = -\frac{1}{M} \sum_{m=0}^{M-1} \left(yt^{(m)} \log f(u^{(m)}) + (1 - yt^{(m)}) \log \left(1 - f(u^{(m)})\right) \right)$$

$(\log x$는 네이피어 상수를 밑으로 하는 로그함수$)$

그래서 **네이피어 상수가 무엇인지**를 시작으로 **지수함수**와 **로그함수**가 어떤 것인지, **미분**한 계산 결과가 어떻게 나오는지는 최소한 고등학교 3학년 수준의 수학 지식이 없다면 이해하기 어려울 수 있습니다.

또한 '분류'에 비해 쉽게 구현되는 선형회귀 모델이라 하더라도 키와 가슴둘레 정보로 몸무게를 정밀하게 예측하는 **다중회귀 모델**이라면 1.3절과 같이 좌표계를 평행 이동해서 2차함수의 완전제곱꼴로 푸는 방식은 더 이상 사용할 수 없습니다. 적어도 '**편미분**'이라는 **다변수함수**의 미분 개념을 알고 있어야 합니다.

어찌됐건 선형회귀나 로지스틱 회귀 같은 머신러닝 모델을 이해하려면 최소한의 수학이라도 알고 있어야 하고, 그보다 더 발전한 딥러닝 모델을 이해하려면 수학적 지식이 반드시 필요하다는 것을 알 수 있습니다.

1.6 이 책의 구성

앞 절에서 설명했듯이 머신러닝을 이해하기 위해서는 수학이 반드시 필요합니다. 그래서 이 책에서는 딥러닝을 단기로 배우는 데 필요한 수학적 개념을 전반부인 이론편에서 설명합니다. 후반부의 실습편에서는 이론편에서 배운 지식을 활용해 머신러닝과 딥러닝의 본질을 한 단계씩 효율적으로 배울 수 있게 구성했습니다.

각 파트의 자세한 구성은 다음과 같습니다. **각 장의 첫 페이지에는 그 장에 나오는 개념을 그림으로 정리**했으니 책을 보다가 헷갈리는 부분이 있다면 개념도를 다시 살펴보며 필요한 내용을 보충하기 바랍니다.

준비편

이미 앞에서 살펴본 내용으로 실습편에서 소스코드를 실행하기 위한 환경 구성 방법을 안내합니다. 본문을 읽으면서 주피터 노트북을 실행해 이론과 실제가 어떻게 연결되는지 직접 확인해 보기 바랍니다.

도입편

현재 보고 있는 내용입니다. 머신러닝에 대한 개략적인 내용과 수학과의 관계, 이 책의 전반적인 전개 방식을 설명합니다.

이론편

이론편에서는 수학 이론을 체계적으로 설명합니다. 고등학교 수학을 복습하는 느낌으로 읽으면 되는데 딥러닝과 관련한 일부 내용은 대학교 수준의 수학 개념이 필요할 수 있습니다. 한편 고등학교 1학년 수학으로 시작해서 모든 내용을 살펴보려면 다뤄야 할 내용이 너무 많습니다. 그래서 머신러닝이나 딥러닝에 필요한 개념을 먼저 선별한 다음, 그것을 바탕으로 뭐가 더 필요한지 분석한 끝에 이 책의 체계를 만들었습니다.

그러다 보니 일반적인 교과서에는 나오지만 이 책에는 다루지 않는 것이 있을 수 있습니다[15]. 생략된 부분은 이 책의 취지에 맞지 않아 뺀 것이라고 감안하며 읽어주기 바랍니다.

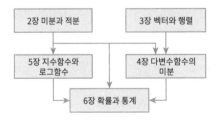

그림 1-15 이론편의 전체 구성

그림 1-15는 이론편에 나오는 개념 간의 관계도입니다. 2장의 미분과 적분, 3장의 벡터와 행렬은 서로 독립돼 있지만 4장 이후는 서로 의존관계가 있습니다.

---

15 삼각함수의 미분, 역행렬, 고윳값 고유 벡터 등은 생략했습니다.

그림 1–16부터는 각 장에 나오는 개념 간의 관계를 표시했습니다. '필수'라고 표시된 것은 후반부의 실습편에서 딥러닝을 구현하는 데 필요한 개념입니다. 또한 회색으로 표시된 부분도 상당히 중요한 내용이므로 잘 살펴보기 바랍니다. 기본적인 내용을 이미 알고 있다면 중요한 부분만 살펴봐도 되고, 만약 모르는 부분이 있다면 그림에 표시된 내용을 참고하면서 부족한 부분을 찾아보기 바랍니다.

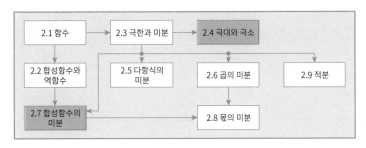

그림 1–16 2장에서 다루는 개념 간의 관계

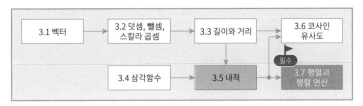

그림 1–17 3장에서 다루는 개념 간의 관계

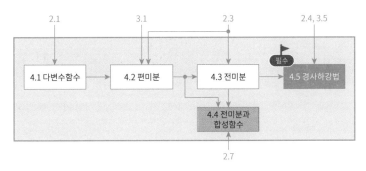

그림 1–18 4장에서 다루는 개념 간의 관계

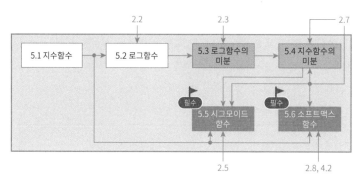

그림 1-19 5장에서 다루는 개념 간의 관계

그림 1-20 6장에서 다루는 개념 간의 관계

실습편

'실습편'에서는 각 장별로 주제를 정하고 그 주제에 맞는 예를 통해 머신러닝 알고리즘과 구현 방법을 익힙니다. 각 주제는 뒤로 갈수록 어려운 내용이 나옵니다.

이론편에서 설명한 필수 내용을 실습편의 내용과 연결해 보면 표 1-6과 같습니다. 10장에서는 이 책의 핵심인 딥러닝을 배웁니다. 표를 보면 알겠지만 9장의 다중 클래스 분류와 10장의 딥러닝에 필요한 개념에 큰 차이가 없습니다. 한 발 한 발 꾸준히 나가다 보면 어느새 딥러닝이라는 정상에 도달하게 되니 각 장을 꾸준히 읽어 나가기 바랍니다.

표 1-6 필수적인 수학 개념과 머신러닝, 딥러닝과의 관계

	1장	7장	8장	9장	10장
구현하는 데 반드시 필요한 개념	회귀 1	회귀 2	이진 분류	다중 클래스 분류	딥러닝
1 손실함수	○	○	○	○	○
3.7 행렬과 행렬 연산				○	○
4.5 경사하강법		○	○	○	○
5.5 시그모이드 함수			○		○
5.6 소프트맥스 함수				○	○
6.3 가능도함수와 최대가능도 추정			○	○	○
10 오차역전파					○

한편 실습편에서는 이해하기 쉽고 완벽하게 동작하는 코드를 보여주기 위해 특별히 공을 많이 들였습니다. 실제로 각 장의 마지막 절에는 소스코드와 구현 설명이 반드시 들어가도록 구성했습니다.

구현 로직은 넘파이(NumPy)[16]의 특징을 최대한 살려 루프 처리 없이 구현했습니다. 실제 코드를 살펴보면 각 알고리즘이 소스코드에 어떻게 대응되는지 알기 쉽게 구성했습니다. 코드 구현에 필요한 넘파이의 내용은 적절한 시점에 뒤에서 설명할 것입니다.

발전편

이 책에서 다루지 못한 내용을 간략히 소개합니다. 이 책의 내용이 실용적으로 사용되려면 어떤 것을 고려해야 하는지, 어떤 주제로 확장할 수 있는지를 소개합니다.

드디어 다음 장부터 이론편이 시작됩니다. 출발점은 고등학교 1학년 수학으로 설정했으니 시간을 두고 차근차근 읽다 보면 반드시 이해할 수 있을 겁니다. 다소 어려운 내용이 일부 있지만 딥러닝을 이해할 때 반드시 필요한 최소한의 지식이므로 조금은 힘들더라도 꾸준히 읽어 나가기 바랍니다.

---

16 파이썬에서 수치 계산, 특히 벡터나 행렬 계산을 도와주는 라이브러리입니다. 파이썬으로 머신러닝이나 딥러닝을 할 때 반드시 필요한 필수 라이브러리입니다.

02 | 미분과 적분

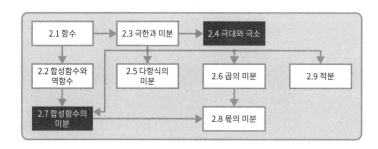

앞 장에서 설명한 것처럼 머신러닝과 딥러닝의 학습 방법에서는 '손실함수'의 값을 최소화하는 매개변수를 찾는 것이 핵심입니다[1]. 구체적으로 살펴보면 '경사하강법'이라는 알고리즘을 사용하는데 이 방법은 수학적으로 '미분'을 사용합니다. 즉, 머신러닝과 딥러닝에 대해 깊이 알고 싶다면 먼저 미분부터 이해하고 있어야 합니다.

미분에는 다소 복잡해 보이는 공식이 있지만 원리만 이해하면 스스로 유도할 수 있습니다.

이론편에서는 먼저 미분을 설명하고, 뒤이어 확률과 관계 있는 적분에 대해서도 간단히 살펴보겠습니다.

2.1 함수

2.1.1 함수란?

미분을 설명하기 전에 함수가 무엇인지 알아보겠습니다.[1]

그림 2-1 함수의 개념

그림 2-1을 살펴봅시다. 이 그림은 함수의 개념을 그림으로 나타낸 것입니다. 가운데에 있는 상자는 함수입니다. 이 상자에 실숫값 하나를 입력으로 넣으면 실숫값 하나가 출력으로 나옵니다.

---

1 옮긴이: 1.4절을 참고하세요.

예를 들어, 상자에 입력되는 값과 출력되는 값이 다음과 같다고 가정합시다.

- **입력값**: 1 → **출력값**: 2

- **입력값**: 2 → **출력값**: 5

이 함수의 이름을 f라고 했을 때 함수 f의 연산은 다음과 같습니다.

$$f(1) = 2$$
$$f(2) = 5$$

결과만 봤을 때는 함수가 어떻게 출력값을 내는지 알 수 없지만 다행히 그림 밑에 입력값과 출력값의 관계가 쓰여 있습니다.

입력값이 x라고 할 때 출력값은 $x^2 + 1$로 계산됩니다. 실제로 $x^2 + 1$의 식에서 x에 1을 대입하면 결괏값은 2가 나오고, x에 2를 대입하면 출력값은 5가 나옵니다.

이를 수식으로 표현하면 다음과 같습니다.

$$f(x) = x^2 + 1$$

이런 표기법은 함수를 표현할 때 자주 사용합니다.

2.1.2 함수의 그래프

함수 $f(x)$가 주어졌을 때 x에 여러 값을 대입하면 그에 맞는 출력값이 나옵니다. x값이 주어지고 그 결과로 나오는 $f(x)$값을 y라고 할 때, 이 둘의 관계를 2차원 평면으로 나타낼 수 있습니다.

일반적인 함수에서 x의 간격을 좁게 하면 y의 점이 이어진 선처럼 그려집니다[2]. 이렇게 그려진 연속적인 선을 함수 $y = f(x)$의 그래프라고 합니다.

---

[2] 수학적으로 엄밀히 설명하자면 '연속'이 무엇인지 먼저 정의해야 합니다. 해석학적으로 연속성을 정의하면 '연속하지 않는 함수'도 만들 수 있습니다. 다만 너무 깊이 들어가면 대학 과정의 해석학 지식이 필요하기 때문에 여기서는 간단히 직관적으로만 설명합니다.

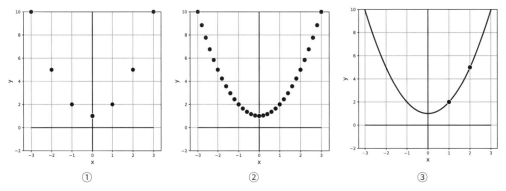

그림 2-2 점 $(x, f(x))$의 플롯(①, ②)과 $y = f(x)$의 그래프(③)

2.2 합성함수와 역함수

함수의 중요한 개념으로 '합성함수'와 '역함수'가 있습니다. 합성함수는 한 함수의 공역이 다른 함수의 정의역과 일치할 때 두 함수를 연결해서 만든 함수로, 머신러닝이나 딥러닝에서는 입력 변수와 매개변수(가중치)를 곱한 결과에 또 다른 처리(함수)를 해주는 패턴으로 자주 사용됩니다.

한편 역함수는 딥러닝을 할 때 빠질 수 없는 지수함수와 로그함수를 이해하는 데 반드시 필요한 개념입니다. 이번 절에서는 이 두 가지에 대해 알아봅시다.

2.2.1 합성함수

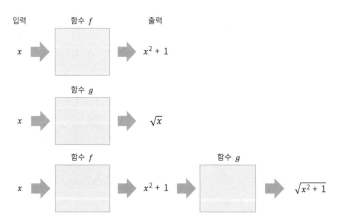

그림 2-3 **합성함수의 개념**

그림 2-3을 살펴봅시다. 다음과 같은 두 함수 $f(x)$와 $g(x)$가 있다고 가정합시다.

$$f(x) = x^2 + 1$$
$$g(x) = \sqrt{x}$$

이때 함수 $f(x)$의 출력을 함수 $g(x)$의 입력에 넣으면 두 함수의 기능을 결합한 새로운 함수를 만들 수 있습니다. 이렇게 만들어진 함수를 **'합성함수'**라고 합니다.

두 개의 함수를 결합해서 새로 만든 합성함수를 $h(x)$라고 할 때 다음과 같이 표현할 수 있습니다[3].

$$h(x) = g \circ f(x)$$

이러한 합성함수의 개념은 복잡한 함수를 미분할 때 편리하게 쓸 수 있습니다.

앞서 살펴본 예와 같이

$$h(x) = \sqrt{x^2 + 1}$$

와 같은 함수를 미분하기 어려울 때

$$f(x) = x^2 + 1$$
$$g(x) = \sqrt{x}$$

와 같이 단순한 함수의 결합으로 만들어 복잡한 미분 계산을 쉽게 할 수 있습니다. 이러한 미분법을 '연쇄 법칙(chain rule)'이라 하는데 머신러닝과 딥러닝 전반에 걸쳐 자주 사용되니 눈에 익혀 두기 바랍니다.

---

3   옮긴이: 이때의 합성함수 기호 ○는 'circle' 혹은 '아'라고 읽습니다.

칼럼   합성함수의 표기법

합성함수를 표기할 때 왜 $f \circ g(x)$가 아니라 $g \circ f(x)$로 표기하는지 궁금하지 않습니까?

앞에서 본 그림에서는 데이터가 왼쪽에서 오른쪽으로 흐르는 모양이었습니다. 하지만 함수에서는 인수 x가 f보다 오른쪽에 위치하기 때문에 수식상으로는 데이터가 오른쪽에서 왼쪽으로 흐르는 모양입니다. 그래서 x와 가까운 곳에 f를 쓰고 그다음에 g가 나오는 순서로 표기합니다.

만약 헷갈린다면 합성함수의 모양을 $g(f(x))$와 같이 써보세요. 좀 더 쉽게 이해할 수 있을 것입니다.

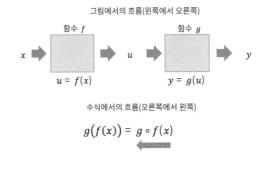

그림 2-4 합성함수의 표기법

2.2.2 역함수

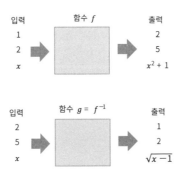

그림 2-5 역함수

그림 2-5를 살펴봅시다. 어떤 함수 $f(x)$가 있다고 할 때 $f(x)$와 반대 결과를 내는 기능이 다음과 같이 있다고 합시다.

- **입력:** $f(x)$의 출력
- **출력:** $f(x)$의 입력

이런 기능의 함수를 $f(x)$의 **'역함수'**라 하고 $f^{-1}(x)$와 같이 표기합니다. 단 어떤 함수에 대해 역함수가 항상 있는 것은 아닙니다.

그림 2-5의 $f(x) = x^2 + 1$을 예로 들어 봅시다. 원래 함수의 입력값이 모든 실수라고 할 때 $f(1) = 2$, $f(-1) = 2$가 되며 출력으로 2가 나오는 x값은 1과 -1로 총 두 개입니다. 이때는 역함수의 값이 하나가 아니므로 역함수는 존재하지 않습니다.

이런 경우에 역함수가 존재하려면 원래의 함수에서 x값의 범위를 제한해서 값이 하나만 나오게 해야 합니다. 예를 들어, 원래 함수에 대한 x값의 범위(정의역)를 $x \geq 0$으로 제한해 봅시다. 그러면 하나의 y값에 대해 $f(x) = y$를 만족하는 x가 하나만 나오므로 역함수를 정할 수 있습니다. 이때 역함수를 구하는 방법은 다음과 같습니다.

- 원래의 함수 $y = x^2 + 1$에서 x와 y를 서로 바꿔 쓴 식을 만든다.
- 바꿔 쓴 식 $x = y^2 + 1$을 $y =$으로 시작하는 형태로 풀어 쓴다.

이 예에서는 $y^2 = x - 1$과 같이 x와 y를 맞바꾼 다음, $y = \sqrt{x-1}$과 같은 형태로 전개할 수 있습니다. 만약 x의 범위를 $x \leq 0$의 범위로 제한한다면 이때는 역함수가 $y = -\sqrt{x-1}$이 됩니다.

역함수의 그래프

함수 $f(x)$에 대한 역함수 $g(x) = f^{-1}(x)$가 있다고 할 때 두 함수의 그래프가 어떤 관계인지 살펴봅시다.

우선 점 $(a,\ b)$가 $y = f(x)$의 그래프상에 있다고 합시다. 이 말은 $f(a) = b$라는 관계가 성립한다는 의미입니다. 그리고 역함수인 $g(b) = a$의 관계도 성립합니다.

$y = g(x)$의 그래프를 보면 모든 점들이 $y = f(x)$ 위의 점과 직선 $y = x$에 대해 대칭인 것을 알 수 있습니다. 즉, 역함수 $y = g(x)$는 $y = x$에 대해 원래 함수 $y = f(x)$와 대칭됩니다.

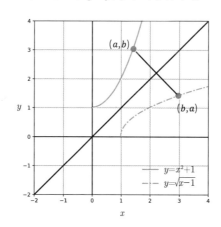

그림 2-6 **역함수의 그래프**

참고로 이 같은 도형상의 특징은 뒤에서 역함수의 미분 공식을 구할 때 활용됩니다.

2.3 극한과 미분

앞에서 함수의 개념을 간단히 살펴봤습니다. 이번 절에서는 본격적으로 미분에 대해 알아보겠습니다.

2.3.1 미분의 정의

미분이 무엇인지 직관적으로 설명하자면 다음과 같이 풀어 쓸 수 있습니다.

> **함수의 그래프상에 있는 한 점을 중심으로 그래프를 무한히 확대해 보면 그래프의 모양이 직선에 가까워지는데 이때의 기울기를 미분이라고 한다.** *이 직선은 같은 점을 기준으로 그린 그래프의 접선과 같다.*

실제로 그래프가 직선에 가까워지는 모습을 그림 2-7에 표현했습니다. 다음은 $y = x^3 - x$의 그래프를 그래프 상의 점 $\left(\dfrac{1}{2}, -\dfrac{3}{8} \right)$을 중심으로 점차 확대한 것입니다.

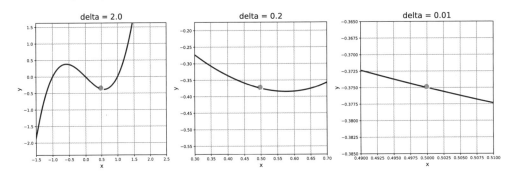

그림 2-7 $f(x) = x^3 - x$의 그래프를 확대한 모습

이 내용을 동적으로 확인할 수 있도록 gif 애니메이션 파일을 만들었습니다. 관심이 있다면 웹 브라우저에서 아래 경로로 접속하거나 모바일 폰에서 QR 코드를 찍어서 확인해 보십시오.

- URL: https://github.com/wikibook/math_dl_book_info/blob/master/images/diff.gif

- 단축 URL: https://bit.ly/2NcE4jX

한편 이 직선의 기울기가 실제로 얼마나 되는지 알고 싶다면 어떻게 확인하면 될까요? 이럴 때 필요한 것이 '**극한**'이라는 개념입니다.

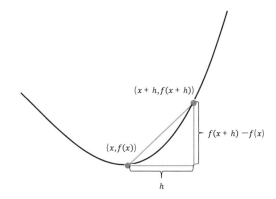

그림 2-8 함수의 그래프에서 두 점을 연결한 직선의 기울기

그림 2-8을 살펴봅시다. 이 그림은 함수의 그래프상에서 두 점 $(x, f(x))$와 $(x+h, f(x+h))$를 정한 다음 각각을 직선으로 연결했을 때의 모습입니다.

그림에서 알 수 있듯이 그래프상의 두 점 $(x, f(x))$와 $(x+h, f(x+h))$를 잇는 직선의 기울기는 다음과 같이 표현할 수 있습니다.

$$\frac{f(x+h) - f(x)}{h}$$

여기서 h값을 0에 가깝도록 무한히 줄일 수 있는데 그때의 기울기가 함수 $f(x)$의 미분입니다. 미분을 표기하는 방법에는 여러 가지가 있지만 이 책에서는 가장 많이 쓰는 형식으로 $f'(x)$와 같이 쓰겠습니다[4].

어떤 수에 무한히 가까워지는 것을 수학에서는 $\lim$ 기호로 표현합니다. 그래서 미분을 계산하는 식은 다음과 같은 형태가 됩니다.

$$f'(x) = \lim_{h \to 0} \frac{f(x+h) - f(x)}{h}$$

지금까지 예로 들었던 $f(x) = x^2 + 1$이라는 함수를 이 식에 적용하면 다음과 같습니다.

---

4 옮긴이: 이 같은 표기법을 라그랑주(Lagrange) 표기법이라고 합니다.

$$f'(x) = \lim_{h \to 0} \frac{f(x+h) - f(x)}{h} = \lim_{h \to 0} \frac{((x+h)^2 + 1) - (x^2 + 1)}{h}$$

$$= \lim_{h \to 0} \frac{2xh + h^2}{h} = \lim_{h \to 0} (2x + h) = 2x$$

미분을 표기할 때는 $f'(x)$ 외에도 다음과 같은 표현을 쓸 수 있습니다. 이 책에서는 필요에 따라 적절한 형식으로 바꿔 쓸 것이므로 어떤 표기법이 있나 눈에 익혀 두고 나중에 다른 식으로 오해하지 않도록 주의하기 바랍니다[5].

$$y'$$

$$\frac{dy}{dx}$$

$$\frac{d}{dx} f(x)$$

이 중에서도 가장 눈여겨봐 둘 표기법은 다음과 같은 형식입니다.

$$\frac{dy}{dx}$$

미분은 결국 x를 아주 조금 증가시켰을 때 y가 증가한 양을 비율로 나타낸 것이라 할 수 있습니다. 이를 Δ라는 기호를 사용하면 다음과 같이 표현할 수 있습니다.

$$\lim_{\Delta x \to 0} \frac{\Delta y}{\Delta x}$$

$\frac{dy}{dx}$의 표기법은 **lim을 생략**하고 Δy를 dy로, Δx를 dx로 **표현**해서 직관적으로 알아보기 쉽습니다.

실제로 이번 장의 후반부에 나올 몇 가지 공식은 이 표기법의 개념으로 생각할 때 더 쉽게 이해할 수 있습니다[6].

---

5 옮긴이: d를 사용한 아래의 두 가지 표기법을 라이프니츠(Leibniz) 표기법이라고 합니다.
6 옮긴이: 2.7절을 참고하세요.

2.3.2 미분과 함숫값의 근사 표현

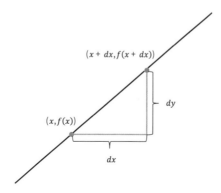

그림 2-9 미분과 함숫값의 근사 표현

그림 2-9를 살펴봅시다. 이 그림은 앞에서도 설명한 것처럼 함수의 그래프를 무한히 확대해서 곡선이 직선으로 보이는 상태입니다. 이 상태에서 $x \rightarrow x + dx$와 같이 x값을 아주 조금만 증가시켰을 때 함숫값 $f(x)$는 얼마나 변하는지 알아봅니다.

우선 다음과 같은 식이 있다고 할 때

$$f'(x) = \lim_{h \to 0} \frac{f(x+h) - f(x)}{h}$$

h가 무한히 작아진다면 다음과 같은 식이 성립합니다.

$$f(x+h) - f(x) \fallingdotseq hf'(x)$$

h와 dx를 아주 작은 수라고 하면 같은 값으로 봐도 큰 차이가 없습니다. 그래서 h를 dx로 표현하면 다음과 같이 나타낼 수 있습니다.

$$dy = f(x+dx) - f(x) \fallingdotseq f'(x)dx \tag{2.3.1}$$

이 식을 통해 다음과 같은 사실을 알 수 있습니다.

함수 $f(x)$에서 x의 값을 dx만큼 변화시켰을 때 $f(x)$의 변화량 $(f(x+dx) - f(x))$는 $f'(x)dx$와 같다.

이 식은 뒤에서 살펴볼 다양한 미분 공식을 유도할 때 사용됩니다. 머릿속에 이미지를 그리면서 이해하기 바랍니다.

2.3.3 접선의 방정식

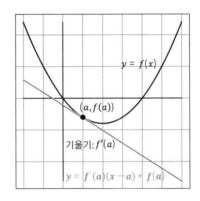

그림 2-10 접선의 방정식

그림 2-10을 살펴봅시다. 앞에서 설명한 미분의 정의에 따라 $y = f(x)$라는 그래프상의 점 $(a, f(a))$가 있을 때 그 점에서 그은 접선의 기울기는 $f'(a)$입니다.

한편 점 (p, q)를 지나고 기울기가 m인 직선의 방정식은 다음과 같이 쓸 수 있습니다[7].

$$y = m(x - p) + q \tag{2.3.2}$$

이 식에서

$$p \rightarrow a$$
$$q \rightarrow f(a)$$
$$m \rightarrow f'(a)$$

와 같이 치환하면 다음과 같이 접선의 방정식을 구할 수 있습니다.

$$y = f'(a)(x - a) + f(a) \tag{2.3.3}$$

---

7   수식 (2.3.2)의 우변을 전개한 후 정리해 보면 기울기가 m인 x의 1차식이 나오고 수식 (2.3.2)의 x, y에 $(x, y) = (p, q)$를 대입했을 때 등식이 성립한다는 점에서 이 식은 성립합니다.

칼럼 접선의 방정식 문제와 학습, 예측 단계

앞서 도출한 접선의 방정식 (2.3.3)을 이용해 다음 문제를 풀어 봅시다.

함수 $f(x) = x^2 - 4x$가 있다고 가정했을 때

문제 1: 이 함수의 접선이 점 (−2, 3)을 지날 때 접선의 방정식을 구하시오. (단 접점의 x좌표를 a라고 할 때 a는 0보다 큼)

문제 2: 문제 1에서 구한 접선과 y 축이 만나는 점의 좌표를 구하시오.

함수상의 점 $(a, f(a))$에 대한 접선의 방정식 (2.3.3)을 다시 쓰면 다음과 같습니다.

$$y = f'(a)(x - a) + f(a)$$

이 식을 이용하면 다음과 같이 답을 구할 수 있습니다.

문제 1의 풀이

$$f'(x) = 2x - 4$$

이때 $x = a$에서 함수의 접선 방정식은 다음과 같습니다.

$$y = (2a - 4)(x - a) + (a^2 - 4a) = (2a - 4)x - a^2$$

즉

$$y = (2a - 4)x - a^2 \tag{2.3.4}$$

$(x, y) = $ (−2, 3)을 수식 (2.3.4)에 대입하면

$$3 = (2a - 4)(-2) - a^2 = -a^2 - 4a + 8$$
$$a^2 + 4a - 5 = (a + 5)(a - 1) = 0$$

이때 $a > 0$이라는 조건이므로 a는 -5가 아니라 1이 돼야 합니다.

수식 (2.3.4)의 a에 1을 대입하면 $y = -2x - 1$이 나옵니다.

따라서 정답은 $y = -2x - 1$입니다.

문제 2의 풀이

$y = -2x - 1$ 식에서 x에 0을 대입하면 y는 -1이 됩니다.

따라서 정답은 $(x, y) = $ (0, -1)입니다.

이 문제는 교과서에서 자주 볼 수 있는 일반적인 미분 문제인데 사실은 이 문제에 머신러닝에서 간과하기 쉬운 중요한 포인트가 숨어 있습니다.

그 포인트는 수식 (2.3.4)의 사용법에 있습니다. 이 식에는 x, y, a라는 세 개의 문자가 있습니다. 처음에는 a의 값을 구하기 위해 x와 y에 값을 대입했습니다. 이 단계에서는 **x와 y는 상수로, a는 변수로 취급**하는 방정식을 푼 것입니다.

하지만 일단 a가 정해진 다음부터는 수식 (2.3.4)에 a값을 대입합니다. 이 단계에서는 **x와 y가 변수로 취급**되므로 x와 y의 관계식 $y = -2x - 1$과 y축이 만나는 점은 x가 0이라는 사실로부터 y값을 구할 수 있었습니다.

즉, 똑같은 식 (2.3.4)를 사용하되 무엇을 상수로 취급할지 무엇을 변수로 취급할지를 무의식적으로 방법을 바꿔가며 문제를 풀었던 것입니다.

실습편에서는 도출한 모델에 경사하강법을 적용해 매개변수를 최적화하는 내용이 나옵니다. 이때의 접근법이 이 예제의 풀이 과정과 똑같습니다.

학습 단계는 측정된 x(입력값)와 y(정답값)로부터 최적의 매개변수(이 예에서는 a)를 찾아내는 단계입니다. 이 예제에서는 문제 1에 해당하는 단계입니다.

예측 단계에서는 매개변수가 정해진 대신 x와 y는 정해지지 않은 상태로 돌아갑니다. 이 예제에서는 문제 2에 해당하는 단계입니다. 이렇게 하면 임의의 x값이 주어졌을 때 y값을 예측할 수 있는 단계가 됩니다.

지금까지의 이야기를 정리하자면 변수와 상수의 역할이 단계에 따라 바뀌는 것을 알 수 있습니다.

- **학습 단계:** x와 y는 측정값이므로 상수에 해당하고 매개변수는 변수인 상태
- **예측 단계:** 매개변수는 최적화된 값이므로 상수에 해당하고 x와 y는 변수인 상태

뒤에 나올 실습편을 볼 때는 특히 이 점에 유의해서 수식을 살펴보기 바랍니다.

2.4 극대와 극소

앞 절의 마지막에 언급한 대로 x값을 dx만큼 아주 조금 증가시켰을 때 $f(x)$가 증가하는 값은 $f'(x)dx$와 같습니다. 이 말은 곧 $f'(x)$의 값이 0이 되는 지점에서는 $f(x)$가 증가하지도 감소하지도 않는다는 의미이기도 합니다.

실제로 $f'(x) = 0$이 되는 x지점에서는 함수의 모양이 위로 볼록하거나 아래로 볼록한 상태가 됩니다. 이때의 그래프 모양을 각각 '극대'와 '극소'라고 부르고 그 점의 함숫값을 각각 '극댓값', '극솟값'이라고 합니다.

극대인지 극소인지는 극값의 앞뒤에서 미분한 값이 양수냐 음수냐에 따라 달라집니다. 그림 2-11에 이러한 관계를 표현했습니다.

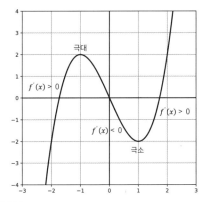

그림 2-11 $y = x^3 - 3x$의 그래프와 극대, 극소

경우에 따라서는 미분값이 0이라도 극대나 극소가 아닐 수도 있습니다.

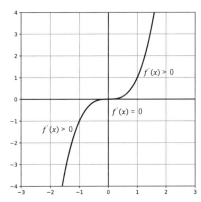

그림 2-12 극대나 극소가 아닌 경우($y = x^3$ 그래프)

이번 절의 결론은 **함수 $f(x)$를 미분한 $f'(x)$의 값이 0이 되는 지점에서 극댓값이나 극솟값을 가질 수 있다**는 것입니다. 이것은 실습편에서 살펴볼 **경사하강법**의 기본 원리이기도 합니다.

2.5 다항식의 미분

지금부터는 여러 가지 미분 공식을 알아보겠습니다. 우선은 다항식의 미분입니다.

앞서 2.3절에서는 $f(x) = x^2 + 1$과 같은 식을 미분해봤는데 그 밖의 다항식은 어떻게 미분할까요?

2.5.1 x^n의 미분

$f(x)=x^n$을 미분해 봅시다.

이항정리

$$(x + h)^n = x^n + {}_nC_1x^{n-1}h + {}_nC_2x^{n-2}h^2 + \cdots$$

가 성립하므로[8]

$$(x + h)^n - x^n = (x^n + {}_nC_1x^{n-1}h + {}_nC_2x^{n-2}h^2 + \cdots) - x^n$$

$$= nhx^{n-1} + \frac{n(n - 1)}{2}h^2x^{n-2} + \cdots$$

와 같이 $f(x)$의 변화량을 식으로 표현할 수 있습니다. 이때 h를 무한히 작게 하면 다음과 같은 식이 만들어집니다.

$$f'(x) = \lim_{h \to 0} \frac{f(x + h) - f(x)}{h} = \lim_{h \to 0} \frac{nhx^{n-1} + \dfrac{n(n - 1)}{2}h^2x^{n-2} + \cdots}{h}$$

$$= \lim_{h \to 0} \left(nx^{n-1} + \frac{n(n - 1)}{2}hx^{n-2} + \cdots\right) = nx^{n-1}$$

이 식은 결국 다음과 같이 표현할 수 있습니다.

$$\frac{d}{dx}(x^n) = nx^{n-1}$$

이것이 바로 $f(x)=x^n$의 미분 공식입니다.

2.5.2 미분의 선형성과 다항식의 미분

$f(x)$와 $g(x)$가 x의 함수이고 실수 p와 q가 있다고 가정할 때 다음 식이 성립합니다.

$$(p \cdot f(x) + q \cdot g(x))' = p \cdot f'(x) + q \cdot g'(x) \tag{2.5.1}$$

이때 이런 식이 성립하는 성질을 '**선형성(線型性)**'이라고 합니다[9].

---

8 이 식이 왜 이렇게 전개되는지는 이번 절의 마지막 칼럼에서 설명합니다.

9 미분 연산 외에 **선형성**이 성립하는 예로는 원점을 지나는 1차함수(선형이라는 이름이 여기서 유래)와 벡터 간의 연산인 내적(3장에서 설명) 등이 있습니다.

실제로 계산해 보면 미분의 정의에 의해 다음과 같이 풀 수 있습니다.

$$(p \cdot f(x) + q \cdot g(x))' = \lim_{h \to 0} \frac{(p \cdot f(x+h) + q \cdot g(x+h)) - (p \cdot f(x) + q \cdot g(x))}{h}$$

$$= \lim_{h \to 0} \left(p \cdot \frac{f(x+h) - f(x)}{h} - q \cdot \frac{g(x+h) - g(x)}{h} \right)$$

$$= p \cdot f'(x) + q \cdot g'(x)$$

이러한 미분 계산의 선형성과 앞에서 살펴본 x^n의 미분 공식을 조합하면 다항식의 미분 공식을 유도할 수 있습니다. 다음과 같은 다항식이 있을 때

$$f(x) = a_n x^n + a_{n-1} x^{n-1} + \cdots + a_1 x + a_0$$

양변을 미분하면 다음과 같은 공식이 만들어집니다.

$$f'(x) = n a_n x^{n-1} + (n-1) a_{n-1} x^{n-2} + \cdots + a_1 \tag{2.5.2}$$

이번에는 2.3절에서 본 그림 2-7의 함수를 공식 (2.5.2)를 이용해 미분해 봅시다. 그림 2-7에서 사용했던 함수는 다음과 같습니다.

$$f(x) = x^3 - x$$

여기에 공식 (2.5.2)를 적용하면 다음과 같이 쓸 수 있습니다.

$$f'(x) = 3x^{3-1} - 1x^{1-1} = 3x^2 - 1$$

이 식을 이용하면 그래프의 특정 지점에서 접선의 기울기를 구할 수 있습니다. 다음은 $x = \frac{1}{2}$일 때의 기울기를 구하는 식입니다.

$$f'\left(\frac{1}{2}\right) = 3\left(\frac{1}{2}\right)^2 - 1 = -\frac{1}{4}$$

계산 결과, 기울기는 $-\frac{1}{4}$인 것을 알 수 있습니다. 이것은 앞에서 살펴본 그림 2-7의 세 번째 그래프에서도 확인할 수 있습니다.

2.5.3 x^r의 미분

이번에는 $f(x) = \dfrac{1}{x}\ (= x^{-1})$을 미분해 봅시다. 분자와 분모에 $(x(x+h))$를 곱하면 어렵지 않게 식을 풀 수 있습니다.

$$f'(x) = \lim_{h \to 0} \frac{\dfrac{1}{x+h} - \dfrac{1}{x}}{h} = \lim_{h \to 0} \frac{1}{h} \frac{x - (x+h)}{x(x+h)} = -\lim_{h \to 0} \frac{1}{x(x+h)} = -\frac{1}{x^2}$$

다음은 $f(x) = \sqrt{x}$를 미분해 봅시다. 분자와 분모에 $\left(\sqrt{x+h} + \sqrt{x}\right)$를 곱하면 어렵지 않게 식을 풀 수 있습니다.

$$f'(x) = \lim_{h \to 0} \frac{\sqrt{x+h} - \sqrt{x}}{h} = \lim_{h \to 0} \frac{(x+h) - x}{h\left(\sqrt{x+h} + \sqrt{x}\right)} = \lim_{h \to 0} \frac{1}{\sqrt{x+h} + \sqrt{x}} = \frac{1}{2\sqrt{x}}$$

이때 $\sqrt{x} = x^{\frac{1}{2}}$이므로 두 식 모두 다음 식이 성립하는 것을 알 수 있습니다.

$$f'(x) = rx^{r-1} \tag{2.5.3}$$

사실 $f(x) = x^r$의 미분 공식 (2.5.3)은 r이 자연수일 때뿐만 아니라 음의 정수, 유리수, 심지어 무리수를 포함한 임의의 실수에 대해서도 성립합니다[10]. 방금 풀었던 두 식은 r이 음수와 분수인 경우에 해당합니다.

칼럼 C와 이항정리

간혹 다항식의 미분을 설명한 글을 보면 'C'나 '이항정리' 같은 용어가 나옵니다. 미분의 범위를 벗어나긴 하지만 이 말이 무슨 말인지 궁금할 수도 있을 것 같아 이번 기회에 조금만 살펴보겠습니다.

$_nC_k$(combination)는 'n개의 서로 다른 요소에서 순서에 관계없이 k개를 고를 때의 조합 수'를 의미합니다. 예를 들어 $_5C_2$의 의미는 A, B, C, D, E라는 다섯 사람이 있을 때 두 사람을 뽑는 방법이 몇 가지나 되는지를 의미합니다. 계산할 때는 다음과 같은 방법으로 풀 수 있습니다.

$$_nC_k = \frac{n!}{k!(n-k)!}$$
$$(n! = n \cdot (n-1) \cdots 2 \cdot 1)$$

---

10 옮긴이: 이때의 'r'은 유리수(有理數, rational number)를 의미합니다. 실제로는 이 미분 공식은 무리수(無理數, irrational number)까지 확장할 수 있으나 엄밀하게 증명하려면 대학교 수준의 수학이 필요합니다. 여기서는 1/2을 예로 들고 있어 유리수의 범위로 설명하고 있습니다.

왜 이런 식이 나오는지 방금 예로 든 $_5C_2$로 확인해 봅시다.

우선 다섯 명을 차례대로 줄 세우는 방법을 생각해 봅시다. 이 방법은 총 5!, 즉 120가지 방법이 있습니다. 다음으로 다섯 명이 줄을 선 상태에서 선두의 두 명을 뽑는다고 생각해 봅시다. B와 D를 선택한다고 가정하면 BDxxx인 경우와 DBxxx인 경우가 있는데 앞서 계산한 120가지 방법 중에는 이와 같은 2가지가 이미 포함돼 있습니다. 한편 뒤에 나오는 xxx에 대해서는 A, C, E를 어떤 순서로 뽑느냐에 따라 3!가지 방법이 이미 포함돼 있습니다. 이렇게 이미 중복된 경우의 수를 나누면 다음과 같이 계산할 수 있습니다.

$$\frac{5!}{2! \cdot 3!} = \frac{5 \cdot 4 \cdot 3 \cdot 2 \cdot 1}{2 \cdot 1 \times 3 \cdot 2 \cdot 1} = 10 \text{ 가지}$$

이 방법을 n과 k라는 문자를 써서 일반화한 것이 처음에 본 식입니다.

다음은 왜 이항정리의 공식[11]에 다음과 같은 조합식이 나오는지 알아봅시다.

$$(x+y)^n = \sum_{k=0}^{n} {_nC_k} \cdot x^k y^{n-k}$$

이것은 $(x+y)^5$라는 식의 $(x+y)$를 수직으로 나열해 보면 쉽게 이해할 수 있습니다.

$$\begin{pmatrix} x \\ + \\ y \end{pmatrix} \times \begin{pmatrix} x \\ + \\ y \end{pmatrix} \times \begin{pmatrix} x \\ + \\ y \end{pmatrix} \times \begin{pmatrix} x \\ + \\ y \end{pmatrix} \times \begin{pmatrix} x \\ + \\ y \end{pmatrix}$$

위의 식을 전개했을 때 x^2y^3의 계수가 몇인지 알아내는 방법은 $x \cdot x \cdot y \cdot y \cdot y$이거나 $x \cdot y \cdot x \cdot y \cdot y$와 같이 다섯 개의 문자를 배열할 때 x가 두 번 나오는 조합이 몇 개인지 알아내는 것과 같습니다. 다른 예를 들자면 1에서 5까지의 숫자 중에서 숫자 두 개를 뽑는 경우의 수로 볼 수도 있습니다. 이것은 앞서 설명한 조합의 정의와 같고, $_5C_2$로 계산할 수 있습니다.

다시 x^n의 미분 이야기로 돌아가 보면 $(x+h)^n$을 전개했을 때의 $x^{n-1}h$의 계수가 무엇인지는 미분의 결과와 관련이 깊습니다. 위의 예로 설명하면 $n=5$일 때는 $(h \cdot x \cdot x \cdot x \cdot x)$, $(x \cdot h \cdot x \cdot x \cdot x)$, ..., $(x \cdot x \cdot x \cdot x \cdot h)$의 다섯 가지가 나오므로 계수가 5라는 것을 알 수 있습니다. 따라서 $(x+h)^n = x^n + nx^{n-1}h + ...$가 되어 미분 공식이 성립합니다.

2.6 곱의 미분

이번 절에서는 함수 $f(x)$와 $g(x)$가 주어졌을 때 두 함수의 곱의 미분 $(f(x)g(x))'$를 구해 보겠습니다.

이 공식을 이해하기 위해 2.3.1절에서 도출한 h가 아주 작을 때의 근사식을 사용합니다.

---

11 이항정리의 공식은 6장의 그림 6-7에서 이항분포의 히스토그램을 그릴 때 사용합니다. 파이썬에서는 사이파이(SciPy) 라이브러리의 comb라는 함수로 조합을 계산할 수 있습니다.

$$f(x+h) \fallingdotseq f(x) + h \cdot f'(x)$$
$$g(x+h) \fallingdotseq g(x) + h \cdot g'(x)$$

두 식을 곱하면 다음과 같이 표현할 수 있습니다.

$$f(x+h) \cdot g(x+h) \fallingdotseq (f(x) + h \cdot f'(x))(g(x) + h \cdot g'(x))$$

양변에 $f(x)g(x)$를 빼면 다음과 같이 쓸 수 있습니다.

$$f(x+h) \cdot g(x+h) - f(x)g(x)$$
$$\fallingdotseq (f(x) + h \cdot f'(x))(g(x) + h \cdot g'(x)) - f(x)g(x)$$
$$= h(f'(x)g(x) + g'(x)f(x)) + h^2 f'(x)g'(x)$$

$f(x)g(x)$를 미분할 때 위의 식을 대입하면 다음과 같이 풀 수 있습니다.

$$(f(x)g(x))' = \lim_{h \to 0} \frac{f(x+h)g(x+h) - f(x)g(x)}{h}$$
$$= \lim_{h \to 0} \frac{h(f'(x)g(x) + g'(x)f(x)) + h^2 f'(x)g'(x)}{h}$$
$$= \lim_{h \to 0} (f'(x)g(x) + g'(x)f(x) + hf'(x)g'(x))$$
$$= f'(x)g(x) + g'(x)f(x)$$

결과만 다시 적어보면 다음과 같은 공식이 나옵니다.

$$(f(x)g(x))' = f'(x)g(x) + g'(x)f(x) \tag{2.6.1}$$

이것이 **곱의 미분** 공식입니다.

2.7 **합성함수와 역함수의 미분**

2.3절에서는 $\frac{dy}{dx}$와 같은 표현이 다양한 미분 공식을 이해하는 데 도움이 된다고 했습니다. 전형적인 예로 합성함수의 미분 공식을 살펴봅시다.

2.7.1 **합성함수의 미분**

합성함수는 2.2절에서 설명한 것과 같이 두 함수 $f(x)$와 $g(x)$가 있을 때 $f(x)$의 출력을 $g(x)$의 입력으로 넣어 전체적으로 하나의 함수처럼 만든 것을 말합니다.

합성함수에 대한 입력을 x, 출력을 y라고 할 때 $f(x)$와 $g(x)$를 다음과 같이 표현할 수 있습니다.

$$u = f(x)$$
$$y = g(u)$$

이 식을 그림으로 표현하면 다음과 같습니다.

그림 2–13 **합성함수**

사실 이때의 미분 공식은 아주 간단해서 다음과 같이 쓸 수 있습니다.

$$\frac{dy}{dx} = \frac{dy}{du} \cdot \frac{du}{dx} \tag{2.7.1}$$

일반적인 분수 계산이라면 약분하면 바로 성립하는 간단한 식입니다. 수학적으로 엄밀하게 증명하긴 어렵지만 직관적으로 이해하기 쉽고 명백하게 성립하는 식이므로 더 자세한 설명은 생략합니다[12]. 대신 2.2절에 나온 합성함수를 예로 들어 미분 계산을 해 봅시다. 2.2절에서는 다음과 같은 식이 있었습니다.

$$y = \sqrt{x^2 + 1}$$

이 식은 다음과 같이 두 가지 유형으로 나눠서 생각할 수 있습니다.

$$f(x) = x^2 + 1$$
$$g(x) = \sqrt{x}$$

각각의 식을 u와 y로 다시 쓰면 다음과 같이 쓸 수 있습니다.

$$u = f(x) = x^2 + 1$$
$$y = g(u) = \sqrt{u}$$

---

12 옮긴이: 수식 (2.7.1)은 분수의 약분처럼 보이지만 실제로는 분수식이 아닙니다. 이 같은 식은 변수분리형 상미분 방정식으로 유도할 수 있습니다.

여기에 2.5절의 공식 (2.5.3)과 (2.5.2)를 이용하면 다음과 같이 표현할 수 있습니다.

$$\frac{du}{dx} = f'(x) = 2x$$

$$\frac{dy}{du} = g'(u) = \left(u^{\frac{1}{2}}\right)' = \frac{1}{2}u^{-\frac{1}{2}} = \frac{1}{2\sqrt{u}} = \frac{1}{2\sqrt{x^2+1}}$$

두 식을 곱하면 다음과 같이 정리할 수 있습니다.

$$\frac{dy}{dx} = \frac{dy}{du} \cdot \frac{du}{dx} = \frac{1}{2\sqrt{x^2+1}} \cdot 2x = \frac{x}{\sqrt{x^2+1}}$$

결국 $h(x) = \sqrt{x^2+1}$를 x로 미분한 결과가 됩니다.

이때 여기서 설명한 **합성함수의 미분 공식**은 '연쇄 법칙(chain rule)'이라고도 합니다. 내용 자체는 방금 설명한 합성함수의 미분과 같으므로 용어와 개념을 익혀 두기 바랍니다.

2.7.2 **역함수의 미분**

$\frac{dy}{dx}$의 표현을 활용한 예를 하나 더 살펴보겠습니다. 이번에는 역함수의 미분 공식입니다. 우선 $y = f(x)$의 역함수를 $y = g(x)$라고 할 때 두 함수를 미분한 도함수의 관계를 알아봅시다.

그림 2-14에서 (a, b)는 $y = f(x)$의 그래프상의 점이므로 $b = f(a)$가 됩니다. 직선 $y = x$에 대해 점 (a, b)와 대칭되는 점 (b, a)는 역함수의 그래프 $y = g(x)$ 상의 점이 됩니다. 즉, $a = g(b)$의 관계가 성립합니다.

한편 $y = f(x)$의 그래프에서 점 (a, b)에 대한 접선의 기울기는 $f'(a)$입니다. 그리고 직선 $y = x$로 대칭되는 $y = g(x)$의 그래프에서 점 (b, a)에 대한 접선의 기울기는 $\frac{1}{f'(a)}$이 됩니다. 즉, 다음과 같은 식이 성립합니다.

$$g'(b) = \frac{1}{f'(a)} \tag{2.7.2}$$

이것이 **역함수의 미분 공식**입니다.

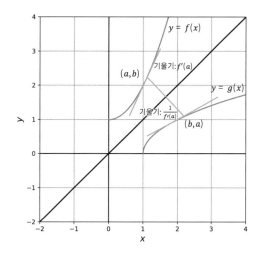

그림 2-14 역함수의 미분

이 공식을 다른 표기법으로 표현해 봅시다.

- $y = f(x)$라면 $f'(x) = \dfrac{dy}{dx}$입니다.

- $x = g(y)$라면 $g'(y) = \dfrac{dx}{dy}$입니다.

두 식에 앞의 공식을 적용하면 다음과 같이 쓸 수 있습니다.

$$\frac{dx}{dy} = \frac{1}{\dfrac{dy}{dx}}$$

합성함수의 미분과 같이 일반적인 분수 계산으로 보더라도 당연히 성립하는 것을 알 수 있습니다.

2.8 몫의 미분

이번 절의 목적은 다음과 같은 두 함수의 몫을 미분하는 것입니다.

$$\frac{f(x)}{g(x)}$$

지금까지 살펴본 미분 공식을 조합하면 어렵지 않게 풀 수 있습니다. 우선 분모에 있는 함수를 다음과 같이 바꿔 써 봅시다.

$$h(x) = \frac{1}{g(x)}$$

그러면 다음과 같이 나눗셈을 곱셈 형태로 표현할 수 있습니다.

$$\frac{f(x)}{g(x)} = f(x) \cdot h(x)$$

여기에 곱의 미분 공식 (2.6.1)을 적용하면 다음과 같은 식이 성립합니다.

$$\left(\frac{f(x)}{g(x)} \right)' = (f(x) \cdot h(x))' = f'(x)h(x) + f(x)h'(x)$$

$h'(x)$를 구할 때는 $u = g(x)$로 대체한 다음 합성함수의 미분으로 풀어봅니다. 그러면 다음과 같이 풀어 쓸 수 있습니다.

$$h'(x) = \left(\frac{1}{g(x)} \right)' = \left(\frac{1}{u} \right)' \cdot \frac{du}{dx} = \left(-\frac{1}{u^2} \right) \cdot g'(x) = -\frac{g'(x)}{(g(x))^2}$$

이를 앞의 결과에 대입하면 다음과 같은 식이 나옵니다.

$$\left(\frac{f(x)}{g(x)} \right)' = \frac{f'(x)g(x) - f(x)g'(x)}{(g(x))^2} \tag{2.8.1}$$

이것이 **몫의 미분 공식**입니다.

지금까지 나온 미분 공식을 정리해 봅시다.

$$(p \cdot f(x) + q \cdot g(x))' = p \cdot f'(x) + q \cdot g'(x) \qquad \text{미분의 선형성} \qquad (2.5.1)$$

$$(x^r)' = rx^{r-1} \qquad \text{다항식의 미분 공식} \qquad (2.5.2)$$

$$(f(x)g(x))' = f'(x)g(x) + f(x)g'(x) \qquad \text{곱의 미분 공식} \qquad (2.6.1)$$

$$\frac{dy}{dx} = \frac{dy}{du} \cdot \frac{du}{dx} \qquad \text{합성함수의 미분 공식(연쇄 법칙)} \qquad (2.7.1)$$

$$\frac{dx}{dy} = \frac{1}{\frac{dy}{dx}} \qquad \text{역함수의 미분 공식} \qquad (2.7.2)$$

$$\left(\frac{f(x)}{g(x)}\right)' = \frac{f'(x)g(x) - f(x)g'(x)}{(g(x))^2} \qquad \text{몫의 법칙} \qquad (2.8.1)$$

이러한 공식은 3장 이후에도 계속 사용하게 되므로 자유롭게 쓸 수 있도록 꼭 익혀 두기 바랍니다.

2.9 적분

마지막으로 적분[13]에 대해 알아보겠습니다. 우선 미분을 간단히 설명하면 **'함수의 그래프를 무한히 확대했을 때의 직선의 기울기'**라고 할 수 있습니다. 비슷한 방법으로 적분을 간단히 설명하면 **'함수의 그래프와 직선 $y = 0$ 사이에 있는 도형의 면적'**이라고 할 수 있습니다 이 말이 어떤 의미인지 확인해 봅시다.

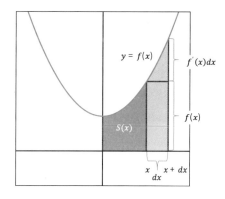

그림 2–15 면적을 의미하는 함수 $S(x)$와 $f(x)$의 관계

그림 2–15를 살펴봅시다. 문제를 단순화하기 위해 함수 $y = f(x)$는 x값에 관계없이 양숫값이 나온다고 가정합니다. 그리고 x값도 양수의 범위로만 제한합니다.

이러한 조건에서 그림과 같이 표시된 영역의 면적을 구하는 함수 $S(x)$가 있다고 합시다.

그리고 $S(x)$의 미분 $S'(x)$가 어떤 함수일지 생각해 봅시다. 언제나 그랬듯이 x가 dx만큼 아주 조금 증가했을 때의 $S(x)$의 증가량은 $S(x)$의 정의에 의해 $S(x + dx) - S(x)$가 됩니다. 이는 그림 2–15에서 x, $x + dx$의 두 직선으로 둘러싸인 영역의 면적입니다. 한편 dx를 무한히 작게 만들면 $y = f(x)$의 그래프는 직선에 가까워지고 영역은 사다리꼴과 비슷해집니다.

---

13 적분의 개념은 딥러닝의 경사하강법과 직접적인 관계는 없지만 6장의 확률과 통계를 이야기할 때 필요한 부분이 있어 간단히 설명해 둡니다.

이때의 사다리꼴을 그림과 같이 사각형과 삼각형으로 나눠서 생각하면 다음과 같은 식으로 영역의 면적을 구할 수 있습니다.

$$f(x)dx + \frac{1}{2}dx \cdot f'(x)dx$$

지금까지 설명한 내용을 정리해 봅시다.

$$S(x + dx) - S(x) \fallingdotseq f(x)dx + \frac{1}{2}f'(x)(dx)^2$$

여기서 dx를 h로 바꾸고 다음 양변을 h로 나눈 다음 $h \to 0$으로 극한을 취해 보면 다음과 같은 식으로 표현할 수 있습니다.

$$S'(x) = \lim_{h \to 0} \frac{1}{h}(S(x + h) - S(x)) = \lim_{h \to 0} \left(f(x) + \frac{1}{2}f'(x) \cdot h \right) = f(x)$$

이 식을 자세히 들여다 보면 **$S(x)$의 미분 $S'(x)$는 그래프 원래의 함수 $f(x)$ 자체**인 깃을 알 수 있습니다. 반대로 다음 식을 만족하는 함수 $S(x)$가 있다고 가정합시다.

$$S'(x) = f(x)$$

이때 $S(x)$는 $y = f(x)$의 그래프에서 면적을 구할 수 있는 함수일 것입니다. 예를 들어, $f(x) = x^2$이라고 하면 $S(x) = \frac{1}{3}x^3$과 같이 $S(x)$를 구할 수 있습니다.

이러한 설명은 어디까지나 직관적으로 이해하기 위한 것으로 수학적으로 엄격하게 증명한 것은 아닙니다. 제대로 증명하려면 $S(x)$라는 함수가 존재하는 것을 증명하거나 영역이 사다리꼴이라고 가정한 근사식이 올바른지 밝혀야 합니다. 이 책에서는 상세한 증명을 다루진 않지만 이러한 내용이 사실이라는 것을 감으로 알 수 있을 겁니다.

참고로 면적을 나타내는 함수 $S(x)$의 미분이 원래의 함수 $f(x)$가 된다는 사실은 '**미적분학의 제1기본 정리**'이며 해석학에서 중요한 법칙이기도 합니다.

마지막으로 자주 사용되는 적분 기호와 위의 설명 간의 관계를 살펴봅시다.

우선 $S(x)$를 살펴봅시다. 이 함수는 원래 함수 $f(x)$에 대해 '$f(x)$의 역도함수(逆導函數, antiderivative)'라 부르고 일반적인 경우라면 대문자 F를 써서 $F(x)$와 같이 표기합니다[14]. 위의 설명에서는 사각형의 면적(summation)을 의미하기 위해 대문자 S를 사용했습니다.

한편 어떤 함수 $f(x)$에 대해 $F'(x)=f(x)$를 만족하는 함수 $F(x)$를 구하는 것을 '부정적분(不定積分, indefinite integral)'한다고 합니다. 이것을 수학 기호로 표현하면 다음과 같습니다.

$$\int f(x)dx = F(x) + C$$

갑자기 C라는 문자가 나왔는데 이것은 $f(x)$의 원시함수가 $F(x)$라고 할 때 상수를 더한 $F(x)+C$ 역시 원시함수라는 것을 표현하기 위한 것으로 '적분 상수(積分常數, a constant of integration)'라고 부릅니다.

$f(x)=x^2$이라는 함수에 대해 부정적분을 구하는 것을 수식으로 표현하면 다음과 같습니다.

$$\int x^2 dx = \frac{x^3}{3} + C$$

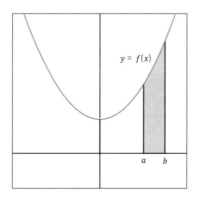

그림 2-16 그래프의 면적과 정적분

그림 2-16을 살펴봅시다.

이 경우 a와 b로 둘러싸인 부분의 면적은 부정적분 $F(x)$를 사용해 다음과 같이 쓸 수 있습니다.

$$F(b) - F(a)$$

---

14 옮긴이: 원시함수(原始函數, primitive function)나 원함수(原函數)라고도 합니다.

원래 함수와 적분 기호를 사용해 다음과 같이 쓸 수도 있습니다. 이러한 표기법을 '**정적분(定積分, definite integral)**'이라고 합니다.

$$\int_a^b f(x)dx$$

그리고 위의 두 식을 다음과 같이 표현한 것을 '**미적분학의 제2기본 정리**'라고 합니다.

$$F(b) - F(a) = \int_a^b f(x)dx$$

면적을 계산할 때는 위와 같이 반드시 두 개의 원함수 값의 **뺄셈** 모양이 됩니다. 이를 간단히 줄여서 다음과 같이 쓸 수도 있습니다.

$$[F(x)]_a^b$$

이러한 표현도 비교적 자주 쓰이므로 함께 익혀 두기 바랍니다.

칼럼 적분 기호의 의미

지금까지 살펴본 내용으로 감을 잡았겠지만 정적분이라 하는 것은 그림 2-17과 같이 세로는 $f(x)$, 가로는 dx인 가느다란 직사각형을 구간 a에서 b까지 꽉 채워서 각각의 면적을 더하는 것과 같습니다.

그리고 적분 기호 $\int$는 원래 알파벳 S(sum, 덧셈)에서 유래한 것으로 앞에서 본 정적분의 수식은 '$x = a$에서 $x = b$까지의 구간에서 폭이 아주 좁은 사각형 $f(x)dx$를 모두 더한 것'을 수학적으로 표현한 것으로 이해하면 됩니다.

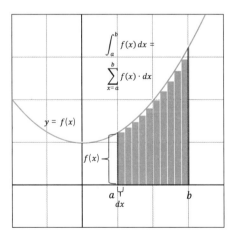

그림 2-17 적분과 면적의 관계

03 | 벡터와 행렬

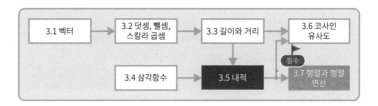

이번 장에서는 학교에서 배웠던 벡터를 복습하고 행렬에 대해서도 간단히 살펴보겠습니다.

벡터에서는 특히 '내적'의 개념이 중요하니 잘 봐 두기 바랍니다. 그리고 '코사인 유사도'도 중요한데 이에 대한 구체적인 예는 칼럼에서 따로 소개하겠습니다.

딥러닝 알고리즘을 배우거나 프로그램을 개발할 때는 행렬을 빼고 말할 수 없을 정도입니다. 다소 복잡하게 보일 수는 있지만 표기법과 계산법만 잘 익혀 둔다면 딥러닝에 필요한 최소한의 내용은 이해할 수 있을 겁니다. 벡터와 행렬에서 어떤 것을 익혀야 하는지 살펴봅시다.

3.1 벡터

3.1.1 벡터란?

벡터는 '방향과 크기를 가진 양'으로 정의할 수 있습니다. 우선은 문제를 단순화하기 위해 2차원에서의 벡터를 생각해 봅시다.

2차원에서는 지점 A에서 지점 B로 이동하는 것을 '북쪽으로 3km', '동쪽으로 3km', '남서쪽으로 4km'와 같이 이동한 방향과 거리로 표현할 수 있습니다. 이처럼 '방향과 크기를 하나의 세트로 다루는 양'을 '벡터(vector)'라고 합니다.

그림 3-1 방향과 크기로 표현한 벡터

3.1.2 **벡터의 표기 방법**

벡터를 문자로 표현할 때는 2나 −0.5 같은 일반적인 수치[1]와 구분할 수 있도록 표기법을 달리할 필요가 있습니다.

자주 사용되는 벡터의 표기법에는 다음의 두 가지가 있습니다.

- 글자를 굵게 쓰는 방법: a, b

- 글자 위에 화살표를 그리는 방법: $\vec{a}$, $\vec{b}$

이 책에서는 앞에 나온 굵은 글씨로 표현하는 방법을 사용하겠습니다. 반대로 a나 b처럼 굵게 표현되지 않은 문자는 일반적인 실수를 나타내는 '스칼라(scalar)'라고 생각하면 됩니다. 단 **스칼라 중에서도 중요한 것은 a와 같이 굵은 문자로 표현**할 수 있습니다. 이때는 문맥을 보면서 스칼라인지 벡터인지를 구분하기 바랍니다.

한편 벡터는 그림 3-2와 같이 'A 지점에서 B 지점까지의 거리'로 정의할 수 있습니다.

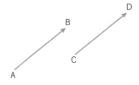

그림 3-2 시작점과 끝점으로 표현한 벡터

이때 출발지 A는 '**벡터의 시작점**', 목적지 B는 '**벡터의 끝점**'이라고 합니다. 이렇게 A지점에서 B지점까지의 이동을 나타내는 벡터는 $\overrightarrow{AB}$와 같이 표현합니다.

위의 그림과 같이 A에서 B로 이동하는 벡터와 C에서 D로 이동하는 벡터가 있을 때 **이동 거리와 방향이 똑같다면 두 벡터는 같은 것**이라 볼 수 있습니다. 즉, $\overrightarrow{AB} = \overrightarrow{CD}$의 관계가 성립합니다.

3.1.3 **벡터의 성분 표시**

2차원 벡터는 또 다른 방법으로 표현할 수 있습니다. 이 방법은 x축과 y축의 방향과 각 방향의 단위 길이를 정한 다음, 벡터의 크기가 단위 길이의 몇 배인지 표현하는 방식입니다.

---

1   벡터와 구분해서 스칼라라고 부릅니다.

그림 3-1에서 x축 방향을 동쪽, y축 방향을 북쪽, 단위 길이를 1km라고 했을 때 각 벡터는 그림 3-3 과 같이 표현할 수 있습니다. 이렇게 표현한 것을 '**벡터의 성분 표시**'라고 합니다.

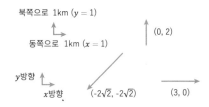

그림 3-3 벡터의 성분 표시 예

3.1.4 다차원으로 확장

지금까지는 2차원 평면에서의 벡터를 살펴봤는데 '크기와 방향'이라는 생각을 3차원으로도 확장할 수 있 습니다.

이때도 벡터를 표현할 때 성분 표시를 할 수 있는데 x방향과 y방향 외에도 z방향이 더 필요하기 때문에 총 세 개의 숫자가 필요합니다. 그림 3-4는 $(2,3,2)$를 성분으로 3차원 벡터를 표현한 것입니다.

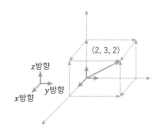

그림 3-4 3차원 벡터의 성분 표시

사람이 머리로 생각할 수 있는 벡터는 3차원까지가 한계지만 벡터의 성분 표시를 단순한 숫자의 조합이 라 생각한다면 4차원이나 5차원은 물론 그 이상의 차원으로도 확장할 수 있습니다. 수학에서는 이러한 확장을 통해 100차원의 벡터도 2차원이나 3차원 벡터와 같은 방법으로 다룰 수 있습니다.

3.1.5 벡터 성분의 표기 방법

벡터의 성분을 표기하는 방법에는 각 요소를 세로로 나열하는 방법과 가로로 나열하는 방법이 있습니다.

세로로 나열한 예

$$a = \begin{pmatrix} a_1 \\ a_2 \\ \vdots \\ a_n \end{pmatrix}$$

가로로 나열한 예

$$a = (a_1, a_2, \cdots, a_n)$$

이 책에서는 일반적인 수학 책의 관례를 따르고 있으며 두 가지 표기 방법을 특별히 구분하고 있진 않습니다. 다만 책의 지면 관계상 벡터를 설명할 때는 가로로, 행렬과 연산을 할 때는 세로로 표기하고 있습니다.

3.2 덧셈, 뺄셈, 스칼라배

벡터의 연산에는 벡터 간의 덧셈과 뺄셈, 그리고 스칼라배(scalar multiple)[2]가 있습니다. 이러한 벡터 연산이 2차원에서의 '크기와 방향을 가진 양'으로는 어떻게 표현될 수 있는지 먼저 살펴보고, 이어서 성분 표기 방법으로는 어떤 모양이 되는지 살펴보겠습니다.

3.2.1 벡터의 덧셈

우선 **벡터의 덧셈**을 알아봅시다. 벡터를 더할 때는 앞서 설명한 것처럼 '시작점과 끝점으로 표현'한다는 개념을 떠올리면 이해하기 쉽습니다. 그림 3-5와 같은 세 개의 벡터로 예를 들어 보겠습니다.

그림 3-5 벡터의 합

---

2   옮긴이: 스칼라 곱셈이라고도 합니다.

$$a = \overrightarrow{AB}$$
$$b = \overrightarrow{BC}$$
$$c = \overrightarrow{AC}$$

벡터의 덧셈 $a + b$가 의미하는 것은 첫 번째 벡터의 끝점 B가 또 다른 벡터의 시작점이라고 할 때 **전체적으로 어디에서 시작해서 어디로 끝나는지**를 나타냅니다.

즉 'A에서 출발해서 B를 경유한 후, 마지막에 C에 도착한다면 전체적으로는 A에서 출발해서 C로 바로 가는 것과 같다'라는 의미입니다.

이를 수식으로 표현하면 다음과 같고, 이 식이 바로 벡터의 덧셈을 나타냅니다.

$$a + b = c \quad \text{또는} \quad \overrightarrow{AB} + \overrightarrow{BC} = \overrightarrow{AC}$$

다음으로 벡터의 덧셈을 성분 표시 방법으로 표현해 봅시다.

$$a = (a_1, a_2)$$
$$b = (b_1, b_2)$$

위와 같이 a, b가 있을 때 이 둘을 합한 c는 다음과 같다는 것을 직관적으로 알 수 있습니다.

$$c = a + b = (a_1 + b_1, a_2 + b_2)$$

즉, 성분 표시 방법에서는 **벡터의 덧셈이 곧 성분 간의 덧셈**이 됩니다.

이러한 방법은 3차원에서는 물론 n차원까지도 확장할 수 있습니다. 벡터의 덧셈을 n차원의 성분 표시로 표현해서 일반화해 봅시다.

$$a = (a_1, a_2, \cdots, a_n)$$
$$b = (b_1, b_2, \cdots, b_n)$$

위와 같이 a, b가 있을 때 이 둘을 합한 c는 다음과 같이 표현할 수 있습니다.

$$c = a + b = (a_1 + b_1, a_2 + b_2, \cdots, a_n + b_n)$$

3.2.2 벡터의 뺄셈

이번에는 두 개의 벡터 a와 b가 있을 때 둘 간의 차이인 $b-a$가 어떤 모습일지 살펴봅시다. 우선 그림 3-6과 같이 두 벡터 a와 b의 시작점을 똑같이 맞춥시다.

그림 3-6 벡터의 뺄셈

$\overrightarrow{BC} = x$라고 할 때 벡터의 덧셈으로 다음과 같은 식을 쓸 수 있습니다.

$$a + x = b$$

이를 x를 기준으로 풀어 쓰면 다음과 같이 **벡터의 뺄셈**으로 표현할 수 있습니다.

$$x = b - a$$

이번에는 벡터의 뺄셈을 벡터의 성분 표시로 표현해 봅시다.

$$a = (a_1, a_2)$$
$$b = (b_1, b_2)$$

위와 같이 a, b가 있을 때 이 둘 간의 뺄셈 x는 다음과 같습니다.

$$x = b - a = (b_1 - a_1, b_2 - a_2)$$

즉, 벡터의 덧셈과 마찬가지로 성분 표시 방법에서는 **벡터의 뺄셈이 곧 성분 간의 뺄셈**이 됩니다.

이러한 방법은 3차원에서는 물론 n차원까지도 확장할 수 있습니다. 벡터의 뺄셈을 n차원의 성분 표시로 표현해서 일반화해 봅시다.

$$a = (a_1, a_2, \cdots, a_n)$$
$$b = (b_1, b_2, \cdots, b_n)$$

위와 같이 a, b가 있을 때 이 둘 간의 뺄셈 x는 다음과 같이 표현할 수 있습니다.

$$x = b - a = (b_1 - a_1, \ b_2 - a_2 \ \cdots, \ b_n - a_n)$$

3.2.3 벡터의 스칼라배

벡터의 덧셈과 뺄셈에 이어 이번에는 곱셈에 해당하는 스칼라배에 대해 알아봅시다. 사실 벡터의 곱셈에는 '내적'이라고 하는 또 다른 형태의 곱셈이 있는데 여기서 설명하기에는 다소 복잡할 수 있으니 뒤에 나올 3.5절에서 자세히 설명하겠습니다. 대신 여기서 설명하는 '스칼라배'는 '내적'에 비하면 쉽게 이해할 수 있는 곱셈 개념입니다.

그림 3-7 벡터의 스칼라배

그림 3-7을 살펴봅시다. a라는 벡터가 있을 때 그 벡터와 **방향이 같고 길이가 k배인 벡터 b를 벡터의 스칼라배**라 하고 다음과 같이 표현할 수 있습니다.

$$b = ka$$

다음은 벡터의 성분 표시로 표현해 봅시다.

$$a = (a_1, \ a_2)$$

위와 같은 a가 있을 때 벡터의 스칼라배 b는 다음과 같습니다.

$$b = (ka_1, \ ka_2)$$

이러한 방법은 3차원에서는 물론 n차원까지도 확장할 수 있습니다. 벡터의 스칼라배를 n차원의 성분 표시로 표현해서 일반화해 봅시다.

$$a = (a_1, a_2, \cdots, a_n)$$

위와 같은 a가 있을 때 벡터의 스칼라배 b는 다음과 같습니다.

$$b = (ka_1, \ ka_2, \ \cdots, \ ka_n)$$

3.3 길이와 거리

벡터를 다룰 때 중요한 양으로 '**길이**'(절댓값)가 있습니다. '길이'의 개념을 응용하면 두 벡터 사이의 '**거리**'를 정의할 수 있습니다. 이번 절에서는 n차원 벡터까지 고려해서 벡터의 '길이'와 '거리'를 살펴보겠습니다.

3.3.1 벡터의 길이

다음과 같은 성분 표시의 2차원 벡터가 있다고 가정합시다.

$$\boldsymbol{a} = (a_1,\ a_2)$$

이때 벡터 $\boldsymbol{a}$의 길이를 구해 보겠습니다.

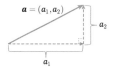

그림 3-8 성분 표시 벡터의 길이

그림 3-8을 살펴봅시다. 벡터의 길이를 $|\boldsymbol{a}|$라고 할 때 피타고라스의 정리[3]에 의해 다음과 같은 식이 성립합니다.

$$|\boldsymbol{a}|^2 = a_1{}^2 + a_2{}^2$$

이때 양변에 제곱근을 구하면 다음과 같이 표현할 수 있습니다.

$$|\boldsymbol{a}| = \sqrt{a_1{}^2 + a_2{}^2}$$

이 식이 성분 표시 방법을 사용한 **2차원 벡터의 길이 공식**입니다. 이때의 벡터 길이를 **벡터의 절댓값**이라고도 합니다[4].

그러면 3차원 벡터의 길이(절댓값)는 어떻게 구할까요? 이해를 돕기 위해 그림 3-9를 살펴봅시다.

---

3 직각삼각형의 빗변의 제곱은 나머지 두 변의 제곱을 더한 것과 같다는 정리입니다.

4 옮긴이: 엄밀하게는 n차원의 공간에서 두 점 사이의 거리나 벡터의 크기(길이)를 표현할 때 $\|\boldsymbol{a}\|$와 같이 유클리드 거리(Euclidean length), 혹은 유클리드 노름(Euclidean norm)을 사용합니다. 단 이 책에서는 고등학교의 수학 수준에 맞춰 절댓값으로 표현했습니다.

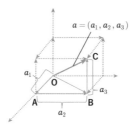

그림 3-9 3차원 벡터의 절댓값

이 그림에서 다음과 같은 벡터 길이(절댓값) OC를 구해 봅시다.

$$\boldsymbol{a} = \overrightarrow{OC} = (a_1,\ a_2,\ a_3)$$

삼각형 OAB와 삼각형 OBC는 둘 다 직각삼각형입니다. 두 삼각형에 피타고라스의 정리를 적용하면 다음과 같습니다.

$$OA^2 + AB^2 = OB^2$$
$$OB^2 + BC^2 = OC^2$$

이때 앞의 식의 OB^2을 뒤의 식에 대입하면 다음과 같이 정리할 수 있습니다.

$$OA^2 + AB^2 + BC^2 = OC^2$$

OA $= a_1$, AB $= a_2$, BC $= a_3$이므로 다음과 같이 바꿔 쓸 수 있습니다.

$$OC^2 = a_1{}^2 + a_2{}^2 + a_3{}^2$$

이때 양변에 제곱근을 구하면 다음과 같이 표현할 수 있습니다.

$$OC = \sqrt{a_1{}^2 + a_2{}^2 + a_3{}^2}$$

이 식을 벡터의 길이(절댓값)로 다시 표현하면 다음과 같은 모양이 됩니다.

$$|\boldsymbol{a}| = \sqrt{a_1{}^2 + a_2{}^2 + a_3{}^2}$$

이것이 **3차원 벡터의 길이(절댓값)** 공식입니다.

그렇다면 이 식을 일반화한 n차원 벡터의 길이(절댓값)는 어떻게 구할까요? 아쉽게도 이 벡터는 그림으로 표현하지 못합니다. n차원의 벡터 길이가 얼마나 될지는 모르겠지만 2차원과 3차원 벡터의 길이를 구했던 방법을 확장해 봅시다.

$$\boldsymbol{a} = (a_1, a_2, \cdots, a_n)$$

벡터 a가 위와 같을 때 길이 $|\boldsymbol{a}|$는 다음과 같은 방법으로 구할 수 있을 거라 짐작해볼 수 있습니다.

$$|\boldsymbol{a}| = \sqrt{a_1{}^2 + a_2{}^2 + a_3{}^2 + \cdots + a_n{}^2}$$

이 식이 n**차원 벡터의 절댓값 공식**[5]입니다.

3.3.2 Σ 기호의 의미

다음은 Σ 기호에 대해 알아봅시다. Σ[6]를 사용하면 위와 같은 식에서 여러 항목을 더해야 할 때 '...' 같은 생략 표현을 쓰지 않아도 됩니다.

위의 식에서 근호 안에 있는 부분은 다음과 같습니다.

$$a_1{}^2 + a_2{}^2 + a_3{}^2 + \cdots + a_n{}^2$$

이 식은 'k**의 값을 1에서** n**까지 변화시켰을 때** $a_k{}^2$ **값을 모두 더한 것**'입니다.

이를 Σ를 사용해 식으로 표현하면 다음과 같습니다.

$$\sum_{k=1}^{n} a_k{}^2$$

이어서 n차원 벡터 $\boldsymbol{a}$의 절댓값인 $|\boldsymbol{a}|$의 공식을 Σ를 써서 다시 표현하면 다음과 같이 쓸 수 있습니다.

$$|\boldsymbol{a}| = \sqrt{\sum_{k=1}^{n} a_k{}^2}$$

---

5   n차원 벡터에서는 애당초 '길이'를 알 수 없기 때문에 '길이'라는 말보다는 '절댓값'이라는 표현을 사용하는 것이 일반적입니다.

6   옮긴이: 이때의 수학 기호 Σ 는 누적합을 의미하며 'sigma'라고 읽습니다.

Σ가 포함된 식은 읽기 쉽지 않지만 머신러닝에서는 피할 수 없는 표현이기 때문에 조금씩 친해질 필요가 있습니다. 단 앞에서 본 Σ가 없는 전개식이 직관적으로 이해하기 쉬우므로 Σ가 익숙해지기 전까지는 덧셈으로 전개된 식을 머릿속에 떠올려 보기 바랍니다.

3.3.3 벡터 간의 거리

다음은 두 벡터 a와 b의 거리에 대해 생각해 봅시다. 이번 절의 내용은 지금까지 나온 것을 모두 정리하는 것이기도 합니다.

결론부터 말하자면 **벡터 a와 b의 뺄셈에다 절댓값을 적용하면 벡터 간의 거리**가 나옵니다.

예를 들어, 두 개의 2차원 벡터를 성분으로 표시해 봅시다.

$$a = (a_1, a_2)$$
$$b = (b_1, b_2)$$

이때 벡터 a와 b의 거리 d는 다음과 같은 식으로 표현할 수 있습니다.

$$d = |a - b| = \sqrt{(a_1 - b_1)^2 + (a_2 - b_2)^2}$$

다음은 3차원 벡터로 확장해 봅시다.

$$a = (a_1, a_2, a_3)$$
$$b = (b_1, b_2, b_3)$$

이때 벡터 a와 b의 거리 d는 다음과 같은 식으로 표현할 수 있습니다.

$$d = |a - b| = \sqrt{(a_1 - b_1)^2 + (a_2 - b_2)^2 + (a_3 - b_3)^2}$$

이어서 n차원으로도 확장해 봅시다.

$$a = (a_1, a_2, \cdots, a_n)$$
$$b = (b_1, b_2, \cdots, b_n)$$

이제는 두 개의 벡터 간의 거리 d를 다음과 같은 식으로 표현할 수 있다는 것을 어렵지 않게 짐작할 수 있을 것입니다.

$$d = |\boldsymbol{a} - \boldsymbol{b}| = \sqrt{(a_1 - b_1)^2 + (a_2 - b_2)^2 + \cdots + (a_n - b_n)^2}$$

$$= \sqrt{\sum_{k=1}^{n}(a_k - b_k)^2}$$

3.4 삼각함수

이번 절에서 삼각함수가 갑자기 나오는 이유는 3.5절에 나올 내적과 밀접한 관계가 있기 때문입니다. 여기서는 내적과의 관계를 염두에 두면서 삼각함수에 대해 알아봅시다.

3.4.1 삼각비

우선 다른 수학 참고서처럼 삼각비의 정의부터 시작합니다.

그림 3–10 삼각비의 정의

그림 3–10을 살펴봅시다. 직각삼각형은 그림의 **내각 θ값을 고정했을 때 변의 길이가 달라지더라도 삼각형의 모양 자체는 큰 변화가 없습니다**[7]. 그래서 $\frac{x}{r}$나 $\frac{y}{r}$ 같은 변 간의 비율은 항상 일정하게 유지됩니다. 이때의 비율을 '**삼각비(trigonometry ratio)**'라 하고 이 값은 각도 θ에 의해 달라집니다. 삼각비는 다음과 같은 식으로 표현합니다.

$$\sin\theta = \frac{y}{r}$$
$$\cos\theta = \frac{x}{r}$$
$$\tan\theta = \frac{y}{x}$$

---

7 옮긴이: 이때의 그리스 문자 θ는 각도를 의미하며, 'theta'라고 읽습니다.

3.4.2 삼각함수

삼각비에서는 직각삼각형의 내각 범위인 0도에서 90도 사이에서만 θ를 정의할 수 있었습니다. 이번에는 직각삼각형의 내각 범위 밖에서도 삼각비를 알 수 있도록 개념을 확장해 보겠습니다.

이해를 돕기 위해 그림 3-10에서 r이 1인 경우를 생각해 봅시다. 이때는 $\cos\theta = x$이고 $\sin\theta = y$인 상태입니다. 이번에는 그림 3-11에서 반지름은 1이고, 사분면의 원점을 중심으로 하는 원이 있다고 생각해 봅시다.[8]

x축이 양인 방향에서 각도가 θ인 **원주상의 점**이 있을 때 이 점의 **x좌표를 $\cos\theta$, y좌표를 $\sin\theta$**라고 합시다. θ값이 0도에서 90도 사이의 범위를 움직일 때는 그림 3-10에서 본 것처럼 $\cos\theta$와 $\sin\theta$의 삼각비가 똑같이 적용되는 것을 알 수 있습니다.

확장된 정의에서는 θ의 값이 음수일 때는 물론 90도를 넘는 경우까지 다룰 수 있습니다. 이렇게 **삼각비의 개념이 확장된 것을 삼각함수**라고 합니다.

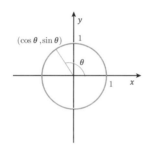

그림 3-11 삼각함수의 정의

3.4.3 삼각함수의 그래프

앞에서 삼각함수의 정의를 살펴봤는데 이번에는 x축을 각도 θ, y축을 실수로 하는 삼각함수의 그래프를 그려봅시다.

그래프는 그림 3-12와 그림 3-13과 같이 깔끔한 파형으로 그려집니다. 그림 3-12의 곡선은 정현곡선(正弦曲線) 또는 사인 곡선(sign curve)이라 하고 그림 3-13의 곡선은 여현곡선(餘弦曲線) 또는 코사인 곡선(cosine)이라고 합니다. 두 그림을 살펴보면 $\sin\theta$ 함수를 x축의 음의 방향으로 90만큼 평행 이동시켰을 때 $\cos\theta$ 함수가 되는 것을 알 수 있습니다.

---

8 이런 원을 **단위원**이라고 합니다.

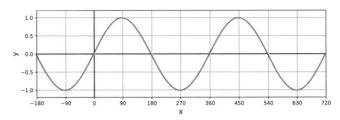

그림 3-12 $y = \sin\theta$ 그래프

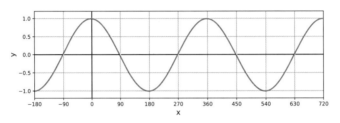

그림 3-13 $y = \cos\theta$ 그래프

3.4.4 직각삼각형의 변을 삼각함수로 표현하기

다시 그림 3-10과 삼각비의 정의로 돌아갑시다. $\sin\theta$와 $\cos\theta$를 정의한 식에서 양변에 r을 곱하면 다음과 같은 식이 됩니다.

$$x = r \cos\theta$$
$$y = r \sin\theta$$

이 식은 뒤에 나올 내적에서 중요한 의미를 가지므로 꼭 기억해 두기 바랍니다[9].

3.5 내적

드디어 내적에 대해 살펴볼 차례입니다. 3.2.3절에서는 '스칼라배'라고 하는 스칼라와 벡터의 곱셈에 대해 알아봤습니다. 이번에 다룰 내용은 또 다른 곱셈 연산으로 벡터끼리 곱하는 '내적'입니다. 고등학교 수학에서도 쉽게 이해하기 어려운 개념이지만 언제나 그랬듯이 우선은 2차원 벡터를 예로 들어 그림으로 설명해 보겠습니다.

---

9 옮긴이: 극좌표계(極座標系)와 직교좌표계(直交座標系)를 변환하는 식입니다.

3.5.1 절댓값과 내적의 정의

벡터 a와 b가 이루는 각도를 θ라고 할 때 다음 식을 2차원 벡터 a와 b 간의 내적으로 정의합니다.

$$a \cdot b = |a||b|\cos\theta$$

이 식만 보면 내적이 수학적으로 어떤 의미가 있는지 감을 잡기 어렵습니다. 그래서 그림 3-14를 살펴보겠습니다.

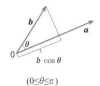

그림 3-14 내적의 의미

$(0 \leq \theta \leq \pi)$

먼저 벡터 b의 끝점에서 벡터 a가 수직이 되도록 수선을 긋습니다.

$|b|\cos\theta$는 앞 절에서 살펴본 것처럼 직각삼각형의 한 변의 길이입니다. 이를 다르게 설명하면 벡터 b를 벡터 a와 같은 방향의 성분과 그렇지 않은 성분으로 분해한다고 할 때 $|b|\cos\theta$의 길이는 **벡터 a와 같은 방향의 성분 길이**와 같습니다.

결국 벡터 a와 b의 내적은 **벡터 a의 길이와 벡터 b에서 벡터 a와 같은 방향의 성분 길이를 곱한 것**이라고 할 수 있습니다.

내적의 성질을 조금 다른 관점에서 살펴봅시다. 벡터 b의 길이 $|b|$를 고정한 다음, θ값을 변경했을 때 내적 값에는 어떤 변화가 있을지 생각해 봅시다. 이때 θ값을 변경한다는 의미는 그림 3-14에서 두 벡터의 시작점이 중심이고 반지름이 $|b|$인 원 주위를 돈다고 생각하면 됩니다.

그러면 표 3-1과 같은 결과가 나오는 것을 알 수 있습니다.

표 3-1 각도 θ와 내적 값의 관계

θ의 값	벡터 a와 b의 관계	내적 값
0도	두 벡터의 방향이 완전히 일치한 상태	최댓값
90도	두 벡터가 직교인 상태	0
180도	두 벡터의 방향이 완전히 반대인 상태	최솟값

이런 특징은 내적에서 상당히 중요한 성질이므로 잘 기억해 두기 바랍니다.

3.5.2 벡터 성분과 내적의 공식

앞 절에서는 두 벡터의 절댓값과 이루는 각으로 내적을 정의했는데 이번에는 벡터의 성분으로 표현해 봅시다. 우선 벡터 a, b의 성분이 다음과 같다고 가정합시다.

$$a = (a_1, a_2)$$
$$b = (b_1, b_2)$$

이때 다음과 같은 식이 성립합니다.

$$a \cdot b = a_1 b_1 + a_2 b_2$$

이 식이 어떻게 성립하는지 알아봅시다. 우선 **내적의 선형성**이 성립한다는 것을 직관적으로 이해합시다. 내적의 선형성이란 임의의 벡터 a, b, c에 대해 다음 관계가 성립하는 것을 의미합니다[10].

$$a \cdot (b + c) = a \cdot b + a \cdot c$$

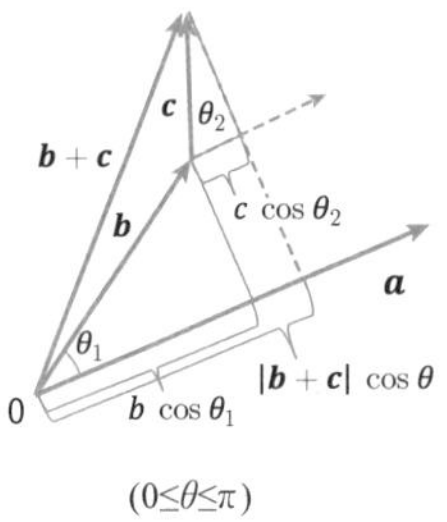

$(0 \leq \theta \leq \pi)$

그림 3-15 내적의 선형성

그림 3-15를 살펴봅시다. 이 식이 성립한다는 말은 앞에서 설명한 내용으로부터 다음 식이 성립한다는 것을 의미합니다.

($b + c$ 벡터에서 벡터 a와 같은 방향의 성분)

= (벡터 b에서 벡터 a와 같은 방향의 성분) + (벡터 c에서 벡터 a와 같은 방향의 성분)

이 식의 의미는 그림 3-15를 보면 쉽게 이해할 수 있습니다.

만약 선형성이 옳다고 한다면 두 벡터를 다음과 같이 성분으로 표시할 때

---

10 옮긴이: 내적의 선형성은 벡터 a, b, c가 있을 때 $(a + b) \cdot c = a \cdot c + b \cdot c$도 성립하며, 벡터 a, b와 스칼라 c가 있을 때 $(ca) \cdot b = c(a \cdot b)$와 $a \cdot (cb) = c(a \cdot b)$도 성립합니다. 여기서는 그림 3-15로 설명하기 위해 $a \cdot (b + c) = a \cdot b + a \cdot c$만 언급했습니다.

$$a = (a_1, a_2)$$
$$b = (b_1, b_2)$$

다음과 같은 벡터로 좀 더 작게 분해할 수 있습니다.

$$a_1 = (a_1, 0)$$
$$a_2 = (0, a_2)$$
$$b_1 = (b_1, 0)$$
$$b_2 = (0, b_2)$$

이때 벡터 a와 b는 다음과 같이 표현할 수 있습니다[11].

$$a = a_1 + a_2$$
$$b = b_1 + b_2$$

벡터 a와 b를 곱하면 다음과 같은 식이 됩니다.

$$a \cdot b = (a_1 + a_2) \cdot (b_1 + b_2)$$

여기서 선형성의 특징을 활용하면 다음과 같이 식을 전개할 수 있습니다.

$$a \cdot b = a_1 \cdot b_1 + a_1 \cdot b_2 + a_2 \cdot b_1 + a_2 \cdot b_2$$

이때 $a_1 \cdot b_2$와 $a_2 \cdot b_1$는 두 벡터가 서로 직교하고 있기 때문에 값은 0이 됩니다. 또한 $a_1 \cdot b_1$는 두 벡터의 방향이 같기 때문에 $a_1 \cdot b_1$이 되는 것을 알 수 있습니다. $a_2 \cdot b_2$도 같은 이유로 $a_2 b_2$가 됩니다.

이러한 내용을 정리해 보면 다음 식이 성립하는 것을 알 수 있습니다.

$$a \cdot b = a_1 b_1 + a_2 b_2$$

이것이 **2차원 벡터의 내적을 벡터의 성분으로 정리한 공식**입니다.

이제 3차원 벡터에서는 어떻게 나오는지 살펴봅시다. 다음과 같은 두 벡터 a, b가 있다고 가정합시다.

$$a = (a_1, a_2, a_3)$$
$$b = (b_1, b_2, b_3)$$

---

11 옮긴이: 굵은 글자로 된 a_1, b_1 등은 벡터의 성분이 아니라 성분별로 작게 분해된 벡터입니다.

앞서 2차원 벡터에서 본 내적의 선형성은 3차원 벡터에서도 성립할 것 같습니다. 그래서 2차원 벡터 때와 마찬가지로 다음과 같이 벡터를 분해해 봤습니다.

$$\begin{aligned} \boldsymbol{a}_1 &= (a_1, 0, 0) \\ \boldsymbol{a}_2 &= (0, a_2, 0) \\ \boldsymbol{a}_3 &= (0, 0, a_3) \\ \boldsymbol{b}_1 &= (b_1, 0, 0) \\ \boldsymbol{b}_2 &= (0, b_2, 0) \\ \boldsymbol{b}_3 &= (0, 0, b_3) \end{aligned}$$

이때 벡터 $\boldsymbol{a}$와 $\boldsymbol{b}$는 다음과 같이 표현할 수 있습니다[12].

$$\begin{aligned} \boldsymbol{a} &= \boldsymbol{a}_1 + \boldsymbol{a}_2 + \boldsymbol{a}_3 \\ \boldsymbol{b} &= \boldsymbol{b}_1 + \boldsymbol{b}_2 + \boldsymbol{b}_3 \end{aligned}$$

여기서 2차원 벡터의 경우와 마찬가지로 선형성의 특징을 활용해 식을 전개한 다음, 직교하는 벡터는 0으로, 같은 방향인 벡터는 성분으로 표시하면 다음과 같이 식을 정리할 수 있습니다.

$$\boldsymbol{a} \cdot \boldsymbol{b} = a_1 b_1 + a_2 b_2 + a_3 b_3$$

여기까지 해봤다면 n차원으로의 확장은 쉽습니다. 다음과 같은 벡터가 있다고 할 때

$$\begin{aligned} \boldsymbol{a} &= (a_1, a_2, \cdots, a_n) \\ \boldsymbol{b} &= (b_1, b_2, \cdots, b_n) \end{aligned}$$

지금까지의 내용을 일반화해 보면 다음과 같은 식이 성립하는 것을 알 수 있습니다.

$$\boldsymbol{a} \cdot \boldsymbol{b} = a_1 b_1 + a_2 b_2 + \cdots + a_n b_n = \sum_{k=1}^{n} a_k b_k$$

이것이 **n차원 벡터의 내적을 벡터의 성분으로 정리한 공식**입니다.

---

12 옮긴이: 굵은 글자로 된 a_1, b_1 등은 벡터의 성분이 아니라 성분별로 작게 분해된 벡터입니다.

3.6 코사인 유사도

다음과 같은 성분의 2차원 벡터가 있다고 가정합시다.

$$\boldsymbol{a} = (a_1, a_2)$$
$$\boldsymbol{b} = (b_1, b_2)$$

두 벡터 사이의 각 θ를 구하는 문제가 있다면 앞 절에서 도출했던 다음 식으로 어렵지 않게 풀 수 있습니다.

$$\boldsymbol{a} \cdot \boldsymbol{b} = |\boldsymbol{a}||\boldsymbol{b}| \cos \theta = a_1 b_1 + a_2 b_2$$

이 식을 $\cos\theta$를 기준으로 다시 쓰면 다음과 같습니다. 중간 식의 분모에 있는 벡터의 절댓값은 3.3.1절에서 배운 방법을 이용해 마지막 식에서 벡터의 성분으로 풀어서 썼습니다.

$$\cos \theta = \frac{a_1 b_1 + a_2 b_2}{|\boldsymbol{a}||\boldsymbol{b}|} = \frac{a_1 b_1 + a_2 b_2}{\sqrt{a_1{}^2 + a_2{}^2} \sqrt{b_1{}^2 + b_2{}^2}}$$

이때 $\cos\theta$의 θ를 구하려면 $\arccos(x)$ 함수를 사용하면 됩니다[13]. 결국 2차원 벡터의 성분을 알면 두 벡터가 이루는 각을 구할 수 있다는 말입니다.

2차원 벡터와 이루는 각

비슷한 방법으로 3차원 벡터가 이루는 각도 다음 식과 같이 구할 수 있습니다.

$$\cos \theta = \frac{a_1 b_1 + a_2 b_2 + a_3 b_3}{\sqrt{a_1{}^2 + a_2{}^2 + a_3{}^2} \sqrt{b_1{}^2 + b_2{}^2 + b_3{}^2}}$$

3.6.1 코사인 유사도

이번에는 앞에서 살펴본 공식을 n차원으로 확장해 봅시다. 확장한 공식은 다음과 같습니다.

$$\cos \theta = \frac{a_1 b_1 + a_2 b_2 + \cdots + a_n b_n}{\sqrt{a_1{}^2 + a_2{}^2 + \cdots + a_n{}^2} \sqrt{b_1{}^2 + b_2{}^2 + \cdots + b_n{}^2}} = \frac{\sum_{k=1}^{n} a_k b_k}{\sqrt{\sum_{k=1}^{n} a_k{}^2} \sqrt{\sum_{k=1}^{n} b_k{}^2}}$$

---

13 $\cos(x)$는 코사인(cosine)함수라 하고 $\arccos(x)$는 아크코사인(arccosine)함수라고 합니다.

형식적으로는 이런 식이 나왔지만 정작 궁금한 것은 '4차원 이상의 두 벡터가 이루는 각은 과연 어떤 것일까?'라는 점입니다. 사실 4차원부터는 벡터가 실제로 어떻게 생겼는지 상상조차 하기 어렵기 때문에 애당초 각도가 어떨지 짐작하기 어렵습니다.

다만 차원이 100차원이라 하더라도 이 식을 통해 코사인과 비슷한 결과가 나오는 것은 확실합니다. 그리고 최소한 이 식에서 구한 값이 1에 가까울수록 '두 벡터가 이룬 각은 작다', 즉 '두 벡터의 방향은 비슷하다'라고 할 수 있습니다.

한편 이렇게 다차원 벡터에서 위와 같은 수식을 계산한 값을 '**코사인 유사도(cosine similarity)**'라고 합니다. 코사인 유사도는 서로 다른 벡터가 얼마나 비슷한 방향을 가리키고 있는지 가늠하는 지표로 자주 활용됩니다.

> 칼럼 **코사인 유사도의 활용**
>
> 서로 다른 n차원 벡터가 얼마나 가깝게 위치하는지 알아내는 방법은 인공지능 분야에서 자주 논의되는 주제 중 하나입니다. 이때 활용하는 것이 앞 절에서 언급한 '코사인 유사도'인데 이해를 돕기 위해 두 가지 예를 들어 봅시다.
>
> 첫 번째 예는 '**Word2Vec**'의 응용입니다. Word2Vec은 최근 주목받고 있는 텍스트 분석 방법에서 '가까이에 위치한 단어는 서로 연관성이 있다'는 전제로 대량의 텍스트 데이터를 학습시킨 다음, 어떤 단어와 100차원 정도의 수치 벡터 간의 대응표를 만드는 기법입니다.
>
> 그 결과로 만들어진 수치 벡터는 아주 재미있는 성질을 가지고 있는데, 다음과 같은 연산이 가능하다고 합니다.
>
> ('왕'을 표현하는 수치 벡터) − ('여왕'을 표현하는 수치 벡터) ≒ ('남자'를 표현하는 수치 벡터) − ('여자'를 표현하는 수치 벡터)
>
> 여기서 중요한 것은 언어를 구성하는 주요 단어가 숫자 벡터로 표현이 된다는 점입니다.
>
> 결국 이러한 수치 벡터를 입력하면 '어떤 단어와 유사한 단어'를 찾을 수 있다는 말이며, 이때 활용되는 알고리즘이 바로 코사인 유사도입니다.
>
> 두 번째 예로는 IBM의 인공지능 API인 '**Personality Insights**'입니다. 이 API는 어떤 사람이 트위터 등에 쓴 글을 입력받아 'Big5 성격 테스트[14]'와 비슷한 점검 결과를 출력하는데 이를 통해 글쓴이의 특징을 가늠할 수 있다고 합니다. 결과는 5차원의 수치 벡터로 나오는데 사람과 사람 간의 상성(相性)을 코사인 유사도로 평가할 수 있다는 말입니다. 자기 자신과 다른 사람의 궁합을 확인하고 싶다면 두 사람의 Personality Insights 결과를 받은 다음, 코사인 유사도를 계산해 보는 것도 재미있을 것 같습니다.

---

14   옮긴이: 1980년대 심리학자 폴 코스타와 로버트 맥레는 사람의 성격 특성을 다섯 가지(신경성, 외향성, 친화성, 성실성, 경험에 의한 개방성)로 분류했는데 자신이 속한 문화권과 상관없이 그 사람의 기질을 잘 나타낸다고 알려져 있습니다.

3.7 행렬과 행렬 연산

이번 절에서는 벡터의 개념을 확장한 '행렬'에 대해 알아보고 행렬과 벡터 간의 곱셈도 해 보겠습니다. 수학에서는 '선형대수'에서 해당하는 내용인데 여기에는 '역행렬'이나 '고윳값', '고유 벡터'와 같은 중요한 개념과 공식, 정리 등이 나옵니다. 다만 이 책의 목표가 최단 코스로 딥러닝 알고리즘을 배우는 것이므로 딥러닝에 필요한 최소한의 내용만 살펴보겠습니다.

3.7.1 1 출력 노드의 내적 표현

그림 3-16을 살펴봅시다.

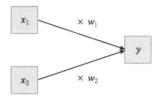

그림 3-16 입력 노드 2개, 출력 노드 1개의 네트워크

이 식은 x_1과 x_2를 입력받는 머신러닝 모델을 간단히 표현한 것으로 출력 변수 y는 다음과 같이 표현할 수 있습니다.

$$y = w_1 x_1 + w_2 x_2 \tag{3.7.1}$$

이 식은 입력 노드에 계수를 곱하고 그 결과를 모두 더해 하나의 출력으로 만들고 있습니다. 머신러닝에서는 이런 식의 결과(출력)를 다음 노드의 입력으로 다시 넣는 방식이 자주 사용됩니다.

수식 (3.7.1)의 우변을 살펴보면 두 개의 벡터 $\boldsymbol{w} = (w_1, w_2)$와 $\boldsymbol{x} = (x_1, x_2)$의 내적으로 볼 수 있는데 이 식을 고쳐 쓰면 다음과 같이 표현할 수 있습니다.

$$y = \boldsymbol{w} \cdot \boldsymbol{x} \tag{3.7.2}$$

벡터를 사용한 표현 방식은 수식을 짧고 간결하게 쓸 수 있다는 장점이 있습니다. 또한 파이썬에는 벡터를 연산하는 다양한 함수가 제공되기 때문에 프로그램 개발도 손쉽게 할 수 있습니다. 파이썬으로 어떻게 구현하는지에 대해서는 7장 이후의 실습편에서 다룰 예정입니다.

3.7.1 3 출력 노드의 행렬곱 표현

그림 3–17을 살펴봅시다. 앞서 살펴본 그림 3–16에서는 입력 노드가 2개, 출력 노드가 1개였지만 이번에는 출력 노드가 3개입니다. 이런 구조는 9장에서 소개할 '다중 클래스 분류'에서 사용합니다.

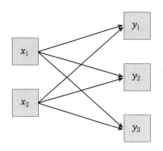

그림 3–17 입력 노드 2개, 출력 노드 3개로 구성된 네트워크

이때 가중치를 나타내는 매개변수는 $2 \times 3 = 6$이므로 총 6개가 필요한데 매개변수를 구분하는 첨자 번호를 1차원 요소처럼 쓰게 되면 어떤 것이 어떤 매개변수인지 알아보기 어려울 수 있습니다. 그래서 가중치 w의 첨자를 2차원으로 표현하는 방식이 사용됩니다.

예를 들어, 수식 (3.7.1)은 다음과 같이 표현할 수 있습니다.

$$
\begin{aligned}
y_1 &= w_{11}x_1 + w_{12}x_2 \\
y_2 &= w_{21}x_1 + w_{22}x_2 \\
y_3 &= w_{31}x_1 + w_{32}x_2
\end{aligned}
\tag{3.7.3}
$$

이 식의 w처럼 **요소의 첨자가 2차원이고 가로, 세로로 데이터가 펼쳐진 데이터 표현 방식을 행렬**이라고 합니다[15]. 벡터와 마찬가지로 행렬을 성분으로 표시해 보면 다음과 같은 모양이 됩니다[16].

$$
W = \begin{pmatrix} w_{11} & w_{12} \\ w_{21} & w_{22} \\ w_{31} & w_{32} \end{pmatrix}
$$

한편 행렬의 정의에 따라 **행렬과 벡터의 곱셈**을 정의할 수 있습니다. 예를 들어, 다음과 같은 벡터 x가 있다고 가정합시다.

---

15   반면 1차원으로 데이터가 펼쳐진 것은 벡터입니다.

16   행렬 전체를 변수로 취급할 때는 대문자로 굵게 표현합니다.

$$x = \left(\begin{array}{c} x_1 \\ x_2 \end{array} \right)$$

이 벡터 x와 행렬 W 간의 곱셈은 다음과 같이 정의할 수 있습니다.[17]

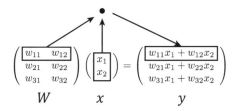

W　　　**x**　　　　**y**

그림 3-18 행렬과 벡터의 곱셈

계산하는 요령으로 왼쪽 행렬의 가로 한 줄(행)과 오른쪽 벡터의 세로 한 줄(열)에 대한 내적을 구하면 되는데 이 과정을 모든 행과 열에 대해 반복하면 됩니다. 이것이 행렬과 벡터의 곱셈입니다.

이 예에서는 행렬 전체를 변수 W로, 벡터를 x로 표현하고 있습니다. 같은 방식으로 앞의 수식 (3.7.3)의 출력 벡터 (y_1, y_2, y_3)를 y로 표현하면 다음과 같이 다시 쓸 수 있습니다.

$$y = Wx \tag{3.7.4}$$

파이썬에서는 수식 (3.7.4)와 같이 행렬과 벡터를 곱하는 식도 간단하게 구현할 수 있습니다. 구체적인 방법은 7장 이후의 실습편에서 자세히 살펴봅시다.

17　옮긴이: 이때 W는 3×2 행렬이고 x는 2×1 벡터입니다. 행렬과 벡터의 곱셈은 안쪽 차원(inner dimensions)이 같아야 하며, 이는 두 개의 함수에서 앞의 함수의 치역과 뒤의 함수의 정의역이 같다는 의미입니다.

04 | 다변수함수의 미분

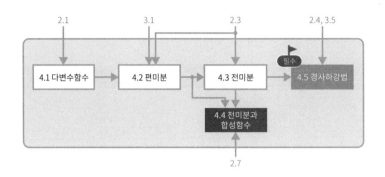

1장에서는 입력 변수 하나로 결과를 예측하는 단순회귀 모델을 설명하면서 고등학교 1학년 수학으로 문제를 풀어봤습니다. 다만 머신러닝 모델, 특히 딥러닝 모델에서는 입력 변수를 하나만 쓰는 경우는 거의 없습니다. 예를 들면 '몸무게'를 예측하기 위해 '키'와 '가슴 둘레' 정보를 사용하는 것처럼 보통은 **여러 개의 입력값을 사용해 예측**합니다.

1장에서 살펴본 손실함수에는 여러 개의 매개변수(학습 단계라면 변수)가 나옵니다. 그래서 딥러닝 모델에서는 변수가 여러 개인 '**다변수함수(多變數函數, multivariable functions)**'를 다룰 수 있어야 하고 그것을 미분할 줄 알아야 합니다.

그래서 이번 장에서는 2장에서 설명한 1변수함수와 미분의 개념을 다변수함수로 확장해서 설명하겠습니다. 다변수함수로 확장된 미분을 '**편미분**'이라고 합니다. 편미분에는 벡터의 개념도 나오기 때문에 제대로 이해하려면 앞 장에서 다룬 내용이 필요합니다.

이번 장의 후반부에서는 '**경사하강법**'을 다룹니다. 딥러닝 관련 책을 읽어본 분이라면 누구나 한번쯤은 본 적이 있을 겁니다. 경사하강법을 이해하기 위해서는 편미분의 개념이 반드시 필요합니다.

언뜻 보기에 어려워 보이는 수식이 나오긴 하지만 앞 장에서 미분과 벡터의 기본 개념을 잘 잡아 뒀다면 큰 어려움 없이 읽어나갈 수 있을 것입니다. 기초 개념부터 차근차근 살펴봅시다.

4.1 다변수함수

지금까지 설명한 함수는 하나의 입력 변수 x에 대해 하나의 출력 결과가 나오는 블랙박스의 개념이었습니다.

그림 4-1 1변수함수

이제 이 아이디어를 확장해서 여러 개의 입력 변수를 받아봅시다.

2변수함수인 경우

우선 변수가 두 개인 경우를 생각해 봅시다. 그림 4-2는 2변수함수를 그림으로 표현한 것입니다. 입력에는 (−1, 1)과 (0, 2)와 같은 두 개의 수가 들어가고 그 결과로 하나의 수가 출력으로 나옵니다[1]. 그림 4-2는 그림 4-1과 비슷해 보이지만 입력값이 두 개입니다. 함수식을 함께 써 뒀으니 입력값에 대한 함수식의 결과가 올바르게 출력되는지 확인해 봅시다.[2]

입력   2변수함수   출력

(−1, 1)   3

(0, 2)   8

(u, v) $3u^2 + 3v^2 - uv + 7u - 7v + 10$

그림 4-2 2변수함수

다음으로 2변수함수의 그래프를 살펴봅시다. 변수가 두 개가 되면 2차원 그래프로는 표현할 수 없습니다. 그래서 3차원 그래프를 그려야 합니다.

그림 4-3의 왼쪽은 2변수함수 $L(u, v) = 3u^2 + 3v^2 - uv + 7u - 7v + 10$을 3차원 그래프로 그린 것입니다[3]. 1변수함수의 그래프는 곡선이었지만 2변수함수의 그래프는 3차원 공간의 곡면인 것을 알 수 있습니다.

그림 4-3의 오른쪽은 같은 함수를 지도의 등고선처럼 표현한 것입니다.

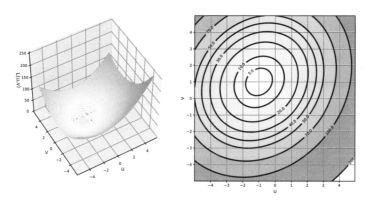

그림 4-3 2변수함수의 3차원 그래프(왼쪽)와 등고선 표시(오른쪽)

---

1   흔히 1변수함수에서는 입력 변수를 x, 출력 변수를 y로 썼었는데 여기서는 다변수함수라 입력 변수가 많아지므로 헷갈리지 않도록 u와 v를 사용했습니다.

2   옮긴이: 그림에서는 두 변수를 가로로 (−1, 1)과 같이 표현하고 있는데 세로로 $\binom{-1}{1}$과 같이 표현해서 벡터로 간주해도 됩니다.

3   앞으로 다룰 다변수함수는 대부분이 손실함수입니다. 손실함수는 Loss의 첫 글자를 따서 L이라고 쓰는 것이 일반적입니다. 그래서 이 예의 2변수함수도 $L(u, v)$로 표현했습니다.

다변수함수로의 확장

앞서 설명한 2변수함수의 개념은 3변수함수로도 확장할 수 있습니다. 이때의 함수식은 다음과 같이 표현할 수 있습니다.

$$L(u,\ v,\ w) = 3u^2 + 3v^2 + 3w^2 - uv + uw + 7u - 7v - 7w + 10$$

비슷한 방법으로 n변수함수로도 확장할 수 있습니다.

4.2 편미분

이제 앞에서 설명한 다변수함수의 미분에 대해 알아봅시다.

변수가 여러 개면 함숫값의 변화를 파악하는 것이 쉽지 않습니다. 그렇다면 다변수함수의 미분은 어떻게 해야 할까요? 다변수함수의 미분은 여러 개의 변수 중에서 하나의 특정 변수에 대해서만 미분을 하고 나머지 변수들은 상수로 취급합니다. 이렇게 미분하는 방법을 '편미분(偏微分, partial derivative)'이라고 합니다.

2변수함수인 경우

우선 2변수함수를 편미분해 봅시다. 편미분을 표현할 때 자주 쓰는 표기법이 있는데 2변수함수가 $L(u, v)$라고 할 때 다음과 같이 쓸 수 있습니다.

$$\frac{\partial}{\partial u}L(u,v) \quad \text{또는} \quad \frac{\partial L}{\partial u}$$

뒤에 나온 표현은 앞의 표현을 간단하게 쓴 것입니다. 문자 'd'와 '∂'을 구분하자면 2장과 같이 1변수함수를 미분(상미분)할 때는 'd'를 사용하고 이번 장과 같이 다변수함수를 미분(편미분)할 때는 '∂'을 사용합니다[4].

다만 이 표기법은 1변수함수의 미분 표기에 비해 다소 어려워 보일 수 있습니다[5]. 그래서 이 책의 전반부에서는 가능한 한 다음 방법으로 표기하겠습니다[6].

$$L_u(u,\ v) \quad \text{혹은} \quad L_u$$

---

4   옮긴이: 이때의 편미분 기호 ∂은 'del' 혹은 'round d'라고 읽습니다.

5   옮긴이: 이 같은 표기법을 라이프니츠(Leibniz) 표기법이라고 합니다.

6   옮긴이: 이 같은 표기법을 라그랑주(Lagrange) 표기법이라고 합니다.

앞의 표현은 두 개의 독립변수 u, v를 가진 다변수함수 L에서 변수 u에 대해서 편미분을 수행한다는 의미이며, 뒤에 나오는 표현은 앞의 것을 생략해서 짧게 쓴 것입니다[7].

이제 이 표기법을 사용해 아래의 2변수함수를 편미분해 봅시다.

$$L(u,\ v) = 3\,u^2 + 3\,v^2 - uv + 7u - 7v + 10$$

미분 대상이 아닌 변수를 상수처럼 다루면 다음과 같은 두 식을 만들 수 있습니다.

$$L_u(u,\ v) = 6\,u - v + 7$$
$$L_v(u,\ v) = 6\,v - u - 7$$

이번에는 이렇게 계산한 편미분이 그림 4-3의 3차원 그래프에서 어떤 의미를 가지는지 알아봅시다. 예를 들어 $(u,\ v) = (0, 0)$일 때의 편미분값 $L_u(0, 0)$은 그래프상에서 어떤 의미일까요?

u의 편미분을 계산할 때는 v의 값이 $v = 0$으로 고정됩니다. 3차원 그래프에서는 원래의 곡면을 $v = 0$이라는 평면으로 잘라냈을 때 그 단면에 그려지는 그래프를 의미합니다(그림 4-4).

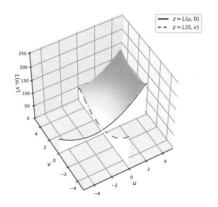

그림 4-4 3차원 그래프와 단면

이때의 함수는 $L(u, 0) = 3u^2 + 7u + 10$이라는 1변수함수입니다. 결국 **편미분 $L_u(0, 0)$은 함수의 곡면을 평면 $v = 0$으로 자른 다음, 그 단면에서 만들어지는 1변수함수 $3u^2 + 7u + 10$의 그래프에서 $u = 0$일 때의 기울기**를 말합니다.

---

7 단 수식이 복잡해지는 4.4절 이후부터는 앞의 표기법을 사용합니다. 뒤에서 표기법이 헷갈릴 때는 이 절로 되돌아와서 익숙해질 때까지 재확인하기 바랍니다.

같은 방식으로 또 다른 **편미분 $L_v(0, 0)$은** 함수의 곡면을 평면 $u = 0$으로 자른 다음, 그 단면에서 만들어지는 그래프에서 $v = 0$일 때의 기울기가 됩니다.

다변수함수로의 확장

이러한 편미분에 대한 생각은 3변수함수는 물론 n변수함수로도 확장할 수 있습니다. 이때도 이전과 마찬가지로 관심있는 변수를 제외한 모든 변수를 상수로 취급해서 값을 고정시켜 생각합니다. 이해를 돕기 위해 앞 절에서 본 3변수함수를 미분해 보면 다음과 같이 나옵니다.

$$L(u, v, w) = 3u^2 + 3v^2 + 3w^2 - uv + uw + 7u - 7v - 7w + 10$$
$$L_u(u, v, w) = 6u - v + w + 7$$
$$L_v(u, v, w) = 6v - u - 7$$
$$L_w(u, v, w) = 6w + u - 7$$

4.3 전미분

다음으로 다변수함수에서 원래의 입력 변수를 조금만 변화시켰을 때 함숫값이 얼마나 변하는지 생각해 봅시다. 2.3절에서 본 수식 (2.3.1)과 같이 다변수함수에 맞는 식을 만드는 것이 목적입니다. 이처럼 다변수함수에서 함숫값의 미세한 변화를 알아내는 것을 '전미분(全微分, total differential)'이라고 합니다. 참고로 수식 (2.3.1)은 다음과 같은 모양이었습니다.

$$dy = f(x + dx) - f(x) ≒ f'(x)dx \tag{2.3.1}$$

2변수함수의 전미분

먼저 2변수함수로 예를 들어 봅시다. u와 v를 $((u, v) \rightarrow (u + du, v + dv))$와 같이 아주 조금 변화시켰을 때 함수 $L(u, v)$의 값이 얼마나 변하는지를 생각해 봅시다.

앞서 미분이란 **함수의 그래프를 무한히 확대했을 때 직선에 가까워지는 특성을 사용해 함수의 변화를 파악**하는 것이라고 설명했습니다.

이 같은 접근법을 그림 4-3의 3차원 그래프에도 적용해 봅시다. **곡면의 그래프를 무한히 확대해 보면 결국은 평면에 가까워진다**는 것을 짐작할 수 있습니다. 그래서 곡면을 평면이라고 단순화했을 때 $L(u + du, v + dv)$와 $L(u, v)$의 차이가 어느 정도인지를 생각해 봅시다.

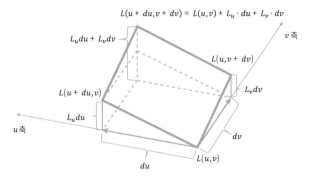

그림 4-5 2변수함수에서 아주 조금 변화한 모습

그림 4-5는 변화의 모습을 그림으로 표현한 것입니다. dx가 아주 작을 때 2.3.2항의 수식 (2.3.1)처럼 1변수함수 $f(x)$의 변화는 다음과 같은 식으로 표현할 수 있습니다.

$$f(x + dx) \fallingdotseq f(x) + f'(x)dx$$

이를 2변수함수에 적용해 봅니다. 어느 한 변수를 고정한 상태에서 다른 변수를 아주 조금 변화시켰을 때의 함숫값의 변화는 편미분으로 표현할 수 있습니다. 구체적으로는 다음과 같은 식이 됩니다.

$$L(u + du, v) \fallingdotseq L(u, v) + L_u(u, v)du$$
$$L(u, v + dv) \fallingdotseq L(u, v) + L_v(u, v)dv$$

그리고 앞의 그림에서 굵은 선으로 표시된 사각형은 같은 평면 상의 평행사변형이므로 다음 식이 성립하는 것을 알 수 있습니다[8].

$$L(u + du, v + dv) \fallingdotseq L(u, v) + L_u(u, v)du + L_v(u, v)dv$$

결국 이번 절의 앞에서 언급했던 'u와 v를 아주 조금 변화시켰을 때 $((u, v) \rightarrow (u + du, v + dv))$의 함수 $L(u, v)$의 값은 얼마나 변하는가'에 대한 답은 다음 식으로 표현할 수 있습니다.

$$L(u + du, v + dv) - L(u, v) \fallingdotseq L_u(u, v)du + L_v(u, v)dv \tag{4.3.1}$$

이 식의 좌변은 (u, v)를 (du, dv)만큼 변화시켰을 때의 L값의 변화이므로 dL이라고 쓸 수 있습니다. 수식 (4.3.1)을 dL을 사용해 다시 쓰면 다음과 같이 표현할 수 있습니다.

---

8   앞서 언급한 바와 같이 '곡면을 무한히 확대하면 평면과 같다'는 것을 전제하고 있습니다.

$$dL = L_u du + L_v dv \qquad (4.3.2)$$

이를 앞 절에서 소개한 표기법으로 다시 쓰면 다음과 같은 식이 만들어집니다.

$$dL = \frac{\partial L}{\partial u} du + \frac{\partial L}{\partial v} dv \qquad (4.3.3)$$

이것이 대학교 수학 과정에 나오는 전미분의 공식입니다[9].

다변수함수로의 확장

앞서 살펴본 공식은 손실함수가 3변수이거나 n변수인 경우에도 쉽게 확장할 수 있습니다. 이제부터는 n 변수에도 대응할 수 있도록 편미분 기호로 표기하겠습니다.

3변수함수인 경우

원래 함수: $L(u, v, w)$

진미분 공식:

$$dL = \frac{\partial L}{\partial u} du + \frac{\partial L}{\partial v} dv + \frac{\partial L}{\partial w} dw$$

n변수함수인 경우

원래 함수: $L(w_1, w_2, ..., w_N)$

전미분 공식:

$$dL = \frac{\partial L}{\partial w_1} dw_1 + \frac{\partial L}{\partial w_2} dw_2 + \cdots + \frac{\partial L}{\partial w_N} dw_N = \sum_{i=1}^{N} \frac{\partial L}{\partial w_i} dw_i$$

4.4 전미분과 합성함수

2.7절에서는 다음과 같은 합성함수의 미분 공식에 대해 알아봤습니다.

---

9   대학 교재에는 더 어려운 내용도 나오지만 딥러닝을 이해할 때는 이 정도만 알아도 됩니다.

$$dL = \frac{\partial L}{\partial u_1} du_1 + \frac{\partial L}{\partial u_2} du_2 \tag{2.7.1}$$

이번 절에서는 수식 (2.7.1)의 공식과 앞에서 살펴본 전미분 공식을 조합했을 때 미분 공식이 어떻게 되는지 알아봅시다. 이런 유형의 미분 계산은 머신러닝이나 딥러닝에 자주 나오므로 이번 기회에 잘 익혀 두기 바랍니다.

중간변수 u가 벡터인 경우

그림 4-6 예제를 도식화한 모습

그림 4-6을 살펴봅시다. 이 그림은 이제부터 다룰 예제를 그림으로 표현한 것입니다.

이 함수에 3개의 변수 x_1, x_2, x_3을 입력합니다. 3개의 변수는 다변수함수에 의해 u_1, u_2라는 두 개의 중간변수로 변환됩니다. 그리고 중간변수 u_1, u_2는 함수 $L(u_1, u_2)$를 거치면서 최종적인 결괏값 L로 나옵니다.

이러한 조건에서 **L을 x_1로 편미분한 결과가 어떻게 나오는지 확인**하는 것이 이번 절의 목적입니다. 여기서는 합성함수의 미분과 전미분의 개념을 조합해서 생각해야 합니다.

그림 4-6의 내용을 수식으로 표현하면 다음과 같습니다.

$$u_1 = u_1(x_1, \ x_2, \ x_3)$$
$$u_2 = u_2(x_1, \ x_2, \ x_3)$$
$$L = L(u_1, \ u_2)$$

한편 $x = (x_1, x_2, x_3)$, $u = (u_1, u_2)$와 같이 벡터 x, u를 사용하면 다음과 같이 표현할 수도 있습니다[10].

$$\boldsymbol{u} = \boldsymbol{u}(\boldsymbol{x})$$
$$L = L(\boldsymbol{u})$$

---

10 $u(x)$와 같이 결과가 벡터로 나오는 함수를 벡터 함수라고 합니다.

이때 합성함수의 관점에서 생각해 보면 L은 x_1, x_2, x_3에 대한 함수 $L(x_1, x_2, x_3)$로 볼 수 있습니다. 위와 같은 조건일 때 L을 x_1로 편미분한 결과가 u_1, u_2, L을 사용해 어떻게 표현되는지 살펴봅시다. 미리 밝히자면 이 결과는 수식 (4.4.2)와 같이 나옵니다.

우선 앞 절에서 도출한 전미분 공식을 u_1, u_2 그리고 L에 적용합니다. L은 u_1과 u_2의 함수이므로 전미분 공식에 의해 다음과 같이 쓸 수 있습니다.

$$dL = \frac{\partial L}{\partial u_1}du_1 + \frac{\partial L}{\partial u_2}du_2 \tag{4.4.1}$$

이 식의 양변을 ∂x_1로 나누면[11] 결과적으로 x_1로 편미분한 것과 같습니다. 결국 다음과 같은 식이 성립합니다[12].

$$\frac{\partial L}{\partial x_1} = \frac{\partial L}{\partial u_1}\frac{\partial u_1}{\partial x_1} + \frac{\partial L}{\partial u_2}\frac{\partial u_2}{\partial x_1} \tag{4.4.2}$$

수식 (4.4.2)는 원래의 함수 L을 합성함수 $L(x_1, x_2, x_3)$로 보고 L을 x_1로 편미분한 결과입니다. 아직은 추상적인 모양이라 이 식의 의미를 파악하기 어려울 수 있습니다. 그래서 다음과 같이 구체적인 함수로 편미분해 봅시다.

$$u_1(x_1,\ x_2,\ x_3) = w_{11}x_1 + w_{12}x_2 + w_{13}x_3$$
$$u_2(x_1,\ x_2,\ x_3) = w_{21}x_1 + w_{22}x_2 + w_{23}x_3$$
$$L(u_1,\ u_2) = u_1{}^2 + u_2{}^2$$

수식 (4.4.2)의 계산에서 필요한 편미분의 계산 결과는 다음과 같습니다.

$$\frac{\partial L}{\partial u_1} = 2u_1$$

$$\frac{\partial L}{\partial u_2} = 2u_2$$

$$\frac{\partial u_1}{\partial x_1} = w_{11}$$

$$\frac{\partial u_2}{\partial x_1} = w_{21} \tag{4.4.3}$$

---

11 옮긴이: 설명에서는 나눈다고 표현했지만 이는 라이프니츠 미분 표기법을 분수처럼 취급해서 결과를 낸 것으로 수학적으로 엄밀하게 말하자면 '나눗셈'은 아닙니다. 미분방정식을 더 깊이 공부하다 보면 변수분리형 상미분방정식에서 연쇄법칙이 나오는데, 이때 마치 '나눗셈'으로 구한 것처럼 결과를 얻을 수 있음을 알 수 있습니다.

12 여기서는 편의상 자세한 수학적 증명 없이 직감에 따라 설명하고 있습니다. 수식 (4.4.2)의 성립 여부는 엄밀하게 증명될 필요가 있으나 이 책에서는 너무 깊이 들어가지 않도록 간단히 나눗셈으로 표현했습니다.

수식 (4.4.3)의 편미분 결과를 수식 (4.4.2)에 대입하면 다음과 같은 결과를 얻을 수 있습니다.

$$\frac{\partial L}{\partial x_1} = \frac{\partial L}{\partial u_1}\frac{\partial u_1}{\partial x_1} + \frac{\partial L}{\partial u_2}\frac{\partial u_2}{\partial x_1} = 2u_1 \cdot w_{11} + 2u_2 \cdot w_{21} = 2(u_1 \cdot w_{11} + u_2 \cdot w_{21})$$

이렇게 해서 L을 x_1로 편미분한 결과가 나왔습니다.

이쯤에서 수식 (4.4.2)의 공식으로 돌아가봅시다. 수식 (4.4.2)를 x_2와 x_3으로 편미분할 때도 쓸 수 있도록 식을 일반화하면 다음과 같이 쓸 수 있습니다.

$$\frac{\partial L}{\partial x_i} = \frac{\partial L}{\partial u_1}\frac{\partial u_1}{\partial x_i} + \frac{\partial L}{\partial u_2}\frac{\partial u_2}{\partial x_i}$$
$$i = 1,\ 2,\ 3$$

(4.4.4)

그리고 이 식을 $u_1, u_2, ..., u_N$과 같이 n변수함수에 쓸 수 있도록 한번 더 일반화하면 다음과 같은 식을 얻을 수 있습니다.

$$\frac{\partial L}{\partial x_i} = \frac{\partial L}{\partial u_1}\frac{\partial u_1}{\partial x_i} + \frac{\partial L}{\partial u_2}\frac{\partial u_2}{\partial x_i} + \cdots + \frac{\partial L}{\partial u_N}\frac{\partial u_N}{\partial x_i} = \sum_{j=1}^{N} \frac{\partial L}{\partial u_j}\frac{\partial u_j}{\partial x_i}$$

(4.4.5)

이 같은 편미분 계산은 실습편에 자주 나오므로 눈에 잘 익혀 두기 바랍니다.

중간변수 u가 1차원(스칼라)인 경우

그림 4-7 u의 출력이 1변수인 경우

그림 4-7을 살펴봅시다. 이 경우는 그림 4-6과 비슷하지만 u의 출력이 벡터가 아닌 1차원의 값(스칼라)입니다. 이런 형태의 합성함수도 실습편에 자주 나오므로 공식을 미리 익혀 두기 바랍니다.

우선 L과 u의 관계는 1변수함수이므로 수식 (4.4.1)에 해당하는 식은 편미분이 아니라 다음과 같은 상미분식이 됩니다.

$$dL = \frac{dL}{du} \cdot du$$

(4.4.6)

수식 (4.4.6)을 앞의 경우와 마찬가지로 ∂x_1로 나누면[13] 다음과 같은 식이 됩니다.

$$\frac{\partial L}{\partial x_1} = \frac{dL}{du} \cdot \frac{\partial u}{\partial x_1}$$

이 식을 x_i로 일반화하면 다음과 같이 정리할 수 있습니다.

$$\frac{\partial L}{\partial x_i} = \frac{dL}{du} \cdot \frac{\partial u}{\partial x_i} \tag{4.4.7}$$

4.5 경사하강법

이번 장의 마지막 주제인 경사하강법(傾斜下降法, Gradient descent)을 알아봅시다. 이 알고리즘의 목적은 다음과 같습니다.

> 어떤 2변수함수 $L(u,\ v)$가 주어졌을 때 $L(u,\ v)$값을 최소로 할 수 있는 $(u,\ v)$값 $(u_{min},\ v_{min})$를 구한다.

이 목적을 이루기 위해 다음과 같은 작업을 하게 됩니다.

(1) $(u,\ v)$의 초깃값 (u_0, v_0)를 정한다.

(2) 이 점에서 $L(u,\ v)$를 가장 작게 만들 수 있는 방향을 찾는다.

(3) (2)의 방향으로 (u_0, v_0)의 값을 아주 작게 이동시키고 그 값을 (u_1, v_1)라고 한다.

(4) 새로운 점 (u_1, v_1)에서 (2)와 (3)을 반복한다[14].

---

13   옮긴이: 앞에서 언급한 것처럼 수학적으로는 '나눗셈'은 아니며 직관적으로 편의상 나눈 것처럼 생각하는 것입니다.

14   지금까지는 아래첨자를 벡터의 성분을 구분하는 용도로 사용했습니다. 여기서는 아래첨자를 몇 번째로 처리한 좌표인지를 나타내는 용도로 사용합니다. 예를 들면 '점 (u_0, v_0)를 사용해 (u_1, v_1)를 계산한다'와 같이 쓸 수 있습니다. 첨자의 의미가 달라지므로 헷갈리지 않도록 주의하기 바랍니다.

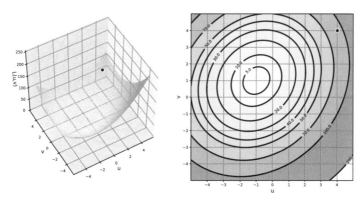

그림 4-8 2변수함수의 그래프와 (u, v)의 초깃값

이 같은 반복 계산은 결국 (u, v)라는 2차원 공간에서 점이 이동하는 것이므로 이 점의 이동량은 곧 3.1절에 설명한 '벡터'로 생각할 수 있습니다.

3.1절의 설명처럼 벡터는 '방향'과 '크기'를 가진 양입니다. 위의 반복 작업을 벡터로 풀어서 이야기해보면

> (2)는 이동량을 나타내는 **벡터의 방향**을 결정하는 과정... (A)
>
> (3)은 이동량을 나타내는 **벡터의 크기**를 결정하는 과정... (B)

이라는 것을 알 수 있습니다.

'방향'과 '크기'를 어떻게 결정하는지는 뒤에서 자세히 살펴봅시다. 우선은 그림 4-8에 표시된 (u, v) 좌표상의 점에 위와 같은 작업을 반복하면 어떤 결과가 나오는지를 다음 그림을 보면서 감을 잡아봅시다.

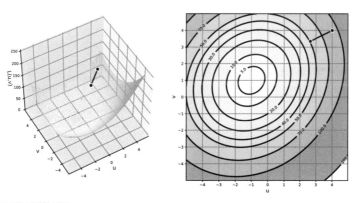

그림 4-9 **반복 처리를 1회 실행한 경우**

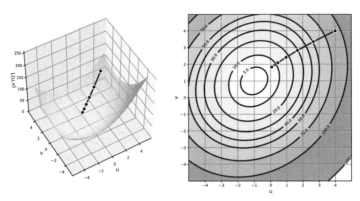

그림 4-10 반복 처리를 5회 실행한 경우

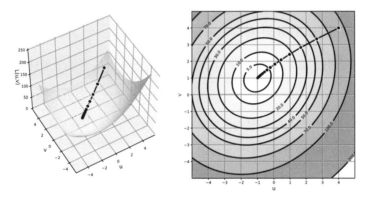

그림 4-11 반복 처리를 20회 실행한 경우

그래프를 보면 움푹 파인 그릇 모양의 밑바닥으로 점이 이동하는 것을 알 수 있습니다. 이런 일련의 반복 작업을 경사하강법이라고 합니다.

한편 이런 작업이 제대로 진행되려면 앞에서 언급했던

   (A) 이동량을 나타내는 **벡터의 방향**을 어떻게 결정할 것인가

   (B) 이동량을 나타내는 **벡터의 크기**를 어떻게 결정할 것인가

가 상당히 중요하다는 것을 알 수 있습니다.

우선 (A)에 대해 수학적으로 생각해 봅시다. 일단 위의 작업이 k회 반복되어 $(u, v) = (u_k, v_k)$의 위치에 점이 있다고 가정합시다. 이때 (A)에서 알고 싶은 것은 점 (u_k, v_k)에서 **다음의 점 (u_{k+1}, v_{k+1})로 이동하려면 어느 쪽(방향)으로 가야 하느냐**입니다.

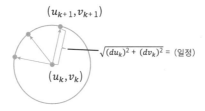

그림 4-12 다음 점으로 이동하는 모습

이때 다음 단계로 이동하는 거리는 아주 작다고 전제합니다. 또한 이동량의 크기, 즉 $\sqrt{(du)^2 + (dv)^2}$는 일정하다고 전제합니다.

이렇게 미리 전제하는 이유는 '**$L(u, v)$의 값을 최소한으로 줄이려면 어느 쪽(방향)으로 이동하면 좋을까**'라는 문제에 집중하기 위해서입니다.

우선 이동량이 아주 작다는 전제 덕분에 4.3절의 전미분 공식을 쓸 수 있습니다. 함수 $L(u, v)$의 변화량을 $dL(u, v)$라고 할 때 다음과 같은 식을 쓸 수 있습니다.

$$dL(u_k, v_k) = L_u(u_k, v_k)du + L_v(u_k, v_k)dv$$

이때 이 식의 우변은 내적의 표현과 같다는 것을 알 수 있습니다. 즉 **$(L_u(u_k, v_k), L_v(u_k, v_k))$라는 벡터와 (du, dv)라는 벡터의 내적**인 셈입니다. 이 식은 3.5절에서 검토한 벡터의 내적 공식 중에서 성분 표시에 의한 공식을 반대로 적용했을 때 성립하는 것을 알 수 있습니다.

$$dL(u_k, v_k) = (L_u(u_k, v_k), L_v(u_k, v_k)) \cdot (du, dv)$$

한편 (L_u, L_v)와 (d_u, d_v)의 두 벡터가 이루는 각을 θ라고 할 때 내적 공식에 의해 다음과 같이 식을 풀어 쓸 수 있습니다.

$$dL(u_k, v_k) = (L_u(u_k, v_k), L_v(u_k, v_k)) \cdot (du, dv) = |(L_u, L_v)| \cdot |(du, dv)| \cos \theta \qquad (4.5.1)$$

지금은 점 (u_k, v_k)에 있는 순간을 가정하고 있기 때문에 L_u와 L_v는 상수로 볼 수 있습니다. 그리고 앞서 $\sqrt{(du)^2 + (dv)^2}$는 일정하다고 전제한 바 있습니다.

결국 수식 (4.5.1)의 우변에서 변하는 것은 '$\cos\theta$' 부분에 불과합니다. 이를 통해 다음과 같은 사실을 알 수 있습니다[15].

---

15 이 말이 와 닿지 않는다면 3.5절을 다시 살펴보기 바랍니다.

함수 L 의 극소 변화량 dL 은 두 벡터가 이루는 각 θ 에 의해서 결정되고 함숫값이 최소가 되는 때는 벡터 $(L_u,\ L_v)$ 와 벡터 $(du,\ dv)$ 가 서로 역방향일 때다.

이를 그림 4–13에 표현했습니다.

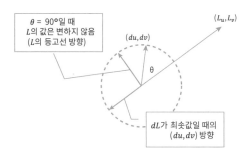

그림 4-13 $(du,\ dv)$ 의 방향과 $L(u,\ v)$ 의 변화량과의 관계

결과적으로 '**(A) 이동량을 나타내는 벡터의 방향을 어떻게 결정할 것인가**'에 대해서는 다음과 같은 답을 얻을 수 있습니다.

함수 $L(u,\ v)$ 의 $(u_k,\ v_k)$ 에 대한 편미분 벡터 $(L_u(u_k,\ v_k),\ L_v(u_k,\ v_k))$ 와 반대되는 방향으로 이동하면 된다.

다음은 '**이동량을 나타내는 벡터의 크기를 어떻게 결정할 것인가**'에 대해 생각해 봅시다. 이 문제는 1변수함수로 예를 드는 것이 이해하기 쉽습니다.

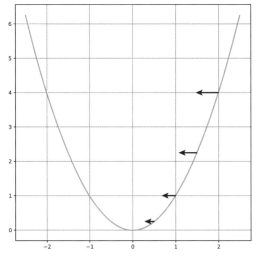

그림 4-14 미분값과 이동량의 관계

그림 4-14를 살펴봅시다. 이 그림은 $f(x) = x^2$의 그래프에 있는 4개의 지점에서 각 미분값에 일정한 값 (-0.1)을 곱한 다음, 그 결과를 x의 이동량이라 보고 화살표를 그린 것입니다.

이 예에서는 $x = 0$에서 $f(x)$가 최소가 되는데 다음과 같은 특징이 있다는 것을 알 수 있습니다.

- $x = 0$에서 멀어질수록 $f(x)$의 미분값이 커져 결과적으로 이동량이 크다.
- $x = 0$으로 가까울수록 $f(x)$의 미분값이 작아져 결과적으로 이동량이 적다.

결과적으로 각 점의 **미분값에 일정한 음수를 곱한 것을 이동량으로 봐도 적절**하다는 것을 알 수 있습니다. 이 책에서는 이러한 내용을 엄밀하게 증명하진 않지만 n변수함수에도 적용할 수 있습니다. 이것이 '(B) 이동량을 나타내는 벡터의 크기를 어떻게 결정할 것인가'에 대한 답입니다.

지금까지 살펴본 내용을 정리하면 다음 식이 나옵니다.

$$\begin{pmatrix} u_{k+1} \\ v_{k+1} \end{pmatrix} = \begin{pmatrix} u_k \\ v_k \end{pmatrix} - \alpha \begin{pmatrix} L_u(u_k, v_k) \\ L_v(u_k, v_k) \end{pmatrix} \tag{4.5.2}$$

이것이 바로 **경사하강법의 공식**입니다. 이 공식에 나오는 매개변수 a는 딥러닝에서 상당히 중요하게 생각하는 매개변수로서 '**학습률(learning rate)**'이라고 부릅니다[16].

앞의 예를 살펴보면 학습률에 다음과 같은 특징이 있다는 것을 짐작할 수 있습니다.

- 학습률이 너무 크면 최솟값에 수렴하기 어렵다.
- 학습률이 너무 작으면 학습 효율이 좋지 않아 계산하는 시간이 오래 걸린다.

이러한 예상은 실제로도 맞습니다. 그래서 머신러닝이나 딥러닝을 할 때는 해결하고 싶은 문제에 맞는 적절한 학습률을 설정하고 위와 같은 작업을 반복할 필요가 있습니다.

한편 수식 (4.5.2)에서 경사하강법으로 이동량을 계산하는 식이 곧 손실함수를 편미분한 것이라는 점을 눈치 챘을지도 모르겠습니다. **머신러닝이나 딥러닝에서 반복 계산의 본질은 바로 손실함수의 미분인 것입니다.**

---

16 그림 4-14에서 매개변수는 0.1입니다.

등고선과 기울기 벡터

그림 4-13을 다시 살펴봅시다. θ가 90도일 때 함수 L의 값은 변하지 않습니다. 즉, (L_u, L_v) 벡터와 수직인 아주 작은 벡터를 연결해서 만들어진 곡선은 **함수 L의 등고선**이 된다고 짐작할 수 있습니다. 이러한 예상은 실제로도 잘 맞습니다. 경사하강법에서 극솟값을 구할 때는 미분 벡터가 향하는 방향과 함수 L의 등고선이 언제나 수직으로 나옵니다. 이러한 사실은 앞서 살펴본 그림 4-8에서 그림 4-11까지의 오른쪽 그림으로 확인할 수 있습니다. 이번에는 등고선을 의식하면서 그 그림들을 다시 살펴보기 바랍니다.

그림 4-15는 (u, v) 평면의 각 점에서 미분 벡터(기울기 벡터)에 음수를 곱한 모습입니다. 이 그림을 보면 경사하강법이 각 지점의 화살표(기울기 벡터)를 따라 $L(u, v)$가 최소인 점을 찾는 방법이라는 것을 알 수 있습니다.

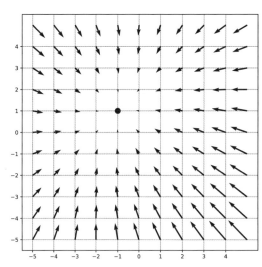

그림 4-15 (u, v) 평면의 각 점에서의 기울기 벡터

이 내용을 동적으로 확인할 수 있도록 gif 애니메이션 파일을 만들었습니다. 관심이 있다면 웹 브라우저에서 다음 경로로 접속하거나 모바일 폰에서 QR 코드를 찍어서 확인해 보십시오. 경사하강법이 어떻게 동작하는지 감을 잡는 데 도움이 될 것입니다.

- URL: https://github.com/wikibook/math_dl_book_info/blob/master/images/gradient-descent.gif
- 단축 URL: https://bit.ly/2Na2LgQ

3차원, n차원으로의 확장

지금까지 설명한 내용은 모두 2변수함수에 대한 것이었습니다. 이를 3차원으로 확장해 봅시다.

함수 L을 $L(u,\ v,\ w)$와 같은 3변수함수라고 할 때 경사하강법의 공식은 다음과 같습니다.

$$\begin{pmatrix} u_{k+1} \\ v_{k+1} \\ w_{k+1} \end{pmatrix} = \begin{pmatrix} u_k \\ v_k \\ w_k \end{pmatrix} - \alpha \begin{pmatrix} L_u(u_k, v_k, w_k) \\ L_v(u_k, v_k, w_k) \\ L_w(u_k, v_k, w_k) \end{pmatrix}$$

이 같은 방법으로 경사하강법을 n차원으로도 확장할 수 있는데 지면 관계상 구체적인 공식 설명은 생략하겠습니다.

칼럼 **경사하강법과 국소 최적해**

그림 4-16을 살펴봅시다.

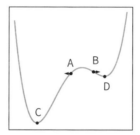

그림 4-16 국소 최적해가 최솟값이 되지 않는 경우

이 그림은 1변수함수가 최솟값을 두 개 가질 때의 그래프입니다. 그래프를 보면 점 A를 초깃값으로 경사하강법을 쓰는 경우 최솟값인 점 C에 도착하는 반면 점 B를 초깃값으로 경사하강법을 쓰는 경우 최솟값은 아니지만 극솟값인 점 D에 도달하는 것을 알 수 있습니다. 즉 경사하강법을 쓴다고 해서 언제나 최솟값을 구할 수 있다는 건 아니라는 얘깁니다. 이처럼 경사하강법의 결과가 최솟값이 아닌 '국소 최적해(局所最適値, local minimum)'로 수렴하는 것을 방지하는 방법으로 **확률적 경사하강법**(stochastic gradient descent)이라는 것이 있습니다. 일반적인 경사하강법은 모든 학습 데이터에 대해 평균을 구한 다음, 손실함수를 정의하고 편미분한 값을 매개변수로 보완하는 방식인 반면 확률적 경사하강법은 매번 무작위로 학습 데이터를 선택한 다음, 그 정보만으로 기울기를 구하는 방식입니다.

확률적 경사하강법을 쓰면 **국소 최적해**에 빠지는 위험은 줄어들지만 계산을 반복하는 과정에서 결과가 좀처럼 일정한 값에 수렴하지 않는다는 단점이 있습니다. 모든 학습 데이터를 사용해 손실함수를 계산하는 방식을 **배치**(batch) **학습법**이라고 하는데 확률적 경사하강법과 배치 학습법을 절충한 **미니 배치**(mini batch) **학습법**이라는 것도 있습니다. 미니 배치 학습법은 학습 데이터가 대량(수만 건)일 때 자주 활용됩니다. 이 책에서는 10장의 딥러닝에서 미니 배치 학습법을 사용하고 있습니다.

05 | 지수함수와 로그함수

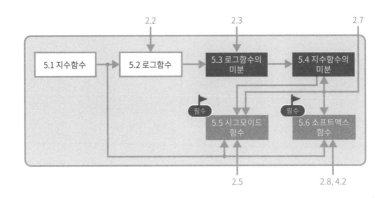

1장에서 소개한 것처럼 딥러닝의 기반이 되는 로지스틱 회귀 모델에는 예측함수와 손실함수가 나오는데 이때 지수함수와 로그함수가 쓰입니다. 그래서 머신러닝을 제대로 익히려면 지수함수와 로그함수를 먼저 알아둬야 합니다. 이번 장에서는 두 함수에 어떤 특징이 있는지 알아보겠습니다.

이러한 두 함수의 미분을 다루다 보면 꼭 빠지지 않는 내용이 있는데 바로 'e'라고 표기하는 마법의 숫자, '네이피어 상수'입니다. 이번 장을 읽다 보면 네이피어 상수를 밑으로 하는 로그를 왜 '자연로그'라고 하는지 이해할 수 있을 겁니다[1].

한편 이번 장의 후반부에서는 머신러닝에 반드시 필요한 시그모이드 함수와 소프트맥스 함수에 대해 자세히 살펴보겠습니다.

5.1 지수함수

우선 비교적 이해하기 쉬운 지수함수부터 설명하겠습니다. 얼핏 보면 너무 당연한 공식일 수도 있지만 수식 형태로 정리해 둬야 나중에 로그함수를 다룰 때 편해집니다. 이번 기회에 확실히 이해하고 넘어가 봅시다.

5.1.1 거듭제곱의 정의와 법칙

먼저 지수함수의 기본적인 개념으로 거듭제곱의 정의를 복습합시다.

$$4라는 수는 2 \times 2와 같다.$$
$$8이라는 수는 2 \times 2 \times 2와 같다.$$

이처럼 같은 수를 여러 번 곱하는 것은 다음과 같이 표현할 수 있습니다.

---

1 옮긴이: 5.3절을 참고하세요.

$$4 = 2^2$$
$$8 = 2^3$$

이렇게 곱하는 수의 오른쪽 위에 곱할 횟수를 첨자로 쓰는 것이 거듭제곱의 표기법입니다.

거듭제곱의 법칙

$4 \times 8 = 32$라는 곱셈식을 거듭제곱식으로 표현하면 다음과 같습니다.

$$2^2 \times 2^3 = 2^{(2+3)} = 2^5$$

이때 반복해서 곱해지는 2를 a로, 우측의 위첨자 2와 3을 자연수 m, n으로 표현해서 일반화하면 다음과 같은 식을 만들 수 있습니다[2].

$$a^m \times a^n = a^{m+n} \tag{5.1.1}$$

한편 다음과 같은 거듭제곱식이 있다고 할 때

$$\left(2^2\right)^3 = 2^2 \times 2^2 \times 2^2 = (2 \times 2) \times (2 \times 2) \times (2 \times 2) = 2^{2 \times 3}$$

이를 앞의 방식과 같이 일반화하면 다음과 같은 식을 만들 수 있습니다.

$$\left(a^m\right)^n = a^{m \times n} \tag{5.1.2}$$

이렇게 만들어진 수식 (5.1.1)과 (5.1.2)를 '거듭제곱의 법칙(power law)'이라 합니다.

5.1.2 거듭제곱의 확장

앞서 거듭제곱의 법칙은 m이나 n이 자연수일 때 성립한다고 했습니다. 이번에는 이것을 0이나 음수, 유리수로 확장해 봅시다.

0으로 확장

$a \neq 0$이고 $n = 0$이라고 할 때 거듭제곱의 법칙에 따라 다음 식이 성립합니다[3].

---

2 옮긴이: 이때의 a를 밑(base), m과 n을 지수(exponent)라고 합니다.
3 옮긴이: 여기서 밑 a는 0이 아니라고 전제합니다. 0의 0제곱은 정의되지 않습니다.

$$a^m \times a^0 = a^{m+0} = a^m \tag{5.1.3}$$

$a^m \neq 0$이므로 수식 (5.1.3)의 양변을 a^m으로 나눌 수 있습니다. 그 결과 다음과 같은 식을 얻을 수 있습니다.

$$a^0 = 1 \tag{5.1.4}$$

음수로 확장

$a^0 = 1$이고 $n = -m$과 같이 지수가 음수일 때 거듭제곱의 법칙에 따라 다음 식이 성립합니다.

$$a^m \times a^{-m} = a^{m-m} = a^0 = 1 \tag{5.1.5}$$

이때 수식 (5.1.5)의 양변을 a^m으로 나누면 다음과 같은 식을 얻을 수 있습니다.

$$a^{-m} = \frac{1}{a^m} \tag{5.1.6}$$

예를 들어, 수식 (5.1.6)에 실제로 음수를 넣어보면 다음과 같이 계산할 수 있습니다.

$$2^{-3} = \frac{1}{2^3} = \frac{1}{8}$$

$\frac{1}{n}$로 확장

공식 (5.1.2)가 $\frac{1}{n}$과 같은 분수에도 성립한다고 가정합시다. 그러면 다음 식이 성립합니다.

$$\left(a^{\frac{1}{n}} \right)^n = a^{\left(\frac{1}{n} \cdot n \right)} = a^1 = a$$

$a^{\frac{1}{n}}$이라는 수는 n제곱했을 때 a가 되는 수입니다. 즉, a의 n제곱근이라는 말이므로 다음과 같은 식으로 표현할 수 있습니다.

$$a^{\frac{1}{n}} = \sqrt[n]{a} \tag{5.1.7}$$

예를 들어, 수식 (5.1.7)에 실제로 분수를 넣어보면 다음과 같이 계산할 수 있습니다[4].

---

4 '8의 세제곱근'은 '세제곱하면 8이 되는 수'와 같으므로 답은 2입니다.

$$8^{\frac{1}{3}} = \sqrt[3]{8} = 2$$

유리수로 확장

x는 유리수이고 p는 자연수, q는 정수라고 할 때 다음과 같이 표현할 수 있습니다.

$$x = \frac{q}{p}$$

위의 식과 분수로 확장한 식을 이용하면 다음과 같은 식이 성립합니다. 결국 모든 유리수 x에 대해 a^x을 계산할 수 있습니다.

$$a^x = a^{\frac{q}{p}} = (\sqrt[p]{a})^q$$

예를 들어, 8의 $-\frac{2}{3}$승을 계산해 보면 다음과 같이 풀 수 있습니다.

$$8^{-\frac{2}{3}} = \left(8^{\frac{1}{3}}\right)^{-2} = \left(\sqrt[3]{8}\right)^{-2} = 2^{-2} = \frac{1}{4}$$

5.1.3 함수로의 확장

앞 절에서 설명한 것처럼 모든 유리수 x에 대해 a^x의 값을 구할 수 있습니다. x가 무리수라고 하더라도 그 수와 가까운 유리수가 존재하기 때문에 결국 모든 실수 x에 대해 a^x을 결정할 수 있습니다. 즉, a가 양의 실수일 때 다음과 같은 함수를 정의할 수 있습니다.

$$f(x) = a^x$$

이 함수를 '지수함수(指數函數, exponential function)'라고 합니다.

지수함수의 그래프

이제 지수함수의 하나인 $f(x) = 2^x$의 그래프를 그려 봅시다. 먼저 준비 작업으로 표 5-1을 만듭니다.

표 5-1 $f(x) = 2^x$의 표

x	-2	$-\frac{3}{2}$	-1	$-\frac{1}{2}$	0	$\frac{1}{2}$	1	$\frac{3}{2}$	2
$f(x)$	$\frac{1}{4}$	$\frac{1}{2\sqrt{2}}$	$\frac{1}{2}$	$\frac{1}{\sqrt{2}}$	1	$\sqrt{2}$	2	$2\sqrt{2}$	4

이 표의 x와 $f(x)$값을 각각 x좌표, y좌표라고 할 때 각 좌표의 점을 연결해 보면 그림 5-1과 같은 그래프가 그려집니다.

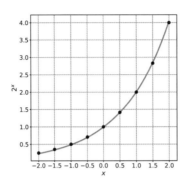

그림 5-1 $f(x)=2^x$의 그래프

$y=\left(\dfrac{1}{2}\right)^x$의 그래프도 그려 봅니다. 먼저 앞에서 했던 것처럼 표 5-2를 만들어 봅시다.

표 5-2 $y=\left(\dfrac{1}{2}\right)^x$의 표

x	-2	$-\dfrac{3}{2}$	-1	$-\dfrac{1}{2}$	0	$\dfrac{1}{2}$	1	$\dfrac{3}{2}$	2
$f(x)$	4	$2\sqrt{2}$	2	$\sqrt{2}$	1	$\dfrac{1}{\sqrt{2}}$	$\dfrac{1}{2}$	$\dfrac{1}{2\sqrt{2}}$	$\dfrac{1}{4}$

이 표로 그래프를 그리면 그림 5-2와 같이 나옵니다. 앞에 그린 $f(x)=2^x$의 그래프를 직선 $x=0$을 기준으로 대칭시킨 형태라는 것을 알 수 있습니다.

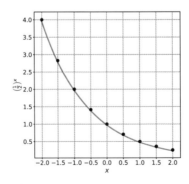

그림 5-2 $y=\left(\dfrac{1}{2}\right)^x$의 그래프

지수함수의 성질

여기서 중요한 점은 거듭제곱의 법칙과 마찬가지로 다음의 공식들이 지수함수 $f(x) = a^x$에도 성립한다는 것입니다. 이러한 **지수함수 공식**은 다음 절에서 로그함수의 성질을 살펴볼 때 도움이 됩니다.

$$a^x \times a^y = a^{x+y} \qquad (5.1.8)$$

$$\frac{a^y}{a^x} = a^{y-x} \qquad (5.1.9)$$

$$\frac{1}{a^x} = a^{-x} \qquad (5.1.10)$$

$$(a^x)^y = a^{xy} \qquad (5.1.11)$$

x, y가 자연수일 때 위의 공식이 성립하는 이유를 그림 5–3으로 표현했습니다. 상당히 중요한 내용이므로 위의 공식과 함께 기억해 두기 바랍니다. 수식 (5.1.10)은 수식 (5.1.9)에서 $y = 0$일 때의 경우로 보면 됩니다.

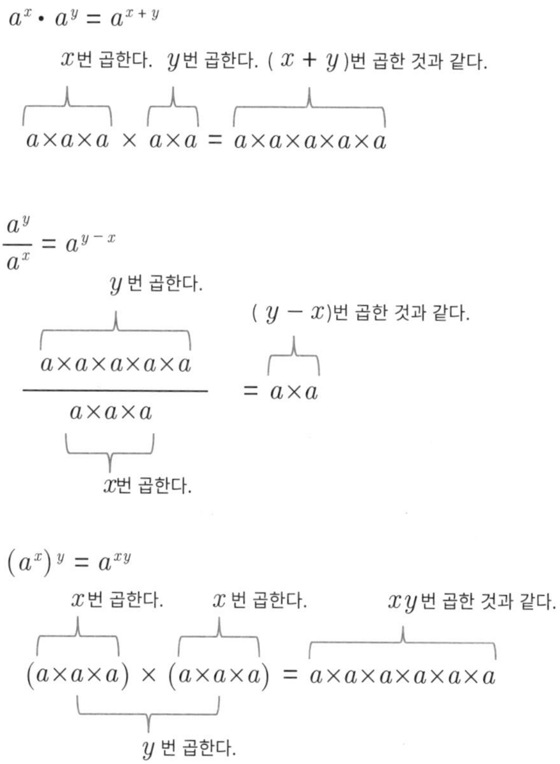

$$a^x \cdot a^y = a^{x+y}$$

x번 곱한다.　y번 곱한다. ($x + y$)번 곱한 것과 같다.

$$a \times a \times a \ \times \ a \times a \ = \ a \times a \times a \times a \times a$$

$$\frac{a^y}{a^x} = a^{y-x}$$

y 번 곱한다.

($y - x$)번 곱한 것과 같다.

$$\frac{a \times a \times a \times a \times a}{a \times a \times a} = a \times a$$

x번 곱한다.

$$(a^x)^y = a^{xy}$$

x번 곱한다.　x 번 곱한다.　xy번 곱한 것과 같다.

$$(a \times a \times a) \times (a \times a \times a) = a \times a \times a \times a \times a \times a$$

y 번 곱한다.

그림 5–3 지수함수의 공식

5.2 로그함수

이제 로그함수에 대해 알아봅시다. 로그함수는 지수함수와 달리 실세계에서 볼 수 있는 구체적인 예가 없기 때문에 머릿속으로 상상하기 어려운 개념입니다. 그래서 로그함수를 생각해야 할 때는 역함수 관계인 지수함수를 연관시켜 생각해 봅시다. 막연한 개념을 이해하는 데 조금은 도움이 될 것입니다.

로그함수의 정의

앞에서 지수함수 공식으로 살펴본 수식 (5.1.8)에서 (5.1.11)까지를 보면 곱셈으로 계산할 것을 지수의 덧셈으로 간단히 풀 수 있다는 것을 알 수 있습니다.

예를 들어, 다음 식은

$$64 \times 32$$

다음과 같이 바꿀 수가 있는데

$$2^6 \times 2^5$$

공식 (5.1.8)에 의해 곱셈을 하는 대신 덧셈으로 계산할 수 있습니다.

$$2^{6+5} = 2^{11} = 2048$$

그림 5-4 일반적인 수의 표현과 로그의 표현

예를 들어, 어떤 양수 X와 Y, 그리고 a가 있다고 할 때 다음 식을 만족하는 x와 y가 있다고 합시다.

$$a^x = X, \ a^y = Y$$

$X \times Y$를 계산할 때는 X와 Y를 곱하는 대신 $x + y$의 덧셈으로 답을 구할 수 있는데 $x + y$가 z라고 할 때 $X \times Y = a^{x+y}$ 이므로 a^z라는 답을 얻을 수 있습니다.

어떤 X와 a가 주어졌을 때 $a^x = X$를 만족하는 x를 구하는 것은 곧 **함수 $y = a^x$의 역함수를 구하는 것**과 같습니다. 이 함수를 **a를 밑으로 하는 '로그함수(logarithm function)'**라고 부르고 다음과 같이 표기합니다.

$$y = \log_a x$$

로그함수의 그래프

2.2절에서 설명한 것처럼 역함수의 그래프와 원래 함수의 그래프는 직선 $y = x$를 기준으로 대칭 관계에 있습니다. 그림 5-1에서 $y = 2^x$의 그래프에 대한 역함수는 다음과 같습니다.

$$y = \log_2 x$$

그림 5-5를 살펴봅시다. 직선 $y = x$를 기준으로 왼쪽의 검정색 곡선은 원래의 함수 $y = 2^x$의 그래프이고 오른쪽의 파란색 곡선은 역함수 관계인 $y = \log_2 x$의 그래프입니다. 두 함수는 직선 $y = x$에 대해 서로 대칭 관계입니다.

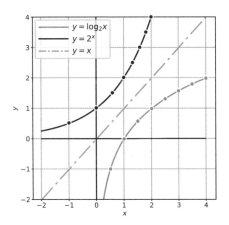

그림 5-5 $y = \log_2 x$의 그래프

이때 주의해야 할 점은 **로그함수의 값은 x가 양인 범위에서만 정의된다**는 것입니다. 이것은 역함수인 **지수함수의 값이 양인 범위에서만 나온다**는 것에 대칭되기 때문입니다.

함수 $f(x)$에 대해 x값의 범위를 '**정의역(定義域, domain)**'이라 하고 $f(x)$값의 범위를 '**치역(値域, range)**'이라고 할 때 다음과 같은 제약이 있다는 것을 알 수 있습니다.

- 지수함수의 치역은 양의 범위

- 로그함수의 정의역은 양의 범위

로그함수의 특징

5.1절 마지막에 나온 수식 (5.1.8)에서 (5.1.11)까지의 네 가지 공식을 로그함수의 관점에서 다시 살펴 봅시다.

각 공식을 다음과 같이 바꿔 써 봅시다.

$$x = \log_a X \quad \Leftrightarrow \quad a^x = X$$
$$y = \log_a Y \quad \Leftrightarrow \quad a^y = Y$$

그러면 다음과 같은 식을 만들 수 있습니다.

$$a^x \times a^y = a^{x+y} \tag{5.1.8}$$

$$X \times Y = a^{x+y} \qquad \text{좌변의 } x, y \text{를 } X, Y \text{로 표현}$$

$$\log_a (X \times Y) = x + y \qquad \text{양변에 } a \text{를 밑으로 한 로그를 적용}$$

$$\log_a (X \times Y) = \log_a X + \log_a Y \qquad \text{우변의 } x, y \text{를 } X, Y \text{로 표현}$$

$$\frac{a^y}{a^x} = a^{y-x} \tag{5.1.9}$$

$$\frac{Y}{X} = a^{y-x} \qquad \text{좌변의 } x, y \text{를 } X, Y \text{로 표현}$$

$$\log_a \left(\frac{Y}{X}\right) = y - x \qquad \text{양변에 } a \text{를 밑으로 한 로그를 적용}$$

$$\log_a \left(\frac{Y}{X}\right) = \log_a Y - \log_a X \qquad \text{우변의 } x, y \text{를 } X, Y \text{로 표현}$$

$$\frac{1}{a^x} = a^{-x} \tag{5.1.10}$$

$$\frac{1}{X} = a^{-x} \qquad \text{좌변의 } x \text{를 } X \text{로 표현}$$

$$\log_a \left(\frac{1}{X}\right) = -x \qquad \text{양변에 } a \text{를 밑으로 한 로그를 적용}$$

$$\log_a \left(\frac{1}{X}\right) = -\log_a X \qquad \text{우변의 } x \text{를 } X \text{로 표현}$$

$$(a^x)^y = a^{xy} \tag{5.1.11}$$

$$X^y = a^{xy} \qquad \text{좌변의 } x\text{를 } X\text{로 표현}$$

$$\log_a (X^y) = xy \qquad \text{양변에 } a\text{를 밑으로 한 로그를 적용}$$

$$\log_a (X^y) = y \log_a X \qquad \text{우변의 } x\text{를 } X\text{로 표현}$$

지수함수의 공식 (5.1.8)에서 (5.1.11)까지를 로그함수로 바꿔 쓴 위의 공식들은 다음 절에 나오는 로그함수의 미분과 이 책의 후반에 나오는 실습편에서 여러 번 쓰입니다. 수식이 익숙해지도록 **로그함수의 공식**을 다음과 같이 정리했습니다.

$$\log_a (X \times Y) = \log_a X + \log_a Y \tag{5.2.1}$$

$$\log_a \left(\frac{Y}{X} \right) = \log_a Y - \log_a X \tag{5.2.2}$$

$$\log_a \left(\frac{1}{X} \right) = -\log_a X \tag{5.2.3}$$

$$\log_a (X^y) = y \log_a X \tag{5.2.4}$$

밑변환 공식

위의 로그함수 공식에 나오는 a를 로그의 '밑(base)'이라고 합니다. 로그함수에서 밑의 값이 바뀌면 함숫값에는 어떤 영향을 미칠까요? 그것을 알 수 있는 공식이 지금부터 설명하는 밑변환 공식입니다.

우선 다음의 식을 살펴봅시다.

$$X = a^x \tag{5.2.5}$$

이 식의 양변에 b를 밑으로 하는 로그를 적용해 봅시다.

$$\log_b X = \log_b (a^x) \tag{5.2.6}$$

수식 (5.2.6)의 우변에 공식 (5.2.4)를 적용하면 다음과 같이 쓸 수 있습니다.

$$\log_b (a^x) = x \log_b a$$

그리고 수식 (5.2.5)를 로그함수로 표현하면 다음과 같이 쓸 수 있습니다.

$$x = \log_a X$$

결국 위의 식들을 조합하면 다음과 같은 식이 만들어집니다.

$$\log_b X = \log_a X \log_b a$$

양변을 $\log_b a$로 나누고 좌변과 우변의 위치를 맞바꾸면 다음과 같은 식이 됩니다.

$$\log_a X = \frac{\log_b X}{\log_b a} \tag{4.5.2}$$

마지막에 도출한 수식 (5.2.7)을 '**밑변환 공식(change of base formula)**'이라고 합니다. 이 공식의 의미는 다음과 같습니다.

> *로그함수에서는 어떤 값이 밑이 되더라도 결국 상수배만큼의 차이가 나며 그 차이의 비율이* $\log_b a$ *다.*

즉, 로그함수에서는 **밑의 값이 무엇이든 본질적인 차이는 없다**는 것을 알 수 있습니다.

칼럼 **로그함수의 의미**

로그함수는 지수함수의 역함수라고 정의했는데 다소 무리하게 끌어낸 함수이다 보니 어떤 용도로 쓰는 것인지 감이 오지 않을 수 있습니다.

우선 역사적 사실을 설명하자면 로그는 계산기가 없던 시절에 '**곱셈을 쉽게 하고 싶다**'라는 바람에서 생겨났습니다.

당시에는 원래 수의 로그를 미리 기록된 로그표에서 확인한 다음, 곱셈을 하는 대신 덧셈을 했습니다. 또한 더해진 결괏값을 로그표로 환산하면 복잡한 계산을 하지 않더라도 답을 쉽게 얻을 수가 있었습니다. 그 밖에도 '**계산자**(slide rule)'라는 계산 도구가 있었는데 이 자의 눈금 단위로 로그가 쓰이기도 했습니다.

오늘날 복잡한 계산은 컴퓨터가 대신하게 되어 이런 계산법을 더는 사용하지 않지만 그렇다고 로그 자체가 필요없어진 것은 아닙니다. 로그를 활용하는 예를 쉽게 이해할 수 있도록 다음 그래프를 살펴봅시다.

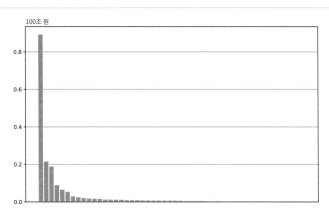

그림 5-6 상위 50개 사의 매출

이 그림은 증권거래소에 상장된 회사 중 매출액 기준 상위 50개 사의 연간 매출 그래프입니다. 그래프를 보면 알 수 있듯이 1위 회사의 매출이 압도적으로 높다 보니 이 단위로는 10위 이하의 회사 정보는 확인하기조차 어려운 상황입니다.

이때 이 그래프의 세로축을 로그로 그려보면 어떻게 보일까요?

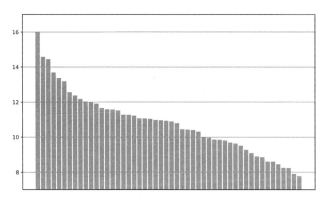

그림 5-7 상위 50개 사의 매출(로그)

보다시피 좀 더 알아보기 쉬운 모양이 됐습니다. 이 그래프라면 30위 기업은 물론 40위 기업 간의 매출 차이도 알아볼 수 있을 것 같습니다.

이처럼 로그함수는 **너무 큰 값이나 작은 값을 대등하게 다룰 수 있는 특수 필터 같은 기능**을 합니다. 이러한 성질은 6장에 나올 **최대가능도의 개념**을 이해하는 데 중요한 역할을 하기도 합니다.

5.3 로그함수의 미분

앞 절에서는 로그함수가 어떤 함수이며 어떤 성질을 가지고 있는지 살펴봤습니다. 이번 절에서는 앞 절의 결과를 이용해 로그함수의 미분을 구해 봅시다.

$$f(x) = \log_a x$$

위 식은 미분의 정의에 따라 다음과 같이 쓸 수 있습니다[5].

$$f'(x) = \lim_{h \to 0} \frac{\log_a (x + h) - \log_a x}{h}$$

여기서 앞 절에서 구한 로그함수의 공식 (5.2.2)를 적용하면 다음 식이 성립합니다.

$$\log_a (x + h) - \log_a x = \log_a \left(\frac{x + h}{x} \right) = \log_a \left(1 + \frac{h}{x} \right)$$

이때 $h' = \frac{h}{x}$라고 하면 $h = xh'$가 되므로 다음과 같이 바꿔 쓸 수 있습니다.

$$f'(x) = \lim_{h' \to 0} \frac{\log_a (1 + h')}{xh'} = \frac{1}{x} \lim_{h' \to 0} \frac{\log_a (1 + h')}{h'} = \frac{1}{x} \lim_{h' \to 0} \log_a \left((1 + h')^{\frac{1}{h'}} \right)$$

위의 식 중간에서는 x가 $\lim$의 계산과 무관하므로 $\lim$ 앞으로 꺼낸 것을 알 수 있습니다. 마지막 부분에서는 로그함수의 공식 (5.2.4)를 적용했습니다.

이 식에서 x를 포함하지 않는 $\lim$식만 따로 살펴보면 다음과 같은 모양입니다.

$$\lim_{h' \to 0} \log_a \left((1 + h')^{\frac{1}{h'}} \right) \tag{5.3.1}$$

이 식이 어떤 값 k에 수렴한다고 하면 전체 식을 다음과 같이 쓸 수 있습니다.

$$f'(x) = \frac{k}{x}$$

결국 로그함수의 미분은 초등학교에서 배운 **반비례** 관계의 식 $y = \frac{1}{x}$의 상수배라는 것을 알 수 있습니다.

---

5 미분과 극한에 대해서는 2.3절에서 설명했습니다. 내용이 잘 생각나지 않는다면 해당 절로 되돌아가 내용을 다시 확인해 보기 바랍니다.

그렇다면 k는 어떤 값일까요? 그것을 알아보기 위해 수식 (5.3.1)의 로그함수에서 괄호 안의 식에 대한 극한을 구해 봅시다. 우선 h'를 h로 바꿔 쓰면 다음과 같이 표현할 수 있습니다.

$$\lim_{h \to 0} (1 + h)^{\frac{1}{h}}$$

이 식을 실제로 계산해 보면 h가 0에 가까워질수록 $2.71727 \ldots$이라는 숫자에 가까워지는 것을 알 수 있습니다. 이 극한 값을 '**네이피어 상수(Napier's constant)**'라 하고 **기호로는** e라고 씁니다[6].

한편 지금까지 로그함수의 밑은 특정 값을 지정하지 않고 편의상 문자 a라고만 표기했습니다. 만약 이 a를 네이피어 상수 e로 대신한다면 다음과 같은 식이 성립합니다.

$$\lim_{h \to 0} \log_e (1 + h)^{\frac{1}{h}} = \log_e e = 1$$

즉, e를 밑으로 하는 로그함수 $f(x) = \log_e x$를 미분해 보면 다음과 같은 식이 나오는 것을 알 수 있습니다.

$$f'(x) = \frac{1}{x} \tag{5.3.2}$$

사실 e라는 숫자는 로그함수를 미분하는 과정에서 갑자기 나온 숫자인데, **이 수를 밑으로 하는 로그함수에서는 미분 결과를 깔끔하고 자연스럽게 만드는 역할**을 합니다.

이런 이유로 e를 밑으로 하는 로그함수를 '**자연로그(natural logarithm)**'라고 부르게 됐습니다.

수학 교과서에서는 자연로그를 표기할 때 밑의 e를 쓰지 않고 생략하는 경향이 있습니다. 이 책에서도 그러한 관례를 따라 이후부터는 자연로그의 밑은 따로 쓰지 않고 생략된 형태로 표기하겠습니다.

---

6 옮긴이: 오일러 상수(Euler's number)라고도 합니다.

칼럼 네이피어 상수를 파이썬으로 확인하기

로그함수의 미분 계산에서 나온 다음과 같은 극한식을 파이썬 프로그램으로 확인해 봅시다.

$$\lim_{h \to 0} (1 + h)^{\frac{1}{h}} = e$$

```
import numpy as np

np.set_printoptions(precision=10)
x = np.logspace(0, 11, 12, base=0.1, dtype='float64')
y= np.power(1+x, 1/x)
for i in range(11):
  print( 'x = %12.10f y= %12.10f' % (x[i], y[i]))

x=1.0000000000 y=2.0000000000
x=0.1000000000 y=2.5937424601
x=0.0100000000 y=2.7048138294
x=0.0010000000 y=2.7169239322
x=0.0001000000 y=2.7181459268
x=0.0000100000 y=2.7182682372
x=0.0000010000 y=2.7182804691
x=0.0000001000 y=2.7182816941
x=0.0000000100 y=2.7182817983
x=0.0000000010 y=2.7182820520
x=0.0000000001 y=2.7182820532
```

그림 5-8 네이피어 상수를 프로그램으로 확인

이 내용은 그래프로도 확인할 수 있습니다. 자연로그의 함수 $f(x) = \log x$의 미분은 $f'(x) = \dfrac{1}{x}$입니다. 그래서 함수 $f(x)$의 $x = 1$일 때 접선의 방정식은 다음과 같습니다.

$$y - \log 1 = \frac{1}{1}(x - 1)$$

이 식은 다음과 같이 정리할 수 있습니다.

$$y = x - 1$$

이 내용을 실제로 확인해 봅시다.

그림 5-9는 $y = x - 1$의 그래프와 로그의 밑 a를 2, e, 6으로 변화시킨 $y = \log_a x$ 그래프를 함께 그린 것입니다. 그림을 보면 a가 e일 때 직선 $y = x - 1$에 접하는 것을 알 수 있습니다.

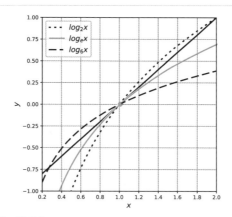

그림 5-9 로그함수 그래프를 겹쳐서 그린 모습

이 내용을 동적으로 확인할 수 있도록 gif 애니메이션 파일을 만들었습니다. 관심이 있다면 웹 브라우저에서 아래 경로로 접속하거나 모바일 폰에서 QR 코드를 찍어서 확인해 보십시오.

- URL: https://github.com/wikibook/math_dl_book_info/blob/master/images/log-animation.gif

- 단축 URL: https://bit.ly/31OKGtO

5.4 지수함수의 미분

다음으로 지수함수의 미분에 대해 알아봅시다. 로그함수에서는 밑을 e로 해서 깔끔하게 미분된 식을 얻을 수 있었습니다. 그래서 지수함수의 밑으로 우선 e를 써서 생각해 보겠습니다.

$y = e^x$라는 지수함수가 있다고 가정합시다. 지수함수와 로그함수는 서로 역함수의 관계이기 때문에 다음 식이 성립합니다.

$$x = \log y$$

이 식을 미분하면 다음과 같이 표현할 수 있습니다.

$$\frac{dx}{dy} = (\log y)' = \frac{1}{y}$$

따라서 2.7절에서 설명한 역함수의 미분에 따라 다음과 같은 식을 얻을 수 있습니다.

$$\frac{dy}{dx} = \frac{1}{\dfrac{dx}{dy}} = \frac{1}{\dfrac{1}{y}} = y$$

놀랍게도 y의 미분은 y 자신이 되어 버렸습니다. y를 원래의 e^x 형태로 다시 쓰면 다음과 같이 표현할 수 있습니다.

$$(e^x)' = e^x \tag{5.4.1}$$

이것이 **네이피어 상수 e를 밑으로 하는 지수함수의 미분 공식**입니다.

e를 밑으로 하지 않는 지수함수를 미분할 때는 $y = a^x$의 양변을 자연로그 형태로 변형한 다음, 미분해주면 됩니다. 이러한 계산 방법을 '로그 미분법(logarithmic differentiation)'이라고 합니다.

$$\log y = \log a^x = x \log a$$

양변을 x로 미분하면 다음 식과 같습니다.

$$\frac{d(\log y)}{dx} = \frac{d(x \log a)}{dx} = \log a \tag{5.4.2}$$

이 식은 합성함수의 미분 공식을 따라 다음과 같이 쓸 수 있습니다.

$$\frac{d(\log y)}{dx} = \frac{d(\log y)}{dy}\frac{dy}{dx} = \frac{1}{y}\frac{dy}{dx} \tag{5.4.3}$$

그리고 수식 (5.4.2)와 (5.4.3)에 의해 다음 식이 성립합니다.

$$\log a = \frac{1}{y}\frac{dy}{dx}$$

이 식은 다음과 같이 정리할 수 있습니다.

$$y' = \frac{dy}{dx} = (\log a)y = (\log a)a^x \tag{5.4.4}$$

이것이 자연로그 이외의 수를 밑으로 하는 지수함수의 미분 공식입니다.

네이피어 상수(e)를 밑으로 하는 지수함수의 표기 방법

앞서 살펴본 것처럼 네이피어 상수 e를 밑으로 하는 지수함수는 미분 결과가 자신이 되는 수학적으로 아름다운 특징이 있다 보니 이 책의 이후 내용에도 자주 사용됩니다.

실제로 이러한 형태의 지수함수를 사용할 때는 인수 부분에 복잡한 식이 들어가고 합성함수의 모양인 경우가 많습니다. 전형적인 예로는 6.2절에 나오는 정규분포함수가 있습니다.

지수함수의 우측 상단에 복잡한 수식을 위첨자로 쓰게 되면 수식 자체가 복잡해서 알아보기 힘듭니다. 그래서 'e^x'라는 표기 대신 'exp(x)'라는 표기법을 많이 씁니다. 이 책에서도 이후 내용에서는 지수함수를 표기할 때 이 같은 방식으로 표기할 것입니다.

5.5 시그모이드 함수

다음 함수를 살펴봅시다. 이 함수는 '시그모이드 함수(sigmoid function)[7]'라고 합니다.

$$y = \frac{1}{1 + \exp(-x)}$$

그림 5-10은 이 함수를 그래프로 표현한 것입니다.

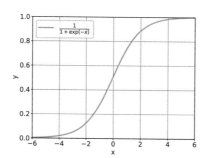

그림 5-10 시그모이드 함수의 그래프

그래프를 보면 다음과 같은 특징이 있다는 것을 알 수 있습니다.

- 값이 항상 증가하는 함수다[8].

- x값이 음의 무한대로 갈 때 함숫값은 0에 가까워진다.

---

[7] 정확하게는 시그모이드 함수란 매개변수 a를 포함한 $y = \frac{1}{1 + \exp(-ax)}$과 같은 형태의 함수를 말합니다. 이에 반해 매개변수 a가 없는 함수를 '표준 시그모이드 함수'라고 합니다. 머신러닝에서는 편의상 '표준'이라는 말을 생략하고 그냥 시그모이드 함수라고 줄여 부르는 경향이 있습니다. 이 책에서도 그러한 관례에 따라 시그모이드 함수라고 표기합니다.

[8] 이런 특징을 가진 함수를 '단조증가함수(monotone increasing function)'라고 합니다.

- x값이 양의 무한대로 갈 때 함숫값은 1에 가까워진다.

- $x = 0$일 때 함숫값은 0.5다.

- 그래프 모양은 점 (0, 0.5)에 대해 점대칭이다.

마지막 특징은 다음의 계산으로 확인할 수 있습니다.

$$f(x) = \frac{1}{1 + \exp(-x)}$$

$f(x)$가 위와 같을 때 다음 식이 성립합니다.

$$\begin{aligned} f(x) + f(-x) &= \frac{1}{(1 + \exp(-x))} + \frac{1}{(1 + \exp(x))} \\ &= \frac{1}{(1 + \exp(-x))} + \frac{\exp(-x)}{(1 + \exp(-x))} = 1 \end{aligned}$$

위 식을 정리하면 다음과 같이 쓸 수 있습니다.

$$\frac{1}{2}(f(x) + f(-x)) = \frac{1}{2}$$

이것은 두 개의 점 $(x, f(x))$와 $(-x, f(-x))$ 사이의 중점이 x값과 상관 없이 항상 $\left(0, \frac{1}{2}\right)$에 있다는 것을 의미합니다.

이러한 성질은 6장에서 설명할 확률분포함수(연속적인 값을 가지고 결과가 확률값인 함수)의 특징으로 적합합니다. 그래서 머신러닝 모델에서는 분류를 할 때 시그모이드 함수를 자주 사용합니다.

조금은 복잡해 보이는 시그모이드 함수지만 지금까지 도출한 공식을 총동원하면 어렵지 않게 미분할 수 있습니다. 실제로 계산해 봅시다.

우선 다음과 같은 시그모이드 함수가 있다고 할 때

$$y = \frac{1}{1 + \exp(-x)}$$

분모 부분을 다음과 같은 함수로 표현합시다.

$$u(x) = 1 + \exp(-x)$$

그러면 다음과 같이 간단한 형태로 바꿔 쓸 수 있습니다.

$$y(u) = \frac{1}{u}$$

여기에 합성함수의 미분 공식을 적용합니다. 구체적으로는 다음과 같은 식이 만들어집니다.

$$\frac{dy}{dx} = \frac{dy}{du} \cdot \frac{du}{dx}$$

여기서 우변의 왼쪽 부분을 미분한 결과는 다음과 같습니다.

$$\frac{dy}{du} = \left(\frac{1}{u}\right)' = (u^{-1})' = (-1) \cdot u^{-2} = -\frac{1}{u^2}$$

이번에는 우변의 오른쪽 부분인 $\frac{du}{dx}$에서 합성함수의 미분 공식을 써 봅시다. $v = -x$라고 할 때 u와 v는 다음과 같은 관계가 됩니다.

$$u = 1 + \exp(-x) = 1 + \exp(v)$$

따라서 우변의 오른쪽 부분은 다음과 같이 풀어 쓸 수 있습니다.

$$\frac{du}{dx} = \frac{du}{dv} \cdot \frac{dv}{dx} = \exp(v) \cdot (-1) = -\exp(-x)$$

우변의 왼쪽 부분과 오른쪽 부분을 조합하면 다음과 같습니다.

$$\frac{dy}{dx} = -\frac{1}{u^2} \cdot -\exp(-x) = \frac{\exp(-x)}{(1+\exp(-x))^2} = \frac{1+\exp(-x)-1}{(1+\exp(-x))^2}$$
$$= \frac{1}{1+\exp(-x)} - \frac{1}{(1+\exp(-x))^2} = y - y^2 = y(1-y)$$

결론적으로 수식을 정리하면 다음과 같이 쓸 수 있습니다.

$$f'(x) = y(1-y) \tag{5.5.1}$$

수식 (5.5.1)이 **시그모이드 함수의 미분 결과**입니다. 자세히 보면 **원래의 함숫값만 사용해 미분값을 계산할 수 있다**는 것을 알 수 있습니다. 시그모이드 함수의 이러한 특징은 뒤에 나올 머신러닝 모델에서 학습을 진행할 때 활용하게 됩니다.

5.6 소프트맥스 함수

앞에서 소개한 시그모이드 함수는 실수를 입력하면 (확률값으로 해석할 수 있는) 0에서 1까지의 값을 출력하는 함수였습니다.[9]

이제부터 소개할 '소프트맥스(softmax) 함수'는 벡터를 입력하면 (확률값으로 해석할 수 있는) 0에서 1까지의 값을 가진 같은 차수의 벡터를 출력하는 함수입니다. 기능도 시그모이드 함수와 비슷하고 출력 결과도 확률값으로 쓸 수 있는 함수입니다. 4장에서 설명한 다변수함수가 n개의 입력에 1개의 출력이었다면 이번에는 n개의 입력에 n개의 출력이므로 다변수함수를 더 확장한 함수라고 볼 수 있습니다. 이런 함수를 '벡터함수(vector function)'라고도 합니다.

그림 5-11은 $n=3$일 때 소프트맥스 함수의 개념도입니다.

그림 5-11 **소프트맥스 함수** (n=3)

입력과 출력이 다음과 같을 때

- **입력 벡터**: (x_1, x_2, x_3)

- **출력 벡터**: (y_1, y_2, y_3)

결과를 표현하는 식은 다음과 같습니다.

$$\begin{cases} y_1 = \dfrac{\exp(x_1)}{g(x_1, x_2, x_3)} \\ y_2 = \dfrac{\exp(x_2)}{g(x_1, x_2, x_3)} \\ y_3 = \dfrac{\exp(x_3)}{g(x_1, x_2, x_3)} \end{cases}$$

이때 $g(x_1, x_2, x_3)$은 다음과 같습니다.

---

9   옮긴이: 확률의 공리(axiom)에 의하면 확률값은 0과 1 사이의 값을 가집니다.

$$g(x_1, x_2, x_3) = \exp(x_1) + \exp(x_2) + \exp(x_3)$$

소프트맥스 함수의 정의에 의해 다음 식이 성립합니다.

$$y_1 + y_2 + y_3 = 1$$
$$0 \leq y_i \leq 1 \quad (i = 1, 2, 3)$$

이러한 특징을 살펴보면 세 개의 출력값을 확률값으로도 쓸 수 있다는 것을 알 수 있습니다.

다음으로 소프트맥스 함수의 미분을 계산해 봅시다. 이 함수는 다변수함수이므로 미분을 할 때 4.2절에 설명한 편미분으로 계산해야 합니다.

우선 x와 y의 첨자가 같은 경우로 y_1을 x_1로 편미분해 봅시다. 수식이 간결해지도록 $\exp(x_1)$을 $h(x_1)$으로 표기하겠습니다.

$$y_1 = \frac{h(x_1)}{g(x_1, x_2, x_3)} = \frac{h}{g}$$

2.8절에서 설명한 몫의 미분 공식 (2.8.1)에 의해 위의 식을 다음과 같이 쓸 수 있습니다[10].

$$\frac{\partial y_1}{\partial x_1} = \frac{g \cdot h_{x_1} - h \cdot g_{x_1}}{g^2}$$

위 식에서 h_{x1}과 g_{x1}을 따로 풀어보면 다음과 같습니다.

$$h_{x_1} = \exp(x_1)' = \exp(x_1) = h$$
$$g_{x_1} = \frac{\partial g}{\partial x_1} = \exp(x_1) = h$$

이들을 조합하면 다음과 같은 결과가 나옵니다.

$$\frac{\partial y_1}{\partial x_1} = \frac{g \cdot h - h \cdot h}{g^2} = \frac{h}{g} \cdot \frac{g - h}{g} = \frac{h}{g} \cdot \left(1 - \frac{h}{g}\right) = y_1(1 - y_1)$$

편미분한 결과는 원래의 함수 값 y_1만으로도 표현할 수 있고 앞 절에서 본 시그모이드 함수의 미분 결과인 수식 (5.5.1)과 모양이 똑같은 것을 알 수 있습니다.

---

10 엄밀하게 말하자면 '수식 (2.8.1)을 편미분으로 확장한 식'을 적용한 것입니다.

지금까지 x와 y의 첨자가 같을 때의 편미분 결과를 봤습니다. 그러면 x와 y의 첨자가 같지 않은 경우는 어떻게 될까요? 이해를 돕기 위해 y_2를 x_1로 편미분하는 경우를 예로 들어 보겠습니다.

$$y_2 = \frac{\exp(x_2)}{g(x_1, x_2, x_3)} = \frac{h(x_2)}{g}$$

이때 분자 부분은 x_1의 관점에서 상수($h' = 0$)로 볼 수 있고 몫의 미분 공식을 사용하면 다음과 같이 식을 쓸 수 있습니다.

$$\frac{\partial y_2}{\partial x_1} = \frac{g \cdot h(x_2)_{x_1} - h(x_2) \cdot g_{x_1}}{g^2} = \frac{g \cdot 0 - h(x_2) \cdot g_{x_1}}{g^2} = -\frac{h(x_2) \cdot g_{x_1}}{g^2}$$

g_{x_1}은 g를 x_1로 편미분한 결과이므로 앞의 계산 결과에 의해 $h(x_1)$이 됩니다.

$$\frac{\partial y_2}{\partial x_1} = -\frac{h(x_2) \cdot h(x_1)}{g^2} = -\frac{h(x_2)}{g} \cdot \frac{h(x_1)}{g} = -y_2 \cdot y_1$$

이제까지의 내용을 정리하면 다음과 같습니다.

$$\frac{\partial y_j}{\partial x_i} = \begin{cases} y_i(1 - y_i) & (i = j) \\ y_i y_j & (i \neq j) \end{cases} \tag{5.6.1}$$

이것이 **소프트맥스 함수의 편미분 결과**입니다.

칼럼 **시그모이드 함수와 소프트맥스 함수의 관계**

지금까지의 계산 결과를 보면 시그모이드 함수와 소프트맥스 함수 사이에 어떤 관계가 있는 것으로 보여집니다. 이러한 생각은 $n = 2$일 때 소프트맥스 함수에 다음 계산을 해 보면 사실이라는 것을 알 수 있습니다. 참고로 마지막 수식은 분자와 분모를 $\exp(x_1)$로 나누고 5.1절에서 도출한 지수함수의 공식 (5.1.9)를 적용했습니다.

$$y_1 = \frac{\exp(x_1)}{\exp(x_1) + \exp(x_2)} = \frac{1}{1 + \exp(-(x_1 - x_2))}$$

이때 $x_1 - x_2$를 x로 대체하면 시그모이드 함수와 같은 식이 되는 것을 알 수 있습니다. 즉, $n = 2$일 때의 소프트맥스 함수는 사실상 시그모이드 함수와 동일하며, 반대로 시그모이드 함수를 $n = 3$ 이상으로 확장한 것이 소프트맥스 함수라고 볼 수 있습니다.

이러한 시그모이드 함수와 소프트맥스 함수 간의 관계는 뒤에 나올 실습편에서 8장의 이진 분류와 9장의 다중 클래스 분류의 관계로 연결되니 참고하기 바랍니다.

이론편의 마지막 장은 확률과 통계입니다.

분류를 하기 위한 지도학습 모델 중에서 딥러닝과 관련이 깊은 것으로 로지스틱 회귀가 있습니다. 로지스틱 회귀 모델은 확률을 빼놓고 설명하기 힘든데 어떤 입력 데이터가 어느 클래스에 속하는지 예측하려면 그 클래스에 속할 '확률값'을 알아야 하기 때문입니다.

한편 측정값에서 만들어진 확률 모델로부터 가장 높은 확률을 끌어내기 위해 최적의 매개변수를 찾는 것을 '최대가능도 추정'이라고 합니다. '최대가능도 추정'은 로지스틱 회귀 모델의 학습 과정에서 근간이 되는 개념입니다.

이번 장에서는 확률과 통계의 수많은 개념 중에서도 머신러닝과 딥러닝 모델에 관련 있는 것만 중점적으로 살펴보겠습니다.

6.1 확률변수와 확률분포

'확률'은 어떤 사건의 잠재적 가능성을 백분율로 표시한 것입니다.

확률을 표기할 때는 '$P(X)$'와 같이 쓰는데 이때 주의할 점이 있습니다. 일반적인 함수에서는 서로 다른 함수를 표기할 때 $f(x)$, $g(x)$와 같이 **앞의 글자로 구분**하는 반면 확률에서는 서로 다른 확률을 쓸 때 $P(X)$, $P(Y)$와 같이 **뒤의 글자로 구분**합니다. 그리고 이때의 X와 Y를 **'확률변수'**라고 합니다.[1]

예를 하나 들어 봅시다.

- X: 동전을 한 번 던졌을 때 나오는 동전의 면
- Y: 주사위를 한 번 던졌을 때 나오는 주사위의 숫자

X와 Y가 위와 같을 때 각 경우의 수는 다음과 같다는 것을 알 수 있습니다.

- X = {앞면, 뒷면}의 2개의 값
- Y = {1, 2, 3, 4, 5, 6}의 6개의 값

---

1   옮긴이: '변수'라고 표현은 돼 있지만 내용 면에서는 '함수'로 볼 수 있습니다.

이때 확률변수를 이용해 다음과 같이 확률을 표현할 수 있습니다.

$$P(X = \text{앞면}) = 1/2$$
$$P(Y = 2) = 1/6$$

확률의 표기법과 일반적인 함수의 표기법을 비교해 보면 표 6-1과 같은 차이가 있다는 것을 알 수 있습니다.

표 6-1 확률의 표기법

	전체를 표현하는 경우	특정한 값을 표현하는 경우
함수	$f(x)$, $g(x)$	$f(2)$, $g(-3)$
확률	$P(X)$, $P(Y)$	$P(X = \text{앞면})$, $P(Y = 2)$

확률변수가 가질 수 있는 값과 그에 대한 확률을 표 형태로 정리한 것을 '**확률분포**(確率分布, probability distribution)'라고 합니다[2]. 위의 예에서 확률변수 X와 Y 각각에 대한 확률분포를 정리하면 다음과 같습니다.

표 6-2 X의 확률분포

확률변수 X	앞면	뒷면
$P(X)$	1/2	1/2

표 6-3 Y의 확률분포

확률변수 Y	1	2	3	4	5	6
$P(Y)$	1/6	1/6	1/6	1/6	1/6	1/6

이러한 내용을 좀 더 확장하면 더 복잡한 확률변수도 생각해볼 수 있습니다. 동전의 예를 확장한다면 확률변수 X_n을 '동전을 n번 던졌을 때 앞면이 나오는 횟수'라고 정의할 수 있습니다.

이처럼 '결과가 성공(1)이나 실패(0)로 나오는 독립시행을 n번 했을 때 성공(1)이 나오는 횟수'를 확률변수라고 할 때 이에 대한 확률분포를 '**이항분포**(binomial distribution)'라고 합니다.[3]

---

2 옮긴이: 확률분포에는 이산형 확률분포와 연속형 확률분포가 있으며, 표 형태로 정리되는 것은 이산형 확률분포입니다.

3 옮긴이: 이런 시행을 베르누이 시행이라 합니다. 이항분포는 확률분포 중에서도 이산형 분포에 해당합니다.

$n = 1, 2, 3, 4$일 때의 이항분포를 표로 나타내면 다음과 같습니다.

표 6-4 이항분포의 확률분포

동전의 앞면을 H, 뒷면을 T라고 할 때 앞면이 나오는 횟수를 확률변수라고 하면

$n = 1$인 경우

확률변수 X_1	0	1
$P(X_1)$	1/2	1/2
동전	T	H

$n = 2$인 경우

확률변수 X_2	0	1	2
$P(X_2)$	1/4	2/4	1/4
동전	TT	HT, TH	HH

$n = 3$인 경우

확률변수 X_3	0	1	2	3
$P(X_3)$	1/8	3/8	3/8	1/8
동전	TTT	HTT, THT, TTH	HHT, HTH, ..., THH	HHH

$n = 4$인 경우

확률변수 X_4	0	1	2	3	4
$P(X_4)$	1/16	1/16	6/16	4/16	1/16
동전	TTTT	HTTT, ..., TTTH	HHTT, ..., TTHH	HHHT, ..., THHH	HHHH

확률분포의 표는 막대 그래프로도 표현할 수 있습니다. 이 그래프를 '**히스토그램**(histogram)'이라고 합니다.

위의 예에서 $n = 2, 3, 4$일 때의 확률분포를 히스토그램으로 그리면 다음과 같습니다.

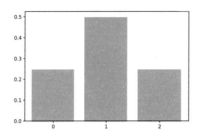

그림 6-1 히스토그램($n = 2$)

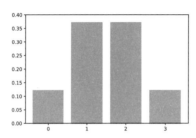

그림 6-2 히스토그램($n = 3$)

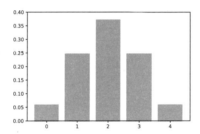

그림 6-3 히스토그램($n = 4$)

이 히스토그램에서 n의 수가 더 커지면 어떻게 될까요? $n = 10, 100, 1000$일 때의 그림을 파이썬으로 그려보면 다음과 같습니다.[4]

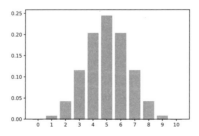

그림 6-4 히스토그램($n = 10$)

4　옮긴이: n이 커질수록 이산형 분포가 연속형 분포에 가까워집니다.

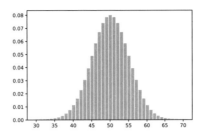

그림 6-5 히스토그램($n = 100$)

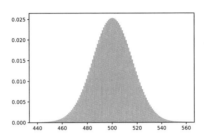

그림 6-6 히스토그램($n = 1000$)

6.2 확률밀도함수와 확률분포함수

앞 절의 그림 6-5와 그림 6-6을 보면 짐작할 수 있듯이 이항분포의 히스토그램은 n값이 커질수록 연속함수(continuous function)의 모양이 됩니다.

이 함수는 '**정규분포(normal distribution)함수**'라고 하며 다음과 같은 식으로 표현됩니다. 이때 $P(X_1 = 1) = p$라고 할 때 $\mu = np$이고 $\sigma^2 = np(1 - p)$입니다[5].

$$f(x, \mu, \sigma) = \frac{1}{\sqrt{2\pi}\sigma} \exp\left(-\frac{(x - \mu)^2}{2\sigma^2}\right)$$

또한 이항분포함수가 정규분포함수에 가까워지는 것을 '**중심극한정리(central limit theorem)**'라고 합니다.

앞의 예에서 동전을 한 번 던졌을 때 결과가 1(앞면)이 나올 확률이 $p = 1/2$이었으므로 $\mu = np = n/2$이고 $\sigma^2 = np(1 - p) = n/4$이 됩니다. $n/2 = m$이라고 놓으면 근사식을 다음과 같이 쓸 수 있습니다.

---

5 옮긴이: 이때의 그리스 문자 μ는 평균, σ^2는 분산을 의미하며 각각 'mu', 'sigma'라고 읽습니다.

$$P(X_n = x) \approx \frac{1}{\sqrt{m\pi}} \exp\left(-\frac{(x-m)^2}{m}\right)$$

실제로 이렇게 나오는지 파이썬으로 그래프를 그려 봅시다. 다음은 그림 6–6의 이항분포 그래프와 정규분포 그래프를 함께 그리는 코드입니다.

```python
import numpy as np
import scipy.special as scm
import matplotlib.pyplot as plt

# 정규분포함수의 정의
def gauss(x, n):
    m=n/2
    return np.exp(-(x-m)**2 / m) / np.sqrt(m * np.pi)

# 이항분포 그래프와 정규분포 그래프를 함께 그리기
N=1000
M=2**N
X=range(440,561)
plt.bar(X, [scm.comb(N, i)/M for i in X])
plt.plot(X, gauss(np.array(X), N), c='k', linewidth=2)
plt.show()
```

그림 6–7 이항분포 그래프와 정규분포 그래프를 그리는 코드

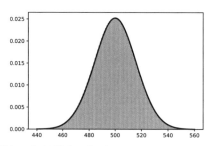

그림 6–8 이항분포 그래프와 정규분포함수 그래프를 함께 그린 모습

두 그래프가 정확하게 일치하는 것으로 보아 중심극한정리가 맞다는 것을 알 수 있습니다[6].

---

6   옮긴이: 지면 관계상 이항 분포와 중심 극한 정리의 관계에 대한 증명은 생략합니다. 자세한 내용은 위키백과의 '중심 극한 정리' 문서를 참고하세요.
     https://bit.ly/34IvvdQ

한편 정규분포함수처럼 확률변수가 연속적인 값을 가질 때 확률분포함수는 연속함수입니다. 이때의 확률분포함수를 '확률밀도함수(確率密度函數, probability density function)'라고 합니다.

말이 나온 김에 확률밀도함수에서 확률을 구해 봅시다. 6.1절의 이항분포에서 $n = 1000$인 그래프(그림 6-6)를 예로 들어 이 그래프가 정규분포를 따를 때의 확률값을 알아봅시다.

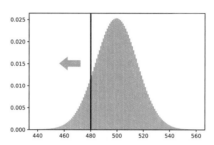

그림 6-9 n=1000일 때의 이항분포 히스토그램

이 그래프는 아주 작은 사각형으로 구성돼 있는데 모든 사각형의 면적을 합하면 1이 됩니다. 참고로 확률에서는 독립적인 사건의 확률들을 모두 더했을 때 1이 나옵니다. 감이 잘 오지 않는다면 앞 절의 그림 6-1, 6-2, 6-3의 히스토그램을 다시 살펴보기 바랍니다. 세 경우 모두 n의 크기가 제각각이지만 사각형의 면적을 모두 더했을 때 1이 되는 것은 $n = 1000$일 때도 마찬가지입니다.

확률을 알고 싶은 사건이 다음과 같은 조건이라 하겠습니다.

$$P(X_{1000} \leq 480)$$

이 말은 '동전을 1000번 던졌을 때 앞면이 480번 이하로 나올 확률'이라는 의미입니다.

이 확률은 그림 6-9에서 화살표로 표시된 영역의 면적과 같습니다. 연속함수의 면적은 곧 적분을 의미합니다(2.9절 참고). 그래서 다음과 같이 적분한 식을 사용하면 근사적인 확률값을 얻을 수 있습니다[7].

$$P(X_{1000} \leq 480) \approx \int_0^{480} f(x)dx$$

앞서 소개한 정규분포함수식에 $m = 1000/2 = 500$을 대입하면 다음과 같이 식을 쓸 수 있습니다.

$$f(x) = P(X_n = x) \approx \frac{1}{\sqrt{500\pi}} \exp\left(-\frac{(x-500)^2}{500}\right)$$

---

7 히스토그램에서는 x의 최솟값이 440이지만 원칙적으로는 $x = 0$인 경우도 있을 수 있으므로 적분의 시작을 $x = 0$부터로 하고 있습니다.

이 식 $f(x)$의 적분을 파이썬으로 계산하면 다음과 같습니다.

```python
import numpy as np
from scipy import integrate
def normal(x):
    return np.exp(-((x-500)**2)/500)/np.sqrt(500*np.pi)
integrate.quad(normal, 0, 480)

(0.10295160536603419, 1.1220689434463503e-13)
```

그림 6-10 적분한 결괏값

계산 결과로 약 0.1이 나왔습니다. 이 값은 그림 6-9의 화살표 영역이 차지하는 면적입니다. 결과적으로 '동전을 1000번 던질 때 앞면이 480회 이하로 나올 확률이 10%'라는 것을 알 수 있습니다.

이 내용에서 알 수 있는 것은 어떤 사건의 누적된 확률을 계산하고 싶을 때는 확률밀도함수를 적분하면 된다는 것입니다. 이때 확률밀도함수를 적분해서 구한 함수를 '누적분포함수(cumulative distribution function)'라고 합니다.[8]

칼럼 정규분포함수와 시그모이드 함수

지금까지 설명한 내용으로 눈치챘을지도 모르겠지만 어떤 실숫값에서 확률값을 구할 때 정규분포함수를 쓰는 것은 자연스러운 접근법입니다. 다만 머신러닝 모델에서는 확률값을 구할 때 일반적인 정규분포함수 대신 시그모이드 함수를 사용합니다.

가장 큰 이유로는 확률밀도함수가 정규분포일 때 적분 결과(확률분포함수)를 함수식으로 표현하지 못하는 경우가 있기 때문입니다.

반대로 확률분포함수가 다음과 같은 시그모이드 함수일 때

$$f(x) = \frac{1}{1 + \exp(-x)}$$

이 식의 미분(확률밀도함수)은 원래의 함수식만으로도 구할 수 있습니다.

$$f'(x) = f(x)(1 - f(x))$$

---

8 옮긴이: 반대로 누적분포함수를 미분하면 확률밀도함수가 됩니다.

이를 이번 장에서 설명한 확률 용어로 다시 풀어 써보면

- 확률밀도함수: $f(x)(1 - f(x))$

- 누적분포함수: $f(x)$

가 되어 두 함수 모두 계산하기 쉽다는 것을 알 수 있습니다.

또한 시그모이드 함수와 정규분포함수는 그래프 모양도 상당히 비슷합니다.

실제로 그림 6-11은 다음 함수를 함께 그린 것입니다.

- sig: 시그모이드 함수에서 계산한 확률밀도함수 $f(x)(1 - f(x))$

- std: 평균이 0, 분산이 1.6인 정규분포함수(확률밀도함수)

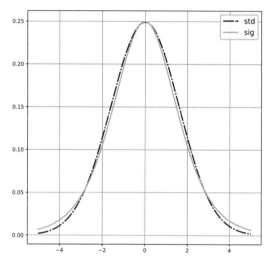

그림 6-11 시그모이드 함수(sig)와 정규분포함수(std)

이처럼 계산의 용이성과 정규분포함수와의 유사성 덕분에 머신러닝에서는 시그모이드 함수를 사용하는 것입니다.

6.3 가능도함수와 최대가능도 추정

다음과 같은 문제가 있다고 합시다.

제비뽑기 기계에서 당첨이 나올 확률은 항상 일정하다고 가정합니다.

이 기계에서 뽑기를 여러 번 할 때 각 시행은 이전 시행과는 관계없는 독립적인 시행입니다.

다섯 번 제비를 뽑아 보니 첫 번째와 네 번째에 당첨이 나오고 나머지 세 번은 당첨되지 않았습니다. 제비를 한 번 뽑았을 때 당첨될 확률을 p라고 할 때 가장 가능성이 높은 확률 p를 구하시오.

확률변수 X_i을 다음과 같이 정의합니다.

$$X_i = \begin{cases} 1 & \text{(당첨인 경우)} \\ 0 & \text{(당첨이 아닌 경우)} \end{cases}$$

당첨될 확률이 p일 때 당첨되지 않을 확률은 $(1-p)$이므로 위의 다섯 번의 시행 결과를 표로 정리하면 다음과 같습니다.

표 6-5 5번의 시도에 대한 확률

i	X_i	$P(X = X_i)$
1	1	p
2	0	$1-p$
3	0	$1-p$
4	1	p
5	0	$1-p$

첫 번째와 네 번째가 당첨이고 나머지는 당첨이 아닌 확률은 각 사건의 확률을 곱한 것과 같으며 다음과 같은 식으로 표현할 수 있습니다.

$$P(X = X_1) \cdot P(X = X_2) \cdot P(X = X_3) \cdot P(X = X_4) \cdot P(X = X_5)$$
$$= p \cdot (1 - p) \cdot (1 - p) \cdot p \cdot (1 - p)$$
$$= p^2 \cdot (1 - p)^3$$

이렇게 구한 식은 제비를 한 번 뽑았을 때 당첨될 확률 p를 모르는 상태이므로 p의 함수로 볼 수 있습니다.

이처럼 **모델의 확률적 특징을 나타내는 변수**[9]를 포함한 식을 '가능도함수(likelihood function)'라고 합니다.

그리고 가능도함수를 매개변수로 미분했을 때 그 값이 0이 되게 하는 매개변숫값을 구한 다음, 그 값을 **가장 확률이 높은 매개변수로 추정**하는 알고리즘을 '**최대가능도 추정(maximum likelihood estimation)**'이라고 합니다.

---

9 이 예에서는 한 번 뽑았을 때 당첨될 확률 p를 의미합니다.

최대가능도 추정을 사용할 때는 원래의 식 전체에 로그를 적용합니다. 왜냐하면 원래의 수식 (6.3.1)에는 곱셈이 많아 미분을 할 때 계산이 복잡해지기 때문입니다. 반면 로그를 적용하면 곱셈 대신 덧셈을 하면 되므로 계산이 한결 쉬워집니다.

로그를 쓰는 다른 이유는 너무 크거나 작은 수를 다루기가 용이하기 때문입니다. 예를 들어, 1만 건 정도의 대량 데이터로 확률을 곱하다 보면 결괏값이 너무 작아지기 때문에 계산하기 곤란한 상황 (underflow)이 발생할 수 있습니다.

여기서는 로그함수가 단조증가함수이기 때문에 원래의 함수에서 최댓값이 나오는 매개변수와 로그를 적용한 후의 함수에서 최댓값이 나오는 매개변수가 똑같다고 전제합니다.

실제로 수식 (6.3.1)에 최대가능도 추정을 해 봅시다. 먼저 수식 (6.3.1)에 로그를 적용합니다.

$$\log(p^2(1-p)^3) = 2\log p + 3\log(1-p) \tag{6.3.2}$$

수식 (6.3.2)를 p로 미분해서 결과가 0이 되는 방정식을 만들면 다음과 같습니다.

$$\frac{2}{p} + \frac{3 \cdot (-1)}{1-p} = 0$$
$$2(1-p) - 3p = 0$$
$$5p = 2$$
$$p = \frac{2}{5}$$

확인 차원에서 수식 (6.3.2)를 p에 대한 함수라고 할 때 그래프의 모양을 살펴봅시다. 확실히 가능도함수는 $p = 0.4$에서 최댓값인 것을 알 수 있습니다.

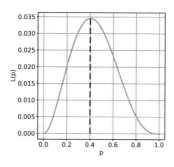

그림 6-12 변수가 p인 가능도함수의 그래프

최대가능도 추정의 결과는 '다섯 번의 시도에서 두 번이 성공했기 때문에 2/5의 확률'이라고 하는 상식적인 수준의 예측과 똑같이 나왔습니다. 지금까지 설명한 추정 방법을 간단히 요약하면 다음과 같습니다.

1. 측정값(X_i)과 매개변수(p)를 포함한 식을 만든다.

2. 확률식에 측정값(X_i의 실제 값)을 대입해서 매개변수만 있는 식으로 만든다.

3. 2의 식을 매개변수의 함수로 보고 로그를 적용한 다음, 매개변수로 미분한 결과가 0이 됐을 때의 매개변숫값을 구한다.

이 예는 아주 간단한 것이었지만 8장에 나오는 로지스틱 회귀는 더 복잡한 형태의 최대가능도 추정을 하게 됩니다. 다만 추정 방법 자체는 이 예와 같은 방법을 쓰기 때문에 이번 절을 통해 어떤 흐름으로 계산하면 되는지 파악해 두기 바랍니다.

칼럼 **가능도함수의 극값은 왜 최솟값이 아닌 최댓값을 가지는가?**

2.4절에서 설명한 것처럼 함수의 미분값이 0이 되는 지점은 극댓값을 가지거나 극솟값을 가집니다[5].

최대가능도 추정에서는 가능도함수를 미분했을 때 0이 나오는 값을 구하는데 왜 이 값은 극댓값이 아니라 극솟값을 가지는 것일까요?

가능도함수는 확률값의 곱셈으로 만들어지는데 각 확률값이 정답값에서 멀면 멀수록 함숫값이 0에 가까워지는 특징이 있습니다. 예를 들어, 입력 변수가 2개인 가능도함수가 있다고 할 때 대부분의 점은 0에 가깝지만 정답값 주변에서만 그래프가 산처럼 솟아오르는 모양이 됩니다. 이런 모양을 상상해 보면 가능도함수를 미분했을 때 0인 지점은 곧 산의 정상 부분이 되며 결국 그 지점이 극댓점이 된다는 것을 짐작할 수 있습니다.

---

10   엄밀하게는 극댓값이나 극솟값이 아닌 경우도 있습니다. (예: 경곗값)

실습편

07 | 선형회귀 모델

딥러닝 구현을 위한 필수 개념	1장 회귀1	7장 회귀2	8장 이진 분류	9장 다중 클래스 분류	10장 딥러닝
1 손실함수	○	○	○	○	○
3.7 행렬과 행렬 연산				○	○
4.5 경사하강법		○	○	○	○
5.5 시그모이드 함수			○		○
5.6 소프트맥스 함수				○	○
6.3 최대가능도 함수와 최대가능도 추정			○	○	○
10 오차역전파					○

이제 본격적으로 모델을 만들어 봅시다.

1장에서 지도학습 모델에는 **회귀**(regression)와 **분류**(classification)가 있다고 했습니다. 둘 중에서 비교적 간단한 것은 입력값을 받아서 수치를 예측하는 회귀 모델입니다.

이번 장에서는 회귀 모델 중에서도 간단한 선형회귀 모델에 대해 먼저 알아보겠습니다.

7.1 손실함수의 편미분과 경사하강법

앞서 1장에서는 선형회귀 모델의 기본 원리는 **손실함수**[1]**의 값을 최소로 만들 수 있는 매개변숫값을 찾는 것**이라고 설명했습니다[2]. 이때 소개한 모델은 입력 변수가 1차원인 '**단순회귀**'라는 비교적 단순한 모델이어서 최적의 매개변숫값을 구할 때 '완전제곱꼴'이라고 하는 고등학교 수준의 수학으로 풀 수 있었습니다. 반면 입력 변수가 2차원 이상인 '**다중회귀**(multiple regression)'라는 복잡한 모델에서는 그러한 방법이 더는 통하지 않기 때문에 다음과 같은 방법으로 풀어야 합니다.

손실함수를 모든 매개변수 $(w_0, w_1, ..., w_n)$로 편미분했을 때 모든 값이 0이 되는 점을 구한다.

선형회귀 모델에서는 손실함수(잔차제곱합)가 매개변수 w_i의 2차함수이므로 미분을 하고 나면 w_i의 1차함수가 나옵니다. 또한 편미분의 계산 결과를 0으로 만들어야 하는 방정식이 손실함수의 매개변수 개수만큼 만들어집니다. 결국 위의 조건을 만족하는 매개변수를 구하려면 n개의 매개변수에 대한 n원연립방정식을 풀어야 합니다.

---

1 잔차의 제곱합을 손실함수로 사용합니다.

2 옮긴이: 1.3절을 참고하세요.

실제로 선형회귀 모델에서는 이 같은 방식으로 문제를 풀긴 하나 방정식의 개수만큼 계산을 반복하는 대신 단 한 번의 계산으로 답을 구할 수 있습니다. 이때 반복 계산으로 얻은 답을 '**근사해(近似解)**'라고 하고 단 한 번의 계산으로 얻은 답을 '**해석해(解析解)**'라고 합니다.

이해를 돕기 위해 4.1절에서 다뤘던 손실함수의 해석해를 구해 봅시다. 4.1절에서 본 함수는 다음과 같은 2변수함수였습니다.

$$L(u,\ v) = 3\,u^2 + 3\,v^2 - uv + 7u - 7v + 10$$

이 식을 편미분했을 때 결과가 0이 되는 연립방정식을 만들면 다음과 같습니다.

$$\begin{cases} L_u(u,v) = 6u - v + 7 = 0 & (7.1.1) \\ L_v(u,v) = -u + 6v - 7 = 0 & (7.1.2) \end{cases}$$

이때 수식 (7.1.1)×6 + 수식 (7.1.2)로 v를 소거하면 다음과 같이 쓸 수 있습니다.

$$35\,u + 35 = 0$$

u를 정리하면 −1이 나오고 이 값으로 v를 구하면 다음과 같은 답을 얻을 수 있습니다.

$$(u,\ v) = (-1,\ 1)$$

그림 4-3을 다시 가져와 등고선을 살펴봅시다. $(u, v) = (-1, 1)$ 지점이 등고선의 가장 낮은 부분인 것을 봐서 제대로 된 답을 구했다는 것을 알 수 있습니다.

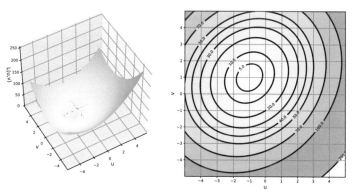

그림 4-3 2변수함수의 3차원 그래프(왼쪽)와 등고선 표시(오른쪽)

조금 멀리 돌아온 것 같으니 다시 본론으로 돌아갑시다.

이번 장에서 다루는 선형회귀 문제는 앞의 설명처럼 편미분한 결과가 0이 되도록 연립방정식을 풀면 됩니다. 단 이 방법으로는 다음 장 이후의 분류 문제를 풀지 못합니다. 그래서 이번 장에서는 분류 문제를 풀기 위한 준비 과정으로 선형회귀 문제를 경사하강법으로 풀어 보겠습니다.

7.2 예제 개요

이번 예제의 학습 데이터로는 머신러닝에서 가장 많이 사용되는 공개 데이터인 '보스턴 하우징 데이터셋 (The Boston Housing Dataset)'을 사용하겠습니다.

The Boston Housing Dataset

A Dataset derived from information collected by the U.S. Census Service concerning housing in the area of Boston Mass.

 Delve

●●

This dataset contains information collected by the U.S Census Service concerning housing in the area of Boston Mass. It was obtained from the StatLib archive (http://lib.stat.cmu.edu/datasets/boston), and has been used extensively throughout the literature to benchmark algorithms. However, these comparisons were primarily done outside of **Delve** and are thus somewhat suspect. The dataset is small in size with only 506 cases.

The data was originally published by Harrison, D. and Rubinfeld, D.L. `*Hedonic prices and the demand for clean air*', J. Environ. Economics & Management, vol.5, 81-102, 1978.

그림 7-1 보스턴 하우징 데이터셋

- URL: https://www.cs.toronto.edu/~delve/data/boston/bostonDetail.html
- 단축 URL: https://bit.ly/2qEUc5Z

이 데이터는 1970년대 보스턴 교외 지역의 부동산 관련 데이터로 506개 지역의 14개 항목을 조사해서 정리한 것입니다. 주요 항목을 살펴보면 다음과 같습니다.

부동산 관련 특성

- PRICE: 부동산 가격(평균)

- RM: 객실 수(평균)

- AGE: 1940년 이전에 지어진 주택의 비율

지역 관련 특성

- LSTAT: 저소득층 비율

- CRIM: 범죄율

- CHAS: 찰스 강변 여부(1: 강변 지역, 0: 그 외 지역)

여기서는 **부동산 가격 이외의 속성값을 사용해 부동산 가격을 예측하는 모델**을 만들어 보겠습니다. 이 경우는 **수치 예측 모델**이므로 **회귀 모델**을 만들면 됩니다.

회귀 모델에는 단순회귀 모델과 다중회귀 모델이 있습니다. 입력 변수가 하나면 단순회귀이고 두 개 이상이면 다중회귀입니다.

이번 장에서는 우선 **입력 변수에 RM(평균 객실 수)만 사용하는 단순회귀 모델**을 만들어 예측해 보겠습니다. 그런 다음, **입력 변수에 LSTAT(저소득자 비율)를 더 추가해서 다중회귀 모델로 확장**하고 모델의 정확도를 올려 보겠습니다.

7.3 학습 데이터의 표기 방법

머신러닝을 할 때는 여러 건의 학습 데이터를 사용합니다. 이번 예에서 사용할 보스턴 하우징 데이터셋의 경우 데이터의 개수가 지역 수와 같은 506건입니다.

그러다 보니 학습 데이터를 이용한 계산 알고리즘을 설명할 때 각 데이터를 구분할 표기 방법이 필요합니다. 이 책에서는 각종 머신러닝 관련서의 관례에 따라 문자의 우측 상단에 몇 번째 데이터인지 알아볼 수 있도록 순서를 쓰고 있습니다.

데이터 계열을 아래첨자로 쓰지 않은 이유는 나중에 다중회귀를 할 때 입력 데이터가 1열이 아니라 2열이 될 수 있기 때문입니다. 아래첨자는 그때 써야 하니 남겨둡시다. 한편 위첨자는 거듭제곱의 지수와 헷갈릴 수 있으므로 괄호를 함께 썼습니다.

y값의 경우에는 어떤 것이 정답값인지, 어떤 것이 예측값인지 헷갈릴 수 있습니다. 이 책에서는 예측값은 yp(predict)로, 정답값은 yt(true)로 구분해서 표기했습니다.

표 7-1에 이번에 다룰 데이터를 정리했습니다. 표 7-2는 표 7-1의 내용을 데이터 계열로 표기한 것인데 두 표를 비교해 보면 앞의 설명이 무슨 말인지 쉽게 이해될 것입니다. 이때 표 7-2의 계열 번호를 자세히 보면 0부터 시작하는 것을 알 수 있는데 이는 파이썬의 배열 인덱스가 0부터 시작하기 때문에 일부러 숫자를 맞춰 비교하기 쉽게 만든 것입니다.

표 7-1 이번에 다룰 데이터

행수	RM	PRICE
1	6.575	24
2	6.421	21.6
3	7.185	34.7
...	...	...
506	6.03	11.9

표 7-2 데이터 계열 표기법으로 정리한 예

RM (x)	PRICE (yt)
$x^{(0)} = 6.575$	$yt^{(0)} = 24.0$
$x^{(1)} = 6.421$	$yt^{(1)} = 21.6$
$x^{(2)} = 7.185$	$yt^{(2)} = 34.7$
...	...
$x^{(505)} = 6.03$	$yt^{(505)} = 11.9$

7.4 경사하강법의 접근법

1장과 4장의 내용을 복습하면서 경사하강법의 동작 방식을 설명합니다.

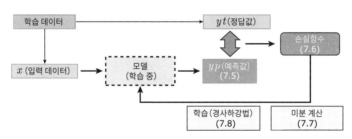

그림 7-2 **경사하강법의 개념**

그림 7-2를 살펴봅시다.

첫 번째 단계는 입력 데이터(x)에서 예측값(yp)을 구하기 위해 모델을 만드는 과정입니다. 이 내용은 7.5절에서 설명합니다.

다음 단계는 예측값(yp)과 정답값(yt)으로부터 손실함수(L)를 만드는 과정입니다. 자세한 설명은 7.6절에서 합니다.

4.5절에서 도출한 경사하강법의 공식은 다음과 같았습니다.

$$\begin{pmatrix} u_{k+1} \\ v_{k+1} \end{pmatrix} = \begin{pmatrix} u_k \\ v_k \end{pmatrix} - \alpha \begin{pmatrix} L_u(u_k, v_k) \\ L_v(u_k, v_k) \end{pmatrix} \tag{7.4.1}$$

7.7절에서는 경사하강법의 준비 작업으로 7.6절에서 구한 손실함수(L)를 미분합니다.

7.8절에서는 7.7절의 미분 결과와 식 (7.4.1)을 바탕으로 경사하강법의 구체적인 계산 방법을 설명합니다.

8장 이후의 분류 문제는 예측함수를 구현하는 세부적인 방법이 다를 뿐 큰 흐름에서 보자면 그림 7-2의 학습 방법과 크게 다르지 않습니다. 그림 7-2는 그만큼 중요한 작업 흐름이므로 잘 이해하고 기억해 두기 바랍니다.

7.5 예측 모델

그림 7-3은 이번에 사용할 보스턴 하우징 데이터셋에서 RM(평균 객실 수)을 x축에, PRICE(부동산 가격)를 y축에 놓고 506개의 데이터에 대해 산점도를 그린 것입니다.

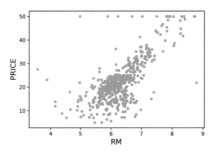

그림 7-3 평균 객실 수 vs. 부동산 가격의 산점도

산점도를 살펴보면 다소 값이 흩어져 있긴 하나 선형근사(linear approximation)로 대략적인 데이터의 경향이 보이는 것을 알 수 있습니다. 단순선형회귀 모델을 만든다는 것은 이와 같은 산점도에 가장 잘 맞는 직선의 방정식을 구하는 것입니다.

앞서 1장에서는 단순선형회귀 모델을 두 개의 매개변수 w_0, w_1을 사용해서 1차함수를 표현하고 예측값 yp를 다음과 같이 쓸 수 있다고 설명했습니다[3].

$$yp = w_0 + w_1 x \tag{7.5.1}$$

이번 절에서는 수식 (7.5.1)을 더 간결하게 표현해 보겠습니다. 먼저 (7.5.1)의 우변을 다음과 같이 써 봅시다.

$$w_0 + w_1 x = w_0 \cdot 1 + w_1 \cdot x$$

이 식은 두 개의 벡터 (w_0, w_1)과 $(1, x)$의 내적으로 볼 수 있습니다.

여기에 원래의 입력 데이터 x에 첨자를 붙여 x_1이라고 쓰고 항상 1의 값을 가지는 **더미 변수** x_0를 1 대신 써 봅시다. 그러면 입력 데이터를 다음과 같은 2차원 벡터로 표현할 수 있습니다.

$$\boldsymbol{x} = (x_0, x_1)$$

매개변수도 이와 같은 방법으로 표현할 수 있습니다.

$$\boldsymbol{w} = (w_0, w_1)$$

---

3   옮긴이: 1.3절을 참고하세요.

결국 수식 (7.5.1)은 다음과 같이 벡터의 내적으로 다시 쓸 수 있습니다.

$$yp = \boldsymbol{w} \cdot \boldsymbol{x} \tag{7.5.2}$$

이렇게 표현하면 머신러닝에 사용할 수식도 간결하게 표현할 수 있습니다. 결과적으로는 이 논리를 구현할 파이썬 코드도 깔끔해집니다.

머신러닝에서 실제로 계산을 할 때는 개별 데이터 $x^{(m)}$에 대해 수식 (7.5.2)를 적용해 예측합니다. 이런 점을 감안해서 7.3절의 표기법으로 수식을 다시 쓰면 다음과 같습니다.

$$yp^{(m)} = \boldsymbol{w} \cdot \boldsymbol{x}^{(m)} \tag{7.5.3}$$

이 식은 그림 7-4와 같이 노드 간의 관계 그래프로 표현할 수 있습니다[4]. 이 그래프도 앞으로 자주 사용하게 되므로 잘 봐 두기 바랍니다.

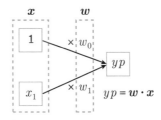

그림 7-4 단순회귀 모델의 예측식과 노드 간의 관계 그래프

7.6 손실함수

선형회귀 모델의 손실함수(L)는 y의 예측값(yp)과 정답값(yt)의 차이를 제곱해서 합하는 '잔차제곱합'이라는 방법을 쓴다고 1장에서 설명했습니다[5].

손실함수 L을 7.3절에서 설명한 데이터 계열 표기법과 7.5절에 설명한 예측식을 조합해서 다시 써보면 다음과 같이 표현할 수 있습니다. 이 식의 M은 데이터의 총 개수로 506에 해당합니다.

4　관계 그래프로 볼 때는 x를 '입력층 노드' 또는 '입력 계층'이라 하고 yp를 '출력층 노드' 또는 '출력 계층'이라고 합니다.

5　옮긴이: 1.3절을 참고하세요.

$$L = (yp^{(0)} - yt^{(0)})^2 + (yp^{(1)} - yt^{(1)})^2 + \cdots + (yp^{(M-1)} - yt^{(M-1)})^2$$

$$= \sum_{m=0}^{M-1} (yp^{(m)} - yt^{(m)})^2$$

잔차제곱합의 결과는 데이터 건수에 비례합니다. 예를 들면, 데이터가 100건일 때와 1000건일 때의 결과에는 큰 차이가 날 수밖에 없습니다.

정확한 모델이 되려면 데이터의 양과 상관 없이 손실함수의 결괏값이 일정해야 합니다. 그러기 위해서는 손실함수의 결괏값을 입력 데이터의 건수로 나눠서 평균값을 만들어야 합니다.

한편 다음 절에서는 경사하강법을 적용하기 전에 손실함수를 미분하게 되는데 원래의 식이 제곱식이기 때문에 미분 후에는 계수로 2가 나옵니다. 그래서 손실함수에 미리 1/2을 곱해 두면 나중에 미분 후의 계수 2와 상쇄시킬 수 있어 수식이 깔끔해집니다[6].

이제까지의 내용을 종합해 보면 다음과 같은 손실함수의 최종 형태를 만들 수 있습니다.

$$L(w_0, w_1) = \frac{1}{2M} \sum_{m=0}^{M-1} (yp^{(m)} - yt^{(m)})^2 \tag{7.6.1}$$

($yp^{(m)}$은 수식 (7.5.3)에서 계산되는 값)

7.7 손실함수의 미분 계산

이제 경사하강법을 적용하기 전에 손실함수 $L(w_0,\ w_1)$을 변수 w_0, w_1로 편미분해 봅시다.

일단 더미 변수의 계수인 w_0로 편미분하는 것은 뒤로 미루고 실제 변수의 계수인 w_1로 편미분하는 것을 먼저 살펴봅시다. 앞서 2.5.2절에서는 미분 계산과 덧셈은 교체해도 된다고 했기 때문에 다음과 같은 식이 성립합니다[7].

$$\frac{\partial L(w_0, w_1)}{\partial w_1} = \frac{1}{2M} \sum_{m=0}^{M-1} \frac{\partial ((yp^{(m)} - yt^{(m)})^2)}{\partial w_1} \tag{7.7.1}$$

---

6 편미분의 결과에 1/2을 마음대로 곱해도 되는지 의문이 들 수 있습니다. 4.5절의 경사하강법을 봤다면 이미 알고 있겠지만 실제로 반복 계산을 할 때는 기울기(편미분의 결과)에 학습률 α를 곱하고 있습니다. 1/2을 곱해서 달라지는 값은 학습률 값으로 조절하면 되기 때문에 1/2을 곱한 것은 문제가 되지 않는다고 보면 됩니다.

7 2.5절에서는 변수가 하나인 1변수함수의 미분(상미분)에 대해 설명했는데 이 예와 같이 다변수함수의 편미분에서도 성립합니다.

수식이 다소 복잡해 보이므로 다음과 같이 Σ 부분을 먼저 계산합시다. 데이터 계열 첨자를 생략해서 다음과 같이 표현하겠습니다.

$$\frac{\partial((yp - yt)^2)}{\partial w_1}$$

한편 예측값과 정답값의 오차는 yd라는 함수[8]로 표현할 수 있습니다.

$$yd(w_0, w_1) = yp - yt \tag{7.7.2}$$

지금은 학습 단계이며 x_0, x_1, yt는 상수입니다. 그리고 yp는 $yp(w_0, w_1) = w_0x_0 + w_1x_1$과 같이 w_0과 w_1의 함수입니다. 수식 (7.7.2)를 w_1로 편미분하면 상수인 yt는 없어지고 yp에 대한 편미분만 남습니다. 따라서 다음과 같은 식이 성립합니다.

$$\frac{\partial(yd(w_0, w_1))}{\partial w_1} = \frac{\partial(yp(w_0, w_1))}{\partial w_1} = \frac{\partial(w_0x_0 + w_1x_1)}{\partial w_1} = x_1$$

지금 구하고 싶은 것은 $(yd)^2$을 w_1로 편미분한 결과입니다. 2.7절에서 본 합성함수의 미분 공식(연쇄 법칙)을 사용하면 다음과 같이 쓸 수 있습니다.

$$\frac{\partial((yd)^2)}{\partial w_1} = (yd^2)' \cdot \frac{\partial(yd)}{\partial w_1} = 2yd \cdot x_1$$

이제 계산이 어느 정도 됐으니 앞에서 생략했던 데이터 계열 첨자를 다시 써봅시다.

$$\frac{\partial\left((yd^{(m)})^2\right)}{\partial w_1} = 2yd^{(m)} \cdot x_1^{(m)}$$

이 결과를 수식 (7.7.1)의 Σ 부분에 대입하면 다음과 같은 식이 됩니다. 위의 계산에서 나온 계수 2는 손실함수에 미리 곱했던 1/2과 상쇄되어 사라진 것을 알 수 있습니다.

$$\frac{\partial L(w_0, w_1)}{\partial w_1} = \frac{1}{M} \sum_{m=0}^{M-1} yd^{(m)} \cdot x_1^{(m)}$$

같은 방법으로 w_0에 대한 편미분을 계산하면 다음과 같은 식을 얻을 수 있습니다.

---

8   여기서 yd라는 함수는 식을 단순화해서 미분을 쉽게 하기 위한 용도로 쓰고 있습니다. 8장부터는 yd의 역할이 중요해지니 눈여겨봐 두기 바랍니다.

$$\frac{\partial L(w_0, w_1)}{\partial w_0} = \frac{1}{M} \sum_{m=0}^{M-1} yd^{(m)} \cdot x_0^{(m)}$$

위의 두 가지 식은 $(i = 0,\ 1)$이라는 조건을 붙여 하나의 식으로 표현할 수 있습니다.

$$\frac{\partial L(w_0, w_1)}{\partial w_i} = \frac{1}{M} \sum_{m=0}^{M-1} yd^{(m)} \cdot x_i^{(m)} \tag{7.7.3}$$

$$(i = 0,\ 1)$$

이때 yp와 yd는 다음과 같습니다.

$$yp^{(m)} = \boldsymbol{w} \cdot \boldsymbol{x}^{(m)} \tag{7.7.4}$$

$$yd^{(m)} = yp^{(m)} - yt^{(m)} \tag{7.7.5}$$

중간의 계산 과정은 복잡했지만 최종적인 편미분 결과는 단순하게 정리됐습니다. w_0으로 미분한 식에서는 항상 값이 1인 더미 변수 x_0을 사용했는데 이는 w_1로 편미분한 식과 같은 형태를 만들어 하나의 식으로 표현하기 위해서였습니다.

7.8 경사하강법의 적용

앞 절에서 도출한 편미분의 결과에 4.5절에서 배운 경사하강법을 적용해 손실함수의 결괏값이 극소가 될 수 있도록 매개변수 w_0, w_1을 찾아봅시다.

변수의 표기법에 대해

여기서부터는 수식 계산만 나옵니다. 이때 주의해야 할 것은 변수에 붙이는 첨자의 의미입니다. 첨자는 '벡터 데이터의 요소'와 '데이터 계열의 번호', '반복 계산할 때의 횟수'의 세 가지 의미로 쓰입니다. 수식에서는 이러한 첨자가 혼재되어 나오기 때문에 의미를 정확하게 알지 못하면 수식 자체를 이해하지 못할 수 있습니다.

앞으로 볼 수식에서는 첨자가 헷갈리지 않도록 다음과 같이 규칙을 정리했습니다.

- i: 벡터 데이터에서 몇 번째 요소인지 나타내는 첨자
- m: 데이터 계열에서 몇 번째 데이터인지 나타내는 첨자
- k: 반복 계산에서 몇 번째 계산인지 나타내는 첨자

뒤에 나올 9장과 10장에서는 가중치 벡터가 가중치 행렬로 바뀝니다. 행렬 데이터의 요소를 표시할 때는 첨자 i 외에도 j를 추가로 사용할 것입니다.

이해를 돕기 위해 첨자를 사용한 구체적인 예를 정리했습니다. 책을 보다가 수식의 첨자가 헷갈린다면 이 페이지로 돌아와 재확인하기 바랍니다.

$$w_i^{(k)}$$

가중치 벡터 $\boldsymbol{w}$의 i번째 요소이며 반복 계산에서 k번째의 결과입니다. 가중치 벡터이므로 데이터 계열과는 무관합니다.

$$\boldsymbol{w}^{(k)}$$

가중치 벡터 $\boldsymbol{w}$(전체)이며 반복 계산에서 k번째의 결과입니다.

$$x_i^{(m)}$$

입력 벡터 $\boldsymbol{x}$의 i번째 요소이며, 데이터 계열에서 m번째의 데이터입니다. 입력 벡터이므로 반복 계산과는 무관합니다.

$$\boldsymbol{x}^{(m)}$$

입력 벡터 $\boldsymbol{x}$(전체)이며 데이터 계열에서 m번째 데이터입니다.

$$yt^{(m)}$$

데이터 계열에서 m번째 데이터에 대한 정답값입니다. 정답값이므로 반복 계산의 횟수와는 무관합니다.

$$yp^{(k)(m)}$$

데이터 계열에서 m번째 데이터에 대한 예측값입니다. 데이터 계열과 반복 계산의 횟수와 관계가 있습니다. 오차 yd도 같은 방식으로 표기합니다.

4.4절에서 경사하강법을 설명할 때는 여기서 설명한 것과 같은 복잡한 조건은 없었습니다. 초반에는 표현을 간결하게 하려고 반복 계산하는 횟수를 u_k나 v_k와 같이 썼습니다. 앞으로는 여기서 안내한 방법으로 표기를 바꾸게 되니 혼란스럽지 않도록 주의하기 바랍니다.

이제 다시 경사하강법의 설명으로 돌아갑시다. 경사하강법의 공식 (7.4.1)과 앞 절에서 구했던 수식 (7.7.3)으로부터 수식 (7.7.5)를 만들 수 있었습니다. 이어서 k번째의 매개변숫값을 알고 있을 때 $k+1$ 번째 매개변수를 구하는 반복 계산식은 다음과 같이 쓸 수 있습니다.

$$yp^{(k)(m)} = \boldsymbol{w}^{(k)} \cdot \boldsymbol{x}^{(m)} \tag{7.8.1}$$

$$yd^{(k)(m)} = yp^{(k)(m)} - yt^{(m)} \tag{7.8.2}$$

$$w_i^{(k+1)} = w_i^{(k)} - \frac{\alpha}{M} \sum_{m=0}^{M-1} yd^{(k)(m)} \cdot x_i^{(m)} \tag{7.8.3}$$
$$(i = 0, 1)$$

수식 (7.8.1)은 k번째 계산에서 $\boldsymbol{w} = (w_0, w_1)$ 값을 사용해 예측값 yp를 계산합니다.

수식 (7.8.2)는 예측값 yp를 사용해 정답값 yt와 오차 yd를 계산합니다.

수식 (7.8.3)은 오차 yd를 사용해 $k+1$번째의 $\boldsymbol{w} = (w_0, w_1)$ 값을 계산합니다.

수식 (7.8.3)은 $j = 0, 1$까지 감안해서 $\boldsymbol{w} = (w_0, w_1)$의 벡터를 표현할 수 있습니다. 이때는 다음과 같이 식을 바꿔 씁니다.

$$\boldsymbol{w}^{(k+1)} = \boldsymbol{w}^{(k)} - \frac{\alpha}{M} \sum_{m=0}^{M-1} yd^{(k)(m)} \cdot \boldsymbol{x}^{(m)} \tag{7.8.4}$$

지금까지 살펴본 수식 (7.8.1), (7.8.2), (7.8.4)는 **단순회귀 모델을 선형 예측한 후 경사하강법을 사용할 때의 근사 계산 알고리즘**입니다. 다음 절에서는 이 수식을 파이썬으로 구현해서 실제로 동작하는 프로그램을 만들 것입니다.

마지막으로 수식 (7.8.4)의 매개변수를 살펴봅시다. 4.5절에서는 경사하강법의 공식을 설명할 때 **학습률**이라는 중요한 매개변수가 있다고 언급했습니다.

이 값이 너무 크면 경사하강법으로 수렴하는 값을 구하기 어렵습니다. 올바른 방향(최저점)으로 가려고는 하지만 이동하는 폭이 너무 크기 때문에 바닥으로 내려가지 못하고 좌우로 오가는 모양새가 되기 때문입니다. 반대로 이 값이 너무 작으면 수렴하는 값에 도달하기까지 수없이 반복해야 합니다.

머신러닝에서는 튜닝을 해야 하는 다양한 매개변수가 있는데 그중에서도 학습률은 특히 중요한 매개변수라는 것을 꼭 기억해 두기 바랍니다.

7.9 프로그램 구현

그럼 지금까지 설명한 경사하강법을 파이썬으로 구현해 봅시다.

이후의 소스코드 설명에서는 모든 내용을 다루진 않고 머신러닝의 계산과 관련된 부분만 따로 떼어 설명합니다. 소스코드를 내려받는 방법과 실습 환경을 구성하는 방법을 준비편에 안내해뒀으니 본문과 비교하면서 따라해 보기 바랍니다.

- URL: https://github.com/wikibook/math_dl_book_info/blob/master/notebooks/ch07-regression.ipynb
- 단축 URL: https://bit.ly/2Q8mRLl

전처리해둔 학습 데이터

```
# 입력 데이터 x를 표시(더미 변수 포함)
print(x.shape)
print(x[:5,:])

(506, 2)
[[1.      6.575]
 [1.      6.421]
 [1.      7.185]
 [1.      6.998]
 [1.      7.147]]

# 정답값 yt 표시
print(yt[:5])

[24.   21.6 34.7 33.4 36.2]
```

그림 7-5 학습 데이터

그림 7-5는 인터넷에 공개된 데이터셋을 학습에 사용하기 위해 전처리한 것으로 입력 데이터 x와 정답 값 yt의 내용을 표시한 것입니다.

입력 데이터 x를 보면 RM(객실 수) 외에도 값이 1인 더미 변수를 추가해서 매트릭스 형태로 만든 것을 알 수 있습니다.

여기서 shape는 배열의 요소에 관한 속성입니다. x.shape의 결과가 (506, 2)라는 것은 변수 x의 데이터가 총 506건이고 차수는 2차원이라는 의미입니다. 이 x.shape 값은 나중에 기울기를 계산할 때 사용합니다.

이때 yt는 x행 각각에 대한 정답값(주택 가격)의 1차원 배열입니다.

예측함수

```
# 예측함수 (1, x)의 값에서 예측값 yp를 계산
def pred(x, w):
    return(x @ w)
```

그림 7-6 예측함수

그림 7-6은 경사하강법에서 사용할 예측함수의 정의입니다.

딱 한 줄밖에 되지 않아 굳이 함수로 만들 필요는 없지만 머신러닝에서도 가장 중요한 처리 작업이기 때문에 알아보기 쉽도록 일부러 함수로 정의했습니다.

파이썬으로 오랫동안 개발을 해온 사람이라도 '@'가 뭔지 모를 수 있을 것 같습니다[9]. 이것은 '내적'을 의미하는 기호로 수식을 간단하게 표현할 수 있기 때문에 앞으로도 자주 사용하게 될 것입니다. 소스코드에 대한 문법적인 설명은 이번 절 끝에 칼럼으로 따로 설명해 뒀으니 참고하기 바랍니다.

초기화 처리

```
# 초기화 처리

# 데이터 전체 건수
M = x.shape[0]

# 입력 데이터의 차수(더미 변수 포함)
D = x.shape[1]

# 반복 횟수
iters = 50000

# 학습률
alpha = 0.01
```

---

9   옮긴이: 파이썬 3.5 버전부터 지원합니다. (https://www.python.org/dev/peps/pep-0465/)

```
# 가중치 벡터의 초깃값(모든 값을 1로 한다)
w = np.ones(D)

# 평가 결과 기록(손실함수의 값만 기록)
history = np.zeros((0,2))
```

그림 7-7 경사하강법에서의 초기화 처리

그림 7-7은 경사하강법을 구현하기 위한 기본 설정입니다. 앞에서 설명한 x.shape 값을 사용해 입력 데이터 계열의 전체 개수 M(이 예에서는 506)과 입력 데이터의 차원 수 D(이 예에서는 2)를 설정합니다. 이어서 반복 계산을 할 횟수(iters)와 학습률(alpha=α)을 설정합니다[10]. 가중치 벡터 w에는 np.ones 함수로 모든 요소의 초깃값을 1로 설정합니다.

주요 처리

```
# 반복 루프
for k in range(iters):

    # 예측값 계산 (7.8.1)
    yp = pred(x, w)

    # 오차 계산 (7.8.2)
    yd = yp - yt

    # 경사하강법 적용 (7.8.4)
    w = w - alpha * (x.T @ yd) / M

    # 학습 곡선을 그리기 위한 데이터 계산 및 저장
    if (k % 100 == 0):
        # 손실함숫값의 계산 (7.6.1)
        loss = np.mean(yd ** 2) / 2
        # 계산 결과의 기록
        history = np.vstack((history, np.array([k, loss])))
        # 화면 표시
        print("iter = %d loss = %f" % (k, loss))
```

그림 7-8 경사하강법에서의 주요 처리

---

10 옮긴이: 이때의 그리스 문자 α는 학습률을 의미하며 'alpha'라고 읽습니다. 11.5절에는 학습률 η이 나오는데 여기에 나오는 α가 정수인 반면 뒤에 나올 η는 함수로 사용됩니다.

그림 7-8은 경사하강법의 주요 처리 내용입니다.

아래 쪽의 if 부분은 학습 곡선을 그리기 위해 손실함숫값을 기록하는 부분이고 이 코드의 핵심은 위쪽의 for 부분의 세 줄입니다.

for 부분의 세 줄은 7.8절의 경사하강법 수식과 일대일로 대응합니다. 대응하는 수식 번호를 주석에 써 뒀으니 소스코드와 비교하면서 어떤 처리를 하는지 확인해 보기 바랍니다.

경사하강법으로 계산하는 부분과 손실함수를 계산하는 부분에서는 넘파이[11]의 기능을 사용했는데 자세한 내용은 뒤에 나올 칼럼에서 설명하겠습니다. 수식 (7.8.4)의 T는 전치행렬(행과 열의 값을 맞바꾼 행렬)을 만드는 연산자입니다. 여기서 왜 전치행렬이 필요한지에 대해서도 뒤에 나올 칼럼에 설명했으니 참고하기 바랍니다.

손실함수의 값

그림 7-9는 시작 시의 손실함수 값과 종료 시의 손실함수 값을 표시한 것입니다. 종료 시의 손실함수 값은 약 21.8인 것을 알 수 있습니다.

```
# 최종 손실함수 초깃값, 최종값
print('손실함수 초깃값: %f' % history[0,1])
print('손실함수 최종값: %f' % history[-1,1])

손실함수 초깃값: 154.224934
손실함수 최종값: 21.800325
```

그림 7-9 손실함수 값의 요약

산점도상의 회귀 직선 그리기

최적의 w를 구했다면 이번에는 회귀 직선을 그리기 위해 예측값을 계산합시다. 이 단계는 1.2.4절에서 설명한 '학습 단계'와 '예측 단계' 중에서 '예측 단계'에 해당합니다.

우선 입력 데이터 x의 최솟값과 최댓값을 각각 min 함수와 max 함수로 구합니다. 그리고 더미 변수를 추가한 (1, x_min)과 (1, x_max)를 입력 데이터로 했을 때의 예측값을 pred 함수로 구합니다(y_min, y_max).

---

11   파이썬 라이브러리 중 하나로, 벡터나 행렬의 연산을 쉽게 하기 위한 것입니다. 머신러닝이나 딥러닝 프로그램에서는 필수적인 라이브러리이며 이 책의 많은 부분에서 활용하고 있습니다.

(x_min, y_min)과 (x_max, y_max)를 연결한 직선은 회귀 직선이 되며 이것을 산점도와 함께 그립니다. 실제로 그려보면 그림 7-10과 같은데 회귀 직선이 적절하게 잘 그려진 것을 알 수 있습니다.

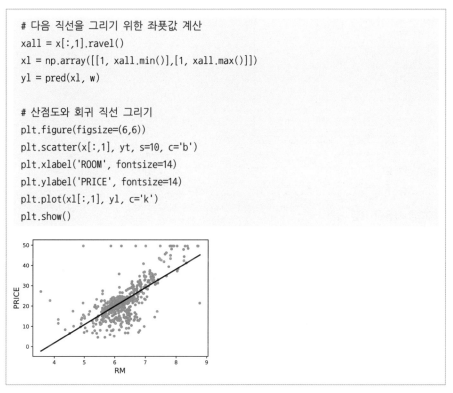

```
# 다음 직선을 그리기 위한 좌푯값 계산
xall = x[:,1].ravel()
xl = np.array([[1, xall.min()],[1, xall.max()]])
yl = pred(xl, w)

# 산점도와 회귀 직선 그리기
plt.figure(figsize=(6,6))
plt.scatter(x[:,1], yt, s=10, c='b')
plt.xlabel('ROOM', fontsize=14)
plt.ylabel('PRICE', fontsize=14)
plt.plot(xl[:,1], yl, c='k')
plt.show()
```

그림 7-10 회귀 직선의 표시

학습 곡선의 표시

머신러닝에서는 가로 축에 반복 횟수를, 세로 축에 모델의 정확도를 나타내는 지표(손실함숫값)를 놓은 그래프를 '**학습 곡선(learning curve)**'이라고 부릅니다. 이 예제의 손실함숫값을 세로 축에 놓고 학습 곡선을 그려봅시다.

history 변수에는 (반복 횟수, 손실함숫값)이 저장돼 있으므로 이 정보를 사용해 그래프를 그리면 됩니다. 실제로 그려보면 그림 7-11과 같은데 계산을 반복할 때마다 손실함수의 값이 특정 값에 가까워지는 것을 알 수 있습니다.

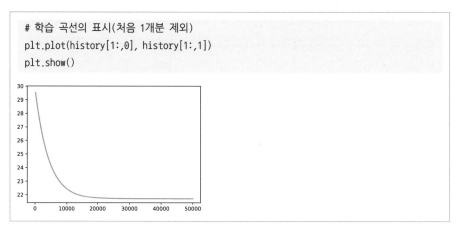

```
# 학습 곡선의 표시(처음 1개분 제외)
plt.plot(history[1:,0], history[1:,1])
plt.show()
```

그림 7-11 학습 곡선의 표시

칼럼 **넘파이를 사용한 코딩 기법**

파이썬 3.5부터는 행렬 곱셈을 할 때 **np.matmul 함수 대신 @ 기호를 사용**할 수 있습니다.

이 기능을 사용하면 머신러닝에서 행렬이나 벡터 간의 내적을 간결하게 표현할 수 있어서 소스코드를 읽는 것이 한결 편해집니다. 이 책의 소스코드에서도 내적을 계산할 때 이 기호를 사용합니다.

이 칼럼에서는 @ 기호[12]와 np.matmul 함수가 어떤 기능을 하는지 예를 들어 설명하겠습니다[13]. 이 칼럼에 나오는 소스코드는 준비편에서 안내한 방법으로 내려받고 실습할 수 있으니 참고하기 바랍니다.

- URL: https://github.com/wikibook/math_dl_book_info/blob/master/notebooks/ch07-x-numpy.ipynb
- 단축 URL: https://bit.ly/2NSByPW

벡터 간의 내적

우선 가장 쉬운 패턴부터 시작합시다.

$$\boldsymbol{w} = \begin{pmatrix} w_1, & w_2 \end{pmatrix}$$
$$\boldsymbol{x} = \begin{pmatrix} x_1, & x_2 \end{pmatrix}$$

위와 같이 차원이 같은 벡터의 내적을 구해 봅시다(수식 (3.7.2) 참고).

$$y = \boldsymbol{w} \cdot \boldsymbol{x}$$

---

12 이하 @ 연산자라고 표기합니다.

13 머신러닝에서 내적을 구현할 때 np.dot 함수가 많이 사용되는데 2차원 이하의 데이터에서는 np.dot과 np.matmul의 결과가 똑같이 나옵니다. 이 책에서는 내적 계산을 일관되게 표현하기 위해 np.matmul을 사용하고 있습니다.

그림 7-12를 살펴봅시다. 넘파이에서는 벡터를 1차원 배열로 다룬다는 것과 벡터의 내적을 @ 연산자로 계산할 수 있음을 알 수 있습니다.

```
# w = (1, 2)
w = np.array([1, 2])
print(w)
print(w.shape)

[1 2]
(2,)


# x = (3, 4)
x = np.array([3, 4])
print(x)
print(x.shape)

[3 4]
(2,)


# 수식 (3.7.2)의 내적 구현 예
# y = 1*3 + 2*4 = 11
y = x @ w
print(y)

11
```

그림 7-12 벡터 간의 내적 계산 예[14]

행렬과 벡터 간의 내적

이번 절의 실습에서 사용한 입력 데이터 x는 더미 변수를 포함해서 1건당 두 개의 항목을 가지고 있습니다. 전체 데이터가 506 건이므로 결국 (506×2)만큼의 데이터가 만들어집니다. 이런 행렬 형식의 입력 데이터와 가중치 벡터 간의 내적은 어떻게 계산하면 될까요?

그림 7-13에서는 x를 3행 2열의 행렬로 만들어 행렬과 벡터 간의 내적을 계산합니다. 행렬과 벡터 간의 내적에 @ 연산자를 사용하고 있는데 그 결과로 1차원의 넘파이 배열이 나온 것을 알 수 있습니다. 그림 7-6의 예측함수 pred는 이 같은 방법으로 구현돼 있습니다.

14　넘파이에서 np.array는 벡터나 행렬 변수를 만들기 위한 함수이고 shape는 벡터나 행렬의 차원을 알아내기 위한 속성입니다.

```
# X는 3행 2열의 행렬
X = np.array([[1,2],[3,4],[5,6]])
print(X)
print(X.shape)

[[1 2]
 [3 4]
 [5 6]]
(3, 2)


Y = X @ w
print(Y)
print(Y.shape)

[ 5 11 17]
(3,)
```

그림 7-13 행렬과 벡터 간의 내적 계산

열벡터(세로) 방향의 내적 계산

그림 7-8은 수식 (7.8.4)와 똑같은 내적 계산을 하지만 구현하는 방식이 다소 복잡합니다.

프로그램으로 구현하려고 했던 원래 수식을 다시 한번 살펴봅시다.

$$\boldsymbol{w}^{(k+1)} = \boldsymbol{w}^{(k)} - \frac{\alpha}{M} \sum_{m=0}^{M-1} yd^{(k)(m)} \cdot \boldsymbol{x}^{(m)} \tag{7.8.4}$$

수식을 알아보기 쉽도록 반복 횟수 (k)를 생략한 후 Σ 부분만 다시 쓰면 다음과 같습니다.

$$\sum_{m=0}^{M-1} yd^{(m)} \cdot \boldsymbol{x}^{(m)}$$

조금 더 알아보기 쉽도록 $M = 3$이라고 해서 Σ 기호 없이 써 봅시다.

$$yd^{(0)} \cdot \boldsymbol{x}^{(0)} + yd^{(1)} \cdot \boldsymbol{x}^{(1)} + yd^{(2)} \cdot \boldsymbol{x}^{(2)}$$

$\boldsymbol{x}$는 (x_0, x_1)의 2차원 벡터이므로 위의 식은 결국 다음 식을 계산하는 것과 같습니다.

$$\begin{pmatrix} yd^{(0)}x_0^{(0)} + yd^{(1)}x_0^{(1)} + yd^{(2)}x_0^{(2)} \\ yd^{(0)}x_1^{(0)} + yd^{(1)}x_1^{(1)} + yd^{(2)}x_1^{(2)} \end{pmatrix}$$

이 식을 보면 파이썬의 변수 X에 대해 열벡터(세로) 방향으로 내적을 해야만 원하는 계산식이 나오는 것을 알 수 있습니다. 이럴 때 사용하는 넘파이 연산자가 바로 T 연산자입니다. 원래 T 연산자는 넘파이에서 행렬의 전치행렬(행과 열을 바꿔 쓴 행렬)을 만드는 역할을 합니다. 이 연산자와 @ 연산자를 조합하면 열벡터(세로) 방향으로 내적 계산을 할 수 있는데 이를 그림 7-14에 표현해 봤습니다.

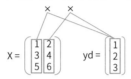

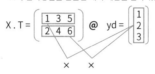

그림 7-14 열벡터(세로) 방향의 내적 계산 개념도

그림 7-15는 실제 소스코드와 실행 결과입니다. 그림 7-8의 수식 (7.8.4)는 이 같은 방법으로 구현돼 있습니다.

```
# 전치행렬 생성
XT = X.T
print(X)
print(XT)

[[1 2]
 [3 4]
 [5 6]]
[[1 3 5]
 [2 4 6]]

yd = np.array([1, 2, 3])
print(yd)

[1 2 3]
```

```
# 기울기의 계산
grad = XT @ yd
print(grad)

[22 28]
```

그림 7-15 열벡터(세로) 방향의 내적 계산 구현

넘파이 집계함수를 이용한 손실함수의 계산

7장의 예제에서 손실함수의 계산식은 다음과 같습니다.

$$L(w_0, w_1, w_2) = \frac{1}{2M} \sum_{m=0}^{M-1} (yp^{(m)} - yt^{(m)})^2 \qquad (7.6.1)$$

계산 과정에서 다음과 같은 오차함수 $yd^{(m)}$을 정의했습니다.

$$yd^{(m)} = yp^{(m)} - yt^{(m)}$$

이 $yd^{(m)}$을 사용하면 수식 (7.6.1)을 다음과 같이 바꿔 쓸 수 있습니다.

$$L(w_0, w_1) = \frac{1}{2M} \sum_{m=0}^{M-1} (yd^{(m)})^2 = \frac{1}{2} \left(\frac{1}{M} \sum_{m=0}^{M-1} (yd^{(m)})^2 \right)$$

마지막 식에서의 괄호 안은 결국 $(yd^{(m)})^2$의 평균입니다. 넘파이에는 열벡터(셀)에 대한 집계함수가 제공되며, 그중에는 평균을 계산하는 mean 함수도 있습니다. 이 함수로 손실함수를 구현한 것이 수식 (7.6.1)의 구현 코드입니다.

```
# 손실함숫값의 계산(7.6.1)
loss=np.mean(yd**2)/2
```

그림 7-16 집계함수(mean)를 이용한 손실함수의 구현

7.10 다중회귀 모델로의 확장

이번에는 보스턴 하우징 데이터셋의 똑같은 샘플 데이터를 사용하되 입력 항목에 LSTAT(저소득자 비율)을 추가해서 2차원 데이터를 다뤄봅시다. 이처럼 여러 개의 입력 항을 사용하는 선형회귀 모델을 다중회귀 모델이라고 합니다. 이름은 다르지만 기본적인 접근법은 단순회귀 모델과 매우 비슷합니다.

모델과 계산식이 어떻게 나오는지 아래에 정리했습니다.

모델 설명

입력 항목:

- RM: 객실 수(x_1)

- LSTAT: 저소득층 비율(x_2)

출력 항목:

- PRICE: 부동산 가격(y)

예측식

$$yp = w_0x_0 + w_1x_1 + w_2x_2$$

데이터

$$x_1^{(0)} = 6.575 \qquad x_2^{(0)} = 4.98 \qquad y^{(0)} = 24.0$$
$$x_1^{(1)} = 6.421 \qquad x_2^{(1)} = 9.14 \qquad y^{(1)} = 21.6$$
$$x_1^{(2)} = 7.185 \qquad x_2^{(2)} = 4.03 \qquad y^{(2)} = 34.7$$
$$\vdots \qquad\qquad \vdots \qquad\qquad \vdots$$
$$x_1^{(505)} = 6.030 \qquad x_2^{(505)} = 7.88 \qquad y^{(505)} = 11.9$$

손실함수

$$L(w_0, w_1, w_2) = \frac{1}{2M} \sum_{m=0}^{M-1} (yp^{(m)} - yt^{(m)})^2$$
$$yp^{(m)} = w_0x_0^{(m)} + w_1x_1^{(m)} + w_2x_2^{(m)}$$

편미분의 계산 결과

$$\frac{\partial L(w_0, w_1, w_2)}{\partial w_i} = \frac{1}{M} \sum_{m=0}^{M-1} yd^{(m)} \cdot x_i^{(m)}$$

$(i = 0, 1, 2)$

$$yd^{(m)} = yp^{(m)} - yt^{(m)} = w_0x_0^{(m)} + w_1x_1^{(m)} + w_2x_2^{(m)} - yt^{(m)}$$

반복 계산 알고리즘

$$yp^{(k)(m)} = \boldsymbol{w}^{(k)} \cdot \boldsymbol{x}^{(m)}$$

$$yd^{(k)(m)} = yp^{(k)(m)} - yt^{(m)}$$

$$\boldsymbol{w}^{(k+1)} = \boldsymbol{w}^{(k)} - \frac{\alpha}{M} \sum_{m=0}^{M-1} yd^{(k)(m)} \cdot \boldsymbol{x}^{(m)}$$

마지막의 반복 계산 알고리즘에는 입력 데이터의 차원 수를 나타내는 숫자가 보이지 않습니다. 이것은 단순회귀 때 만든 수식과 처리 방법이 충분히 일반화됐기 때문에 다중회귀가 되더라도 처리 로직을 바꿀 필요는 없다는 의미입니다.

과연 정말로 그러할까요? 이번 절에서는 소스코드 구현까지 한번에 살펴보고 실제로 그러한지 확인해 보겠습니다.

입력 데이터의 항목 추가

그림 7-17은 다중회귀를 위한 입력 데이터를 만드는 과정입니다. hstack 함수를 사용해 'LSTAT' 항목을 원래의 행렬 x에 추가해서 입력 데이터로 쓸 새로운 행렬 x2를 만들었습니다.

```python
# 열(LSTAT: 저소득층 비율) 추가
x_add = x_org[:,feature_names == 'LSTAT']
x2 = np.hstack((x, x_add))
print(x2.shape)

(506, 3)

# 입력 데이터 x 표시(더미 데이터 포함)
print(x2[:5,:])

[[1.    6.575 4.98 ]
 [1.    6.421 9.14 ]
 [1.    7.185 4.03 ]
 [1.    6.998 2.94 ]
 [1.    7.147 5.33 ]]
```

그림 7-17 입력 데이터의 항목 추가

나머지는 원래의 반복 계산 로직을 복사해서 쓰되 x라고 된 부분을 x2로 고쳐 쓰면 됩니다. 실제로 동작하는지 확인해 봅시다.

```python
# 초기화 처리

# 데이터 전체 건수
M = x2.shape[0]

# 입력 데이터의 차원 수(더미 변수 포함)
D = x2.shape[1]

# 반복 횟수
iters = 50000

# 학습률
alpha = 0.01

# 가중치 벡터의 초깃값(모든 값을 1로 한다)
w = np.ones(D)

# 평가 결과 기록(손실함숫값만 기록)
history = np.zeros((0,2))

# 반복 루프
for k in range(iters):

    # 예측값 계산(7.8.1)
    yp = pred(x2, w)

    # 오차 계산(7.8.2)
    yd = yp - yt

    # 경사하강법 적용(7.8.4)
    w = w - alpha * (x2.T @ yd) / M

    # 학습 곡선 그리기용 데이터의 계산과 저장
    if (k % 100 == 0):
        # 손실함숫값의 계산(7.6.1)
        loss = np.mean(yd ** 2) / 2
        # 계산 결과의 기록
        history = np.vstack((history, np.array([k, loss])))
        # 화면 표시
        print( "iter = %d loss = %f" % (k, loss))
```

```
iter = 0 loss = 112.063982
iter = 100 loss = 3753823486849604436414684987392.000000
iter = 200 loss = 26553340900920606150984621276264183501928894400297645690006080.000000
...
iter = 3600 loss = nan
iter = 3700 loss = nan
C:\ProgramData\Anaconda3\lib\site-packages\ipykernel_launcher.py:16: RuntimeWarn-
ing: overflow encountered in square
  app.launch_new_instance()
C:\ProgramData\Anaconda3\lib\site-packages\ipykernel_launcher.py:11: RuntimeWarn-
ing: invalid value encountered in matmul
  # This is added back by InteractiveShellApp.init_path()
C:\ProgramData\Anaconda3\lib\site-packages\ipykernel_launcher.py:11: RuntimeWarn-
ing: invalid value encountered in subtract
  # This is added back by InteractiveShellApp.init_path()
```

그림 7-18 다중회귀에서 첫 번째 계산

그림 7-18을 살펴봅시다. 손실함수의 값이 수렴하기는커녕 점점 더 값이 커져 급기야 오버플로 에러가 발생한 것을 알 수 있습니다.

이것은 새로운 변수가 추가되면서 조건이 바뀌었기 때문에 학습률도 그에 맞게 고쳐야 한다는 것을 의미합니다. 경사하강법에서는 학습률이 너무 클 때 종종 이런 일이 벌어질 수 있습니다.

이 예에서는 원래 0.01이었던 학습률을 0.001로 바꿨습니다. 이번 조건에서는 이 학습률에서도 수렴이 빨리 될 수 있도록 반복 횟수도 작은 값으로 변경했습니다.

그림 7-19에는 새로운 매개변수로 값을 수정한 내용을, 그림 7-20에는 그 매개변수로 실행한 결과를 각각 표시했습니다.

```python
# 초기화 처리(매개변수를 적절한 값으로 변경)

# 데이터 전체 건수
M = x2.shape[0]

# 입력 데이터의 차원 수(더미 변수를 포함)
D = x2.shape[1]

# 반복 횟수
#iters = 50000
iters = 2000
```

```
# 학습률
#alpha = 0.01
alpha = 0.001
```

그림 7-19 수정된 매개변수

```
# 최종 손실함수 초깃값과 최종값
print('손실함수 초깃값: %f' % history[0,1])
print('손실함수 최종값: %f' % history[-1,1])

손실함수 초깃값: 112.063982
손실함수 최종값: 15.280228
```

그림 7-20 손실함수의 값

최종적인 손실함수의 값은 약 15.3이 나왔습니다. 단순회귀일 때는 손실함수의 값이 약 21.8이었는데 변수가 새로 추가되면서 예측하는 정확도가 상당히 올라간 것을 알 수 있습니다.

이때의 학습 곡선은 그림 7-21과 같습니다. 500회 정도를 반복하면서 손실함수가 수렴되고 있다는 것을 알 수 있습니다.

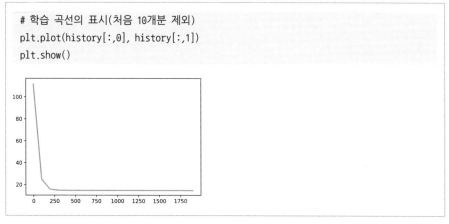

그림 7-21 학습 곡선 표시

칼럼 학습률과 반복 횟수의 조정 방법

이번 장의 마지막 실습에서는 학습률이 너무 클 때 어떤 일이 벌어지나 재현해 봤는데 실제로 이런 문제에 맞닥뜨리면 어떻게 해야 할까요?

반드시 이렇게 해야 한다는 정해진 규칙이 있는 것은 아니지만 1/10씩 줄이면서 필요에 따라 미세 조정하는 것이 하나의 방법일 수 있습니다.

이번 경우에는 첫 번째 수정에서 원래 값의 1/10로 조정했는데 제대로 수렴됐기 때문에 이 값을 최종적인 학습률로 사용했습니다. 반복 횟수도 비슷해서 먼저 학습 곡선의 상황을 보고 10배씩 키우면서 값을 확인하고 필요에 따라 1/20이나 1/5로 조절하면서 최종적인 값을 결정했습니다.

이번 실습을 통해 **'학습률'이 머신러닝에서 얼마나 중요한지**를 간접적으로 체험할 수 있었을 것입니다. 한편 '일반적으로는 학습률을 어떻게 정하면 될까'와 같은 의문도 생겼을 것입니다. 아쉽게도 이런 의문에 대한 명확한 답은 없습니다. 굳이 답이라고 한다면 '입력 데이터의 특성에 따라 달라질 수 있기 때문에 시행착오를 거듭하며 찾아야 한다'라고 말할 수 있을 것입니다.

실제로 머신러닝을 할 때는 입력 데이터를 전처리해서 정규화(입력 데이터의 평균값과 변동폭을 정리)하는 것이 일반적입니다. 참고로 경험적으로는 학습 비율을 0.01에서 0.001 정도로 조정하는 것이 무난하다고 알려져 있습니다.

08 | 로지스틱 회귀 모델 (이진 분류)

필수 딥러닝 구현을 위한 필수 개념	1장 회귀1	7장 회귀2	8장 이진 분류	9장 다중 클래스 분류	10장 딥러닝
1 손실함수	○	○	○	○	○
3.7 행렬과 행렬 연산				○	○
4.5 경사하강법		○	○	○	○
5.5 시그모이드 함수			○		○
5.6 소프트맥스 함수				○	○
6.3 최대가능도 함수와 최대가능도 추정			○	○	○
10 오차역전파					○

앞 장에서 선형회귀 모델을 다룬 것에 이어 이번 장에서는 분류(classification)를 할 수 있는 로지스틱 회귀 모델에 대해 알아보겠습니다.

머신러닝을 이용한 분류 문제는 크게 이진 분류와 다중 클래스 분류로 나눌 수 있습니다. 이번 장에서는 그중에서도 비교적 간단한 이진 분류 모델을 살펴봅니다.

선형회귀 모델과 비교했을 때 모델의 구조는 다소 복잡해 보이지만 이론편에서 익힌 기초적인 수학 개념이 있다면 모두 이해할 수 있는 내용입니다. 포기하지 말고 찬찬히 들여다보기 바랍니다.

앞 장과 마찬가지로 그림 8-1에 이번 장에서 다룰 내용을 정리했습니다. 이번 장을 공부하다가 전체적인 맥락을 놓치게 될 때는 이 그림을 참고해서 현재 어느 부분을 학습하고 있는지 재확인해 보기 바랍니다.

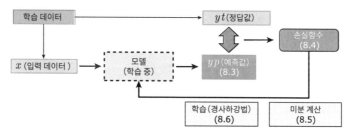

그림 8-1 이번 장에서 다룰 내용

8.1 예제 개요

이번 장에서 사용할 데이터는 앞 장의 보스턴 하우징 데이터셋만큼 잘 활용되는 것으로 '아이리스 데이터셋(Iris Data Set)'이라는 공개 데이터입니다.

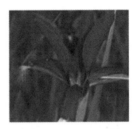

Iris Data Set
Download: Data Folder, Data Set Description

Abstract: Famous database; from Fisher, 1936

Data Set Characteristics:	Multivariate	Number of Instances:	150	Area:	Life
Attribute Characteristics:	Real	Number of Attributes:	4	Date Donated	1988-07-01
Associated Tasks:	Classification	Missing Values?	No	Number of Web Hits:	2262219

그림 8-2 아이리스 데이터셋

- URL: https://archive.ics.uci.edu/ml/datasets/iris
- 단축 URL: https://bit.ly/2WhioqW

이 데이터셋은 붓꽃의 세 가지 품종인 'Setosa', 'Versicolour', 'Virginica'에 대해 꽃받침(Sepal)의 길이와 너비, 꽃잎(Petal)의 길이와 너비를 측정한 데이터로, 분류를 배울 때 많이 활용되는 샘플 데이터입니다. 이 데이터에는 다음과 같은 정보가 들어 있습니다.

- sepal length(cm): 꽃받침의 길이
- sepal width(cm): 꽃받침의 너비
- petal length(cm): 꽃잎의 길이
- petal width(cm): 꽃잎의 너비

이 같은 4차원 데이터가 세 종류의 꽃에 대해 각각 50건씩 있으므로 총 150개의 데이터가 있는 셈입니다.

이번 장에서는 문제를 조금 단순화하기 위해 'setosa'와 'versicolour'의 두 종류의 꽃에 대해 총 100건의 데이터만 사용하고 꽃받침의 길이(sepal length)와 너비(sepal width)를 2차원 데이터로 분류해 보겠습니다. 이때 setosa를 class 0, versicolour를 class 1이라 하고 꽃받침의 길이를 x_1, 너비를 x_2라고 하겠습니다.

이렇게 데이터를 가공한 이유는 이번 장에서 다루는 이진 분류에 데이터를 맞추기 위해서이며, 다음 장의 다중 클래스 분류에서는 데이터를 줄이지 않고 입력으로는 4차원 데이터를 사용하고 출력으로는 세 종류의 붓꽃으로 분류할 것입니다.

이진 분류에 맞게 가공한 데이터는 표 8-1과 같습니다.

표에서 정답값 yt가 0과 1의 값을 가진다는 것을 눈여겨보기 바랍니다. 지금부터 설명할 로지스틱 회귀는 예측값에 0과 1과 같은 두 가지 값을 가집니다. 만약 예측값이 0과 1로 나오지 않을 때는 전처리를 해서라도 0과 1이 나오도록 변환해야 합니다.

표 8-1 학습 데이터의 모습

yt(정답값)	x_1(꽃받침의 길이)	x_2(꽃받침의 폭)
0	5	3.2
0	5	3.5
1	5	2.3
1	5.5	2.3
1	6.1	3

8.2 회귀 모델과 분류 모델의 차이

그림 8-3의 왼쪽은 앞 장의 회귀 문제를 산점도로 표현한 것이고 오른쪽은 이번 장의 분류 문제를 산점도로 표현한 것입니다.

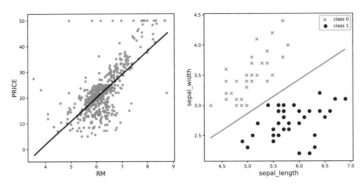

그림 8-3 회귀 모델과 분류 모델의 산점도와 직선

이진 분류는 두 그룹 사이에 경계선을 긋는 것과 같습니다. 그리고 로지스틱 회귀라는 모델에서는 경계선으로 직선을 사용합니다. 이때 이 경계선을 '**결정경계(decision boundary)**'라고 합니다.

얼핏 보면 똑같은 직선 같지만 **회귀**에서는 입력 데이터(x)와 출력 데이터(y)의 관계를 표현하는 것이 목적이어서 데이터의 각 점들을 어떻게 하면 그 직선에 더 가깝게 근접시키느냐가 관건이었습니다.

이에 반해 **분류**에서는 입력 데이터를 구분하는 것이 목적이므로 그룹을 나누기 위한 경계로 직선을 사용합니다. 이처럼 얼핏 보면 비슷해 보이는 직선일지라도 문제의 본질 자체는 회귀와 전혀 다르다는 것을 알 수 있습니다. 그래서 예측함수를 어떻게 둘지, 손실함수를 어떻게 가져가야 하는지 다시 생각해야 합니다.

8.3 예측 모델

입력 변수는 x_1과 x_2의 두 가지이며, 다음 식과 같이 선형함수(1차함수)의 계산 결과에 따라 분류된다고 생각합시다.

$$u = w_0 + w_1 x_1 + w_2 x_2 \tag{8.3.1}$$

이때 우선 생각해 볼 수 있는 것은 다음과 같은 기준으로 판단하도록 w값을 조정한 후 수많은 측정값에 대해서도 정답이 나오도록 만드는 방법입니다.

u값이 음수 → class=0

u값이 양수 → class=1

사실 이러한 방법은 신경망의 초기에 나온 '퍼셉트론'이라는 모델과 개념이 비슷합니다. 다만 퍼셉트론으로 분류하는 데는 한계가 있다고 알려져 있기 때문에 경사하강법을 사용해 더 좋은 성능으로 분류해 보기로 합시다.

앞 장에서 설명한 것처럼 경사하강법의 포인트는 매개변수로 미분할 수 있는 손실함수를 정하고 그 값이 최소화되도록 매개변숫값을 효율적으로 수정하는 것이었습니다.

분류를 할 때도 이 방법을 쓸 수 있는데 손실함수는 매개변수로 미분 가능한 함수, 다시 말해 매개변수 w의 변화에 대해 연속적으로 변화하는 함수여야 합니다. 손실함수는 예측값과 정답값으로 계산되므로 결국

　　예측값을 계산하는 함수는 매개변수 w에 대해 연속적으로 변화해야 한다.

라는 것을 알 수 있습니다[1].

이런 생각에서 나온 것이

　　수식 (8.3.1)의 계산 결과에 어떤 함수를 곱하면 확률값(0과 1 사이의 값)이 나오는데 이 값을 예측값으로 사용한다.

라는 방법입니다. 이때 확률값으로 변환하는 함수가 5.5절에서 소개한 **시그모이드 함수**입니다.

$$f(x) = \frac{1}{1 + \exp(-x)} \tag{8.3.2}$$

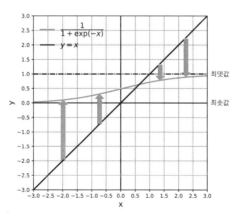

그림 8-4 시그모이드 함수의 그래프

1　퍼셉트론에서는 예측값이 0 또는 1의 두 가지 값이 나오며 변화가 연속적(連續的)이지 않고 이산적(離散的)이기 때문에 이 조건에 부합하지 않습니다.

그림 8-4는 시그모이드 함수의 그래프와 직선 $y = x$의 그래프를 함께 그린 것입니다. 함수 호출 전의 값에서 함수 호출 후의 값이 어떻게 바뀌는지 화살표로 표시했습니다. 음의 방향으로 무한대부터 양의 방향으로 무한대까지의 모든 값이 0에서 1까지의 값으로 변환되는 것을 알 수 있습니다.

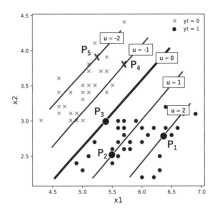

그림 8-5 데이터 산점도와 결정경계

그림 8-5를 살펴봅시다. 여기서 결정경계가 되는 직선은 가운데의 굵은 사선인데 다음과 같은 식으로 표현할 수 있습니다.

$$w_0 + w_1 x_1 + w_2 x_2 = 0$$

데이터 분포가 그림과 같을 때 결정경계가 되는 직선의 기울기는 양수입니다. 이 말은 w_1과 w_2의 부호가 서로 다르다는 의미이므로[2] $w_2 < 0$, $0 < w_1$이라고 가정할 수 있습니다[3].

그림 8-5의 얇은 직선은 다음 직선의 u를 1, 2, ...이나 −1, −2, ...으로 변화시킨 것입니다.

$$w_0 + w_1 x_1 + w_2 x_2 = u$$

표 8-2는 그림 8-5의 점 P_1, P_2, P_3, P_4, P_5에 대해 $u = w_0 + w_1 x_1 + w_2 x_2$의 1차함수 u값과 그 값에 시그모이드 함수를 적용한 $f(u)$값을 정리한 것입니다. $f(u)$는 소수점 셋째 자리에서 반올림했습니다.

---

2 식을 다르게 표현하면 $x_2 = -(w_1/w_2)x_1 - (w_0/w_2)$이며 이때 기울기가 양수라는 말은 $-(w_1/w_2)$0이라는 말이기도 합니다. 결국 w_1과 w_2의 부호는 서로 다르다는 것을 알 수 있습니다.

3 결정 경계의 식에서 $w_1 < 0$, $0 < w_2$일 때는 식 전체에 −1을 곱하면 위의 조건을 만족합니다.

표 8-2 산점도의 대표적인 점에서 u와 $f(u)$의 값

P_m	yt(정답값)	u	$f(u)$
P_1	1	2	0.88
P_2	1	1	0.73
P_3	1	0	0.5
P_4	0	−1	0.27
P_5	0	−2	0.12

경계선(결정경계)보다 오른쪽 아래, 산점도 상에서는 class=1에 속하는 점인 P_1과 P_2는 $f(u)$값이 0.5보다 큽니다. P_1은 P_2에 비해 경계선에서 더 멀리 있으므로 class=1이라는 것이 확실하고 $f(u)$값만 보더라도 그런 판단을 맞다는 것을 뒷받침하고 있습니다.

이런 판단은 경계선보다 왼쪽 위, 산점도 상에서 class=0에 속하는 점인 P_4와 P_5에 대해서도 똑같이 적용할 수 있습니다.

한편 P_1과 P_5의 $f(u)$값, P_2와 P_4의 $f(u)$값을 더하면 1이 나오는 것을 알 수 있습니다. 왜 이렇게 되는지는 5.5절에서 설명하고 있으니 잘 생각나지 않는다면 다시 한번 살펴보기 바랍니다.

이러한 성질을 이용하면 P_5가 class=1인 확률이 0.12이므로 class=0인 확률은 1−0.12=0.88이라고 구할 수 있습니다.

마지막으로 경계선 위에 얹혀진 P_3을 살펴봅시다. 이 점은 산점도로 볼 때는 어느 그룹에 속하는지 판단하기 어려운데 확률값 $f(u)$를 살펴보면 0.5이므로 class=1인 것을 알 수 있습니다.

이러한 결정들은 **$f(u)$값을 확률로 보기 때문에 가능한 판단**입니다.

지금까지 설명한 내용을 정리하면 다음과 같습니다.

(1) (x_1, x_2)의 입력 데이터에 대해 $u = w_0 + w_1 x_1 + w_2 x_2$의 값을 계산한다.

(2) (1)에서 얻은 u값을 사용해 $f(u)$를 계산한다.

이때의 $f(u)$는 다음과 같은 시그모이드 함수다.

$$f(x) = \frac{1}{1 + \exp(-x)}$$

(3) 이 계산으로 얻은 **$f(u)$값은 해당 점이 class=1에 속하는 확률**로 간주한다.

(4) 이때의 $f(u)$값은 y의 예측값 yp로 볼 수 있다.

(5) **예측값으로 분류를 할 때는 예측값이 0.5보다 큰지, 작은지로 판단한다.**

(6) yp를 $w(w_0, w_1, w_2)$의 함수라고 할 때 w의 변화에 따라 yp값도 연속적으로 변한다.

한편 (1)에서 사용하는 다음 식은

$$w_0 + w_1 x_1 + w_2 x_2$$

아래 식과 같이 쓸 수 있으며

$$w_0 \cdot 1 + w_1 x_1 + w_2 x_2$$

이는 더미 변수 $x_0 = 1$을 추가했을 때 $x = (x_0, x_1, x_2)$과 $w = (w_0, w_1, w_2)$의 내적으로 볼 수 있습니다.

결국 예측 알고리즘을 수식으로 표현하면 다음과 같이 정리할 수 있습니다.

$$u = \boldsymbol{w} \cdot \boldsymbol{x} \tag{8.3.3}$$

$$yp = f(u) \tag{8.3.4}$$

$$f(x) = \frac{1}{1 + \exp(-x)} \tag{8.3.5}$$

이러한 내용을 그림으로 표현하면 그림 8-6과 같습니다.

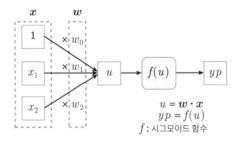

그림 8-6 이진 로지스틱 회귀의 예측 모델

이렇게 해서 이진 분류를 위한 예측함수를 구할 수 있었습니다. 다음 절에서는 이 예측함수에 잘 맞는 손실함수가 무엇인지 살펴봅시다.

칼럼 **예측값을 확률로 취급하는 데 숨어 있는 의미**

> 앞의 예에서 yp값이 1에 가깝다는 말은 그 점이 class=1일 확률이 높다는 의미이고 정답값을 yt라고 한다면 $yt-yp$값이 0에 가깝다는 말이기도 합니다.
>
> 반대로 yp값이 0에 가깝다는 말은 그 점이 class=0일 확률이 높다는 의미이고 $yt-yp$값이 0에 가깝다는 말이기도 합니다.
>
> 이것은 class의 값을 0이나 1이 되게 해서 예측값을 확률값으로 쓸 수 있게 만든 일종의 기교라고 볼 수 있습니다. 참고로 이런 접근법은 뒤에서 손실함수를 정의할 때도 도움을 줍니다.

8.4 손실함수 (교차 엔트로피 함수)

지금까지 설명한 내용을 한번 정리해 봅시다. 예측 단계에서 모델을 다음과 같이 만들었을 때

$$u(x_1, x_2) = w_0 + w_1 x_1 + w_2 x_2$$

시그모이드 함수로는 다음과 같은 식을 사용했습니다.

$$f(x) = \frac{1}{1 + \exp(-x)}$$

결국 최종적으로 하려고 했던 것은 다음 식의 결과가 그림 8-5의 산점도에서 정답값 $yt = 1$로 나올 확률을 구하는 것이었습니다.

$$yp = f(u) = f(w_0 + w_1 x_1 + w_2 x_2)$$

이번 장에서 다룬 문제의 특징은 yt값이 1이나 0, 둘 중 하나라는 점으로 만약 $yt = 1$의 확률이 yp라면 $yt = 0$의 확률은 $1 - yp$가 됩니다. 즉, 정답값을 yt라 하고 그때의 모델이 정답값을 가질 가능성을 확률값 $P(yt, yp)$라고 할 때 다음과 같이 정리할 수 있습니다.

$$P(yt, yp) = \begin{cases} yp & (yt = 1인\ 경우\ ) \\ 1 - yp & (yt = 0인\ 경우\ ) \end{cases}$$

이제부터 이 확률값과 6.3절에 살펴본 최대가능도 추정으로 손실함수를 정의할 것입니다. 최대가능도 추정을 복습할 겸 다시 설명하면 다음과 같습니다.

- 예측값 P를 확률값으로 본다.

- 각 확률값을 곱해서 가능도 함수를 만든다.

- 가능도 함수에 로그를 적용해 로그가능도 함수를 만든다.

내용을 단순하게 만들기 위해 처음에는 모델의 입력을 5개만 쓰겠습니다.

$$입력값 : \boldsymbol{x}^{(1)}, \boldsymbol{x}^{(2)}, \boldsymbol{x}^{(3)}, \boldsymbol{x}^{(4)}, \boldsymbol{x}^{(5)}$$
$$정답값 : yt^{(1)}, yt^{(2)}, yt^{(3)}, yt^{(4)}, yt^{(5)}$$

입력값 $\boldsymbol{x}$는 $(x_0,\ x_1,\ x_2) = (1,\ x_1,\ x_2)$라는 벡터입니다.

정답값 yt는 0 또는 1의 값 중 하나인데 $(yt^{(1)},\ yt^{(2)},\ yt^{(3)},\ yt^{(4)},\ yt^{(5)}) = (1, 0, 0, 1, 0)$이라고 가정합시다.

이때 각 입력 데이터 $\boldsymbol{x}^{(m)}$에 대해 예측값 $yp^{(m)}$을 다음과 같이 정의합니다.

$$u^{(m)} = \boldsymbol{x}^{(m)} \cdot \boldsymbol{w}$$
$$yp^{(m)} = f(u^{(m)})$$

이제 6.3절에서 본 것처럼 표를 만들어 봅시다.

표 8–3 5번의 표본 데이터에 대한 확률값

m	$yt^{(m)}$**(정답값)**	$u^{(m)}$	$yp^{(m)}$	$P^{(m)}$
1	1	$\boldsymbol{x}^{(1)} \cdot \boldsymbol{w}$	$f(u^{(1)})$	$yp^{(1)}$
2	0	$\boldsymbol{x}^{(2)} \cdot \boldsymbol{w}$	$f(u^{(2)})$	$1-yp^{(2)}$
3	0	$\boldsymbol{x}^{(3)} \cdot \boldsymbol{w}$	$f(u^{(3)})$	$1-yp^{(3)}$
4	1	$\boldsymbol{x}^{(4)} \cdot \boldsymbol{w}$	$f(u^{(4)})$	$yp^{(4)}$
5	0	$\boldsymbol{x}^{(5)} \cdot \boldsymbol{w}$	$f(u^{(5)})$	$1-yp^{(5)}$

지금은 학습 단계이므로 위의 표에서 측정값 $\boldsymbol{x}^{(m)}$와 $yt^{(m)}$은 상수이고, $\boldsymbol{w} = (w_0,\ w_1,\ w_2)$은 변수입니다. $u^{(m)}$ 중에는 $(w_0,\ w_1,\ w_2)$가 포함돼 있으므로 각 시도의 확률값 $p^{(m)}$은 $u^{(m)}$을 포함한 $(w_0,\ w_1,\ w_2)$의 함수가 됩니다.

여기서 가능도 함수 Lk를 정의합니다. 가능도 함수 Lk는 5개의 표본 데이터에 대한 확률값의 곱으로 표현됩니다.

$$Lk = P^{(1)} \cdot P^{(2)} \cdot P^{(3)} \cdot P^{(4)} \cdot P^{(5)} \tag{8.4.1}$$

한편 가능도 함수에 로그를 적용한 식을 로그가능도 함수라고 합니다. 수식 (8.4.1)에 대한 로그가능도 함수는 5.2절에 설명한 로그의 공식 (5.2.1)을 사용해 다음과 같이 쓸 수 있습니다.

$$\begin{aligned}
\log(Lk) &= \log\left(P^{(1)} \cdot P^{(2)} \cdot P^{(3)} \cdot P^{(4)} \cdot P^{(5)}\right) \\
&= \log\left(P^{(1)}\right) + \log\left(P^{(2)}\right) + \log\left(P^{(3)}\right) + \log\left(P^{(4)}\right) + \log\left(P^{(5)}\right)
\end{aligned}$$

이때 $P^{(m)}$의 식은 앞의 표에서 본 것처럼 $yt^{(m)}$의 값에 따라 달라질 수 있으므로 이대로라면 미분 계산이 쉽지 않습니다. 그래서 다음과 같은 방법으로 하나의 식으로 정리했습니다.

$$\log\left(P^{(m)}\right) = yt^{(m)} \log\left(yp^{(m)}\right) + \left(1 - yt^{(m)}\right) \log\left(1 - yp^{(m)}\right) \tag{8.4.2}$$

식만 보면 이것이 무슨 의미인지 짐작하기 어려울 수 있습니다. 이해를 돕기 위해 표 8-3을 참고해서 $m = 1$인 경우와 $m = 2$인 경우를 계산해 봅시다.

$m = 1$인 경우

$$\begin{aligned}
yt^{(1)} &= 1 \rightarrow \\
&yt^{(1)} \log\left(yp^{(1)}\right) + \left(1 - yt^{(1)}\right) \log\left(1 - yp^{(1)}\right) \\
&= 1 \cdot \log\left(yp^{(1)}\right) + (1 - 1) \log\left(1 - yp^{(1)}\right) = \log\left(yp^{(1)}\right)
\end{aligned}$$

$m = 2$인 경우

$$\begin{aligned}
yt^{(2)} &= 0 \rightarrow \\
&yt^{(2)} \log\left(yp^{(2)}\right) + \left(1 - yt^{(2)}\right) \log\left(1 - yp^{(2)}\right) \\
&= 0 \cdot \log\left(yp^{(2)}\right) + (1 - 0) \log\left(1 - yp^{(2)}\right) = \log\left(1 - yp^{(2)}\right)
\end{aligned}$$

표 8-3과 비교해 보면 $yt^{(m)}$**값이 0이거나 1인 모든 경우에 대해 수식 (8.4.2)가 성립하는 것을 알 수 있습니다. 8.1절의 마지막에서 이진 로지스틱 회귀의 정답값 yt는 0이나 1이어야 한다**고 했던 것은 바로 이런 이유 때문입니다.

수식 (8.4.2)와 Σ를 사용해 로그가능도 함수를 다시 써보면 다음과 같습니다.

$$\log\left(Lk\right) = \sum_{m=1}^{5} \log\left(P^{(m)}\right) = \sum_{m=1}^{5} \left(yt^{(m)} \log\left(yp^{(m)}\right) + \left(1 - yt^{(m)}\right) \log\left(1 - yp^{(m)}\right)\right)$$

이 로그가능도 함수에서 다음의 내용을 더 고려해 봅시다.

(1) 위의 식은 내용을 단순화하기 위해 5건의 데이터를 사용했으나 일반화하기 위해 M건의 데이터로 확장한다.

(2) 학습 단계이므로 위의 식은 (w_0, w_1, w_2)의 함수다. 이것을 함수의 인수로 명시한다.

(3) 가능도 함수는 값을 최대화하는 것이 목적이지만 경사하강법의 손실함수는 값을 최소화하는 것이 목적이다. 그래서 위의 가능도함수에 −1을 곱해서 손실함수로 사용한다.

(4) 이 식은 각 표본에 대해 식 (8.4.2)가 합쳐진 것이다. 앞 장에서 본 것처럼 데이터가 많아지면 건수에 비례해서 값이 커지므로 손실함수 간의 비교가 어려워질 수 있다. 그래서 평균을 구해서 데이터 건수의 영향을 제거해야 한다.

(5) 파이썬에서 배열의 인덱스는 0부터 시작하므로 m의 시작값을 0으로 맞춘다.

그러면 최종적인 손실함수는 다음과 같은 식이 됩니다[4].

$$L(w_0, w_1, w_2) = -\frac{1}{M} \sum_{m=0}^{M-1} \left(yt^{(m)} \cdot \log\left(yp^{(m)}\right) + \left(1 - yt^{(m)}\right) \log\left(1 - yp^{(m)}\right)\right) \quad (8.4.3)$$

단 이 식은 다음과 같은 내용을 전제하고 있습니다.

$$u^{(m)} = \boldsymbol{w} \cdot \boldsymbol{x}^{(m)} = w_0 + w_1 x_1^{(m)} + w_2 x_2^{(m)}$$
$$yp^{(m)} = f(u^{(m)})$$
$$f(x) = \frac{1}{1 + \exp\left(-x\right)}$$

수식 (8.4.3)은 정보 이론에 나오는 엔트로피의 식과 모양이 비슷하다고 해서 '**교차 엔트로피(cross-entropy)**'라고 부릅니다[5].

---

4 사실 수식 (8.4.3)은 이미 1.5절에서 한 번 나온 적이 있습니다. 만약 이 식이 거부감 없이 느껴진다면 이 책의 수학적 개념이 자연스럽게 머릿속에 자리 잡혔다고 보셔도 됩니다.

5 '교차'라는 말이 쓰이는 이유는 정답값 $\boldsymbol{yt}^{(m)}$와 예측값 $\boldsymbol{yp}^{(m)}$가 섞여서 나오기 때문입니다. 교차 엔트로피에 대한 더 자세한 의미는 이번 장의 마지막 칼럼에 써 뒀으니 참고하기 바랍니다.

교차 엔트로피 함수의 미분

수식 (8.4.3)은 여러 데이터에 대한 교차 엔트로피 함수의 평균입니다. 미분을 할 때는 Σ 안에 있는 교차 엔트로피 함수를 먼저 미분하고 나중에 Σ로 계산합니다. 다음 절에서는 손실함수의 미분을 하게 되는데 그에 앞서 특정 항목에 대한 교차 엔트로피 함수를 미분해 봅시다.

우선 수식이 보기 편하도록 $yt^{(m)} = yt$, $yp^{(m)} = yp$로 바꿔 쓰겠습니다. 그리고 특정 항목에 대한 교차 엔트로피 함수를 ce로 표현하겠습니다[6].

$$ce = -(yt \log{(yp)} + (1 - yt) \log{(1 - yp)})$$

지금은 학습 단계이므로 yt는 상수이고 yp는 변수입니다. 그래서 앞의 ce식을 yp로 미분하면 됩니다.

5.3절에서는 $f(x) = \log x$일 때 $f'(x) = \dfrac{1}{x}$이었습니다. 결국 앞의 식을 미분한 결과는 다음과 같습니다[7].

$$\frac{d(ce)}{d(yp)} = -\frac{yt}{yp} - \frac{(1 - yt)(-1)}{1 - yp} = \frac{-yt(1 - yp) + yp(1 - yt)}{yp(1 - yp)} = \frac{yp - yt}{yp(1 - yp)} \tag{8.4.4}$$

수식 (8.4.4)의 결과는 다음 절에서 사용해 봅시다.

8.5 손실함수의 미분 계산

앞 절에서는 w를 구하기 위한 손실함수를 만들었습니다. 이번에는 그 손실함수가 극솟값을 갖도록, 즉 최대가능도 추정을 할 수 있도록 미분해 보겠습니다. 수식이 상당히 복잡해 보일 수가 있는데 학습 단계에서는 x와 y가 상수이고 w만 변수이므로 의외로 간단하게 미분할 수 있습니다.

그림 8-7 입력 데이터 x와 손실함수의 관계

그림 8-7을 살펴봅시다. 이 그림은 입력 데이터 x에서 손실함수가 계산되기까지의 과정을 그림으로 나타낸 것입니다. $u \rightarrow yp \rightarrow L$의 순서로 각 과정이 모두 함수이므로 전체적으로 하나의 합성함수로 볼 수 있습니다.

---

6 옮긴이: cross-entropy를 줄여 쓴 표현입니다.

7 $\log(1 - x)$의 미분은 $u = 1 - x$로 대체한 다음 합성함수의 미분 공식을 사용하면 됩니다.

그림을 참고해서 손실함수(L)를 가중치 벡터의 요소(w_1)로 편미분해 보겠습니다[8]. 앞서 4.4절에서 본 합성함수의 편미분 공식 (4.4.7)을 사용하면 다음과 같이 쓸 수 있습니다.

$$\frac{\partial L}{\partial w_1} = \frac{dL}{du} \cdot \frac{\partial u}{\partial w_1} \tag{8.5.1}$$

이때 u와 w_1의 관계는 다음과 같습니다.

$$u(w_0, w_1, w_2) = w_0 + w_1 x_1 + w_2 x_2$$

따라서 다음과 같이 쓸 수 있습니다.

$$\frac{\partial u}{\partial w_1} = x_1 \tag{8.5.2}$$

수식 (8.5.2)의 결과를 (8.5.1)에 대입하면 다음과 같습니다.

$$\frac{\partial L}{\partial w_1} = x_1 \cdot \frac{dL}{du} \tag{8.5.3}$$

$\frac{dL}{du}$에 다시 한번 합성함수의 미분 공식을 적용합니다.

$$\frac{dL}{du} = \frac{dL}{d(yp)} \cdot \frac{d(yp)}{du} \tag{8.5.4}$$

손실함수는 교차 엔트로피 함수이므로 수식 (8.4.4)의 결과에 따라 다음 식이 성립합니다.

$$\frac{dL}{d(yp)} = \frac{d(ce)}{d(yp)} = \frac{yp - yt}{yp(1 - yp)} \tag{8.5.5}$$

그림 8-6에서 수식 (8.5.4)의 가장 오른쪽 미분은 시그모이드 함수의 미분이므로 5.5절의 결과를 사용할 수 있습니다.

$$\frac{d(yp)}{du} = yp(1 - yp) \tag{8.5.6}$$

---

8 원래는 여러 데이터 계열에 대한 교차 엔트로피 함수의 평균이 손실함수입니다. 여기서는 계산을 쉽게 하기 위해 우선은 이렇게 계산하고, 나중에 여러 데이터 계열에 대해 고려하겠습니다.

(8.5.4)에 (8.5.5)와 (8.5.6)을 대입하면 다음과 같이 정리할 수 있습니다.

$$\frac{dL}{du} = \frac{dL}{d(yp)} \cdot \frac{d(yp)}{du} = \frac{yp - yt}{yp(1 - yp)} \cdot yp(1 - yp) = yp - yt \qquad (8.5.7)$$

중간 과정의 수식이 상당히 복잡해 보였지만 결국에는 분자와 분모가 약분되면서 간단한 수식이 됐습니다. 이때 yp는 확률을 의미하는 예측값이고 yt는 1이나 0이 되는 정답값이므로 **$yp-yt$는 오차를 의미**합니다. 오차 yd를 식으로 써보면 다음과 같습니다.

$$yd = yp - yt \qquad (8.5.8)$$

수식 (8.5.3)과 (8.5.7), (8.5.8)까지 조합해 보면 원래 구하려던 손실함수 L의 w_1에 대한 편미분 결과를 다음과 같이 표현할 수 있습니다.

$$\frac{dL}{du} = yd$$

$$\frac{\partial L}{\partial w_1} = x_1 \cdot yd$$

이제 식이 충분히 간단해졌으니 앞에서 생략했던 데이터 계열 첨자와 Σ를 붙이면 다음과 같은 식이 됩니다.

$$\frac{\partial L}{\partial w_1} = \frac{1}{M} \sum_{m=0}^{M-1} x_1^{(m)} \cdot yd^{(m)}$$

w_0과 w_2의 편미분도 같은 방식으로 구할 수 있습니다.

$$\frac{\partial L}{\partial w_0} = \frac{1}{M} \sum_{m=0}^{M-1} x_0^{(m)} \cdot yd^{(m)}$$

$$\frac{\partial L}{\partial w_2} = \frac{1}{M} \sum_{m=0}^{M-1} x_2^{(m)} \cdot yd^{(m)}$$

이때 각 요소의 첨자를 i라 하고 (i = 0, 1, 2)라는 조건을 달면 다음과 같은 하나의 식으로 일반화할 수 있습니다.

$$\frac{\partial L}{\partial w_i} = \frac{1}{M} \sum_{m=0}^{M-1} x_i^{(m)} \cdot yd^{(m)}$$
$$(i = 0, \ 1, \ 2)$$

수식만 보면 7.7절에서 도출한 선형회귀의 편미분 식과 형태가 똑같다는 것을 알 수 있습니다. 확인을 위해 수식 (7.7.3)을 다시 가져와 봤습니다.

$$\frac{\partial L(w_0, w_1)}{\partial w_i} = \frac{1}{M} \sum_{m=0}^{M-1} yd^{(m)} \cdot x_i^{(m)} \tag{7.7.3}$$
$$(i = 0, \ 1)$$

미리 설명하자면 이진 분류뿐만 아니라 다중 클래스 분류, 심지어는 딥러닝에서도 오차값 yd를 출발점으로 하면 모든 가중치의 변화량을 계산할 수 있습니다. 이 내용에 관해서는 뒤에 나올 9장과 10장에서 자세히 다루겠습니다.

8.6 경사하강법의 적용

6.3절의 최대가능도 추정에서는 가능도 함수의 미분값이 0이 되는 식을 풀었기 때문에 최적의 매개변수를 구할 수 있었습니다.

하지만 이번에는 수식이 복잡해서 같은 방법으로는 답을 구하기가 어렵습니다. 그래서 경사하강법으로 계산을 반복하면서 최적의 매개변수를 찾아야 합니다. 반복 계산의 알고리즘은 7장 선형회귀에서 썼던 방식과 거의 똑같습니다. 앞 장과 마찬가지로 내용을 정리해 보면 다음과 같습니다.

우선 첨자와 변수의 의미를 다시 확인합시다.

첨자

- i: 벡터 데이터에서 몇 번째 요소인지 나타내는 첨자

- m: 데이터 계열에서 몇 번째 데이터인지 나타내는 첨자

- k: 반복 계산에서 몇 번째 계산인지 나타내는 첨자

변수

- M: 데이터 계열의 전체 개수(표본 수)

- α: 학습률

$$u^{(k)(m)} = \boldsymbol{w}^{(k)} \cdot \boldsymbol{x}^{(m)} \tag{8.6.1}$$

$$yp^{(k)(m)} = f(u^{(k)(m)}) \tag{8.6.2}$$

$$f(x) = \frac{1}{1 + \exp(-x)} \tag{8.6.3}$$

$$yd^{(k)(m)} = yp^{(k)(m)} - yt^{(m)} \tag{8.6.4}$$

$$w_i^{(k+1)} = w_i^{(k)} - \frac{\alpha}{M} \sum_{m=0}^{M-1} x_i^{(m)} \cdot yd^{(k)(m)} \tag{8.6.5}$$

$$(i = 0, 1, 2)$$

앞 장과 마찬가지로 마지막 수식 (8.6.5)는 벡터를 사용해 다음과 같이 표현할 수 있습니다.

$$\boldsymbol{w}^{(k+1)} = \boldsymbol{w}^{(k)} - \frac{\alpha}{M} \sum_{m=0}^{M-1} \boldsymbol{x}^{(m)} \cdot yd^{(k)(m)} \tag{8.6.6}$$

수식 (8.6.2)에서 예측값 yp를 계산할 때 수식 (8.6.3)과 같은 시그모이드 함수가 들어가는 것만 빼면 7장과 똑같은 알고리즘으로 가중치 벡터를 계산할 수 있는 형태가 됐습니다. 정말로 그러한지 실제로 코드를 작성해 보면서 확인해 봅시다.

8.7 프로그램 구현

이번 절부터는 실제로 소스코드를 실행하면서 확인해 보겠습니다. 앞 장과 마찬가지로 머신러닝과 관련된 본질적인 부분만 설명합니다. 소스코드를 내려받는 방법과 실습 환경을 구성하는 방법을 준비편에 안내해 뒀으니 본문과 비교하면서 따라해 보기 바랍니다.

- URL: https://github.com/wikibook/math_dl_book_info/blob/master/notebooks/ch08-bi-classify.ipynb

- 단축 URL: https://bit.ly/2XclBao

학습 데이터와 검증 데이터의 분할

앞 절에서는 데이터를 준비하는 과정을 따로 설명하지 않았습니다. 이번 절에서는 학습 데이터와 검증 데이터를 어떻게 준비하는지 다음 코드에서 확인해 봅시다.

```python
# 원본 데이터의 크기
print(x_data.shape, y_data.shape)
# 학습 데이터, 검증 데이터로 분할(셔플도 함께 실시)
from sklearn.model_selection import train_test_split
x_train, x_test, y_train, y_test = train_test_split(
    x_data, y_data, train_size=70, test_size=30,
    random_state=123)
print(x_train.shape, x_test.shape, y_train.shape, y_test.shape)

(100, 3) (100,)
(70, 3) (30, 3) (70,) (30,)
```

그림 8-8 학습 데이터와 검증 데이터의 분할

그림 8-8을 살펴봅시다. 일반적으로 머신러닝 모델에서는 학습에 사용한 데이터를 모델에 다시 적용했을 때 정확도가 너무 높게 나올 수 있습니다. 그래서 모델의 정확도를 제대로 측정하기 위해 다음과 같은 방법을 사용합니다.

- 데이터를 일정한 비율로 학습용과 검증용으로 분할[9]
- 학습 단계에서는 학습 데이터를 사용
- 검증 단계에서는 검증 데이터를 사용

위의 코드에서 train_test_split은 데이터를 학습용과 검증용으로 분할하는 함수입니다. 이 예에서는 class=0이 50건, class=1이 50건인 총 100건의 데이터를 무작위로 섞은(shuffle) 후에 학습용 70건, 검증용 30건으로 분할하고 있습니다.

---

9 분할하는 비율이 어떠해야 한다는 규칙은 없습니다. 대체로 7:30이나 8:2로 나누는 것이 일반적입니다.

정리 후의 학습 데이터

```
# 학습용 변수 설정
x = x_train
yt = y_train

# 입력 데이터 x를 표시(더미 데이터를 포함)
print(x[:5])

[[1.  5.1 3.7]
 [1.  5.5 2.6]
 [1.  5.5 4.2]
 [1.  5.6 2.5]
 [1.  5.4 3. ]]

# 정답 데이터 y를 표시
print(yt[:5])

[0 1 0 1 1]
```

그림 8-9 학습 데이터의 확인

그림 8-9는 머신러닝 직전의 학습 데이터(x)와 정답값(yt)의 상태입니다. x에는 앞 장과 마찬가지로 더미 변수($x_0 = 1$)를 위한 열이 추가됐고, yt는 0이나 1 중 하나가 됩니다.

예측함수

```
# 시그모이드 함수
def sigmoid(x):
    return 1/(1+ np.exp(-x))

# 예측값 계산
def pred(x, w):
    return sigmoid(x @ w)
```

그림 8-10 예측함수의 정의

그림 8-10은 로지스틱 회귀의 예측함수를 정의한 것입니다.

선형회귀에서는 x와 w의 내적(소스코드에서 'x @ w')의 결과가 바로 예측값이었던 것에 반해 로지스틱 회귀에서는 내적의 결과에 시그모이드 함수를 적용한 결과가 예측값이 됩니다. 이런 점은 반복 계산 알고리즘에서 선형회귀와 로지스틱 회귀 사이의 유일한 차이점이기도 합니다. 참고로 예측 방법에서는 두 모델이 비슷해 보이지만 뒤에 나올 평가 방법은 전혀 달라지니 주의하기 바랍니다.

초기화 처리

```python
# 초기화 처리

# 표본 수
M = x.shape[0]
# 입력 차원 수(더미 변수를 포함)
D = x.shape[1]

# 반복 횟수
iters = 10000

# 학습률
alpha = 0.01

# 초깃값
w = np.ones(D)

# 평가 결과 기록(손실함수와 정확도)
history = np.zeros((0,3))
```

그림 8-11 초기화 처리

그림 8-11은 경사하강법의 초기화 과정입니다.

반복 횟수(iters)와 이력(history)을 설정하는 것 외에는 선형회귀에서 하던 것과 똑같습니다. 이력의 요소가 늘어난 것은 **손실함숫값** 외에도 **정확도** 정보를 함께 기록하기 위해서입니다. 분류 모델에서는 정답값을 알고 있는 입력 데이터에 대해 예측이 끝난 다음, 총 몇 건의 테스트 데이터에서 몇 건이 맞았는지를 정답률로 계산합니다. 이때 이 정답률을 '**정확도(accuracy)**'라 하는데 회귀 모델에서는 산출할 수 없는 분류 모델 고유의 평가 방법입니다.

주요 처리

```
# 반복 루프

for k in range(iters):

    # 예측값 계산 (8.6.1), (8.6.2)
    yp = pred(x, w)

    # 오차 계산 (8.6.4)
    yd = yp - yt

    # 경사하강법 적용 (8.6.6)
    w = w - alpha * (x.T @ yd) / M

    # 평가 결과 기록
    if ( k % 10 == 0):
        loss, score = evaluate(x_test, y_test, w)
        history = np.vstack((history, np.array([k, loss, score])))
        print( "iter = %d loss = %f score = %f" % (k, loss, score))
```

그림 8-12 주요 처리

그림 8-12는 경사하강법의 주요 처리 내용입니다. 여기서 중요한 부분은 처음의 세 줄인데, 선형회귀 때와 완전히 똑같은 내용이라는 것을 알 수 있습니다.

손실함숫값과 정확도의 확인

```
# 손실함수의 값과 정확도 점검
print('[초기 상태] 손실함수: %f, 정확도: %f' % (history[0,1], history[0,2]))
print('[최종 상태] 손실함수: %f, 정확도: %f' % (history[-1,1], history[-1,2]))

[초기 상태] 손실함수: 4.493842, 정확도: 0.500000
[최종 상태] 손실함수: 0.153947, 정확도: 0.966667
```

그림 8-13 손실함숫값과 정확도

그림 8-13은 시작했을 때와 종료했을 때의 손실함숫값과 정확도입니다. 종료 시의 결과를 보면 손실함 숫값과 정확도 모두 좋은 결과가 나온 것을 알 수 있습니다.

```
# 손실함수(교차 엔트로피 함수)
def cross_entropy(yt, yp):
    # 교차 엔트로피의 계산(이 단계에서는 벡터)
    ce1 = -(yt * np.log(yp) + (1 - yt) * np.log(1 - yp))
    # 교차 엔트로피 벡터의 평균값을 계산
    return(np.mean(ce1))

# 예측 결과의 확률값에서 0이나 1을 판단하는 함수
def classify(y):
    return np.where(y < 0.5, 0, 1)

# 모델을 평가하는 함수
from sklearn.metrics import accuracy_score
def evaluate(xt, yt, w):

    # 예측값 계산
    yp = pred(xt, w)

    # 손실함수 값 계산
    loss = cross_entropy(yt, yp)

    # 예측값(확률값)을 0이나 1로 변환
    yp_b = classify(yp)

    # 정확도 산출
    score = accuracy_score(yt, yp_b)
    return loss, score
```

그림 8-14 평가함수의 구현

순서가 조금 바뀌긴 했습니다만 그림 8-14는 그림 8-13의 결과를 내기 위해 '평가함수(evaluation function)'를 구현한 내용입니다.

처음에 보이는 함수 cross_entropy는 교차 엔트로피 함수입니다. 벡터 상태에서 교차 엔트로피 함수를 계산하고 마지막으로 벡터 요소 간의 평균을 구하고 있습니다.

다음 함수 classify는 확률값의 벡터를 입력으로 받고 그 값이 0.5 이상이면 1을, 0.5 미만이면 0을 반환하는 함수입니다.

마지막 함수 evaluate는 입력 데이터 x와 정답값 yt, 가중치 벡터 w를 인수로 받아 테스트 데이터에 대한 평가함수의 값과 정확도를 반환합니다. 이때 정확도는 accuracy_score라는 라이브러리로 계산했습니다.

산점도와 결정경계의 표시

다음은 학습 결과로 얻어진 가중치 벡터와 검증 데이터를 이용해 산점도와 결정경계를 그래프로 그려봅시다.

```
# 검증 데이터를 산점도용으로 준비
x_t0 = x_test[y_test==0]
x_t1 = x_test[y_test==1]

# 결정경계를 그리기 위해 x1의 값에서 x2의 값을 계산
def b(x, w):
    return(-(w[0] + w[1] * x)/ w[2])

# 산점도 x1의 최솟값과 최댓값
xl = np.asarray([x[:,1].min(), x[:,1].max()])
yl = b(xl, w)
```

그림 8-15 산점도와 결정경계를 그리기 위한 데이터 준비

그림 8-15에서는 다음과 같은 처리를 하고 있습니다.

- 산점도를 그리기 위해 검증 데이터를 class=0과 class=1의 두 그룹으로 분리
- 결정경계의 끝점인 두 점의 좌표를 계산

```python
plt.figure(figsize=(6,6))
# 산점도 표시
plt.scatter(x_t0[:,1], x_t0[:,2], marker='x',
        c='b', s=50, label='class 0')
plt.scatter(x_t1[:,1], x_t1[:,2], marker='o',
        c='k', s=50, label='class 1')
# 산점도에 결정경계 직선을 추가
plt.plot(xl, yl, c='b')
plt.xlabel('sepal_length', fontsize=14)
plt.ylabel('sepal_width', fontsize=14)
plt.xticks(size=16)
plt.yticks(size=16)
plt.legend(fontsize=16)
plt.show()
```

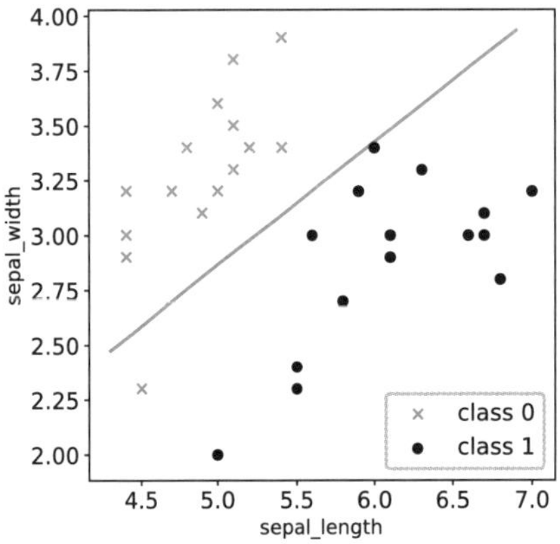

그림 8-16 산점도와 결정경계의 그래프

그림 8-16은 그래프를 그리기 위한 코드와 그 결과입니다. 왼쪽 하단에 결정경계를 넘어간 'x' 점 하나가 있긴 하지만 그래프의 모양으로 보자면 상당히 예외적인 데이터로 보입니다. 그 밖의 점에서는 이 결정경계를 쓰더라도 큰 문제는 없을 것 같습니다.

학습 곡선 표시

이제 이력 데이터를 사용해 학습 곡선을 그려봅시다. 이번에는 손실함수의 값 외에도 정확도를 기록했으므로 각각에 대해 그래프를 하나씩 그려야 합니다.

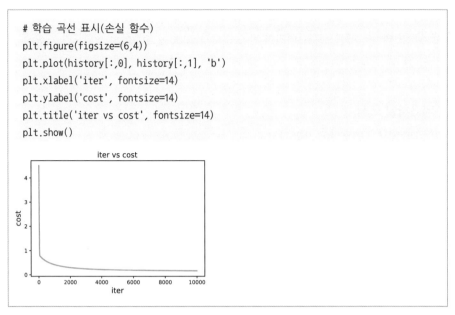

```
# 학습 곡선 표시(손실 함수)
plt.figure(figsize=(6,4))
plt.plot(history[:,0], history[:,1], 'b')
plt.xlabel('iter', fontsize=14)
plt.ylabel('cost', fontsize=14)
plt.title('iter vs cost', fontsize=14)
plt.show()
```

그림 8-17 손실함숫값의 추이

그림 8-17은 손실함숫값을 세로축에 둔 그래프입니다. 손실함수의 값이 순조롭게 줄어들고 있는 것을
알 수 있습니다.

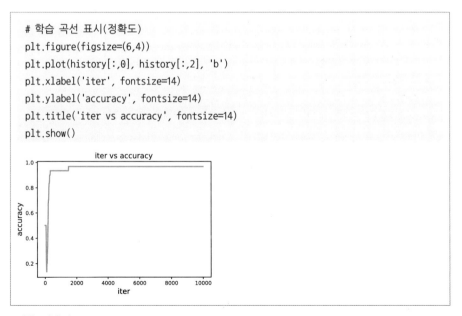

```
# 학습 곡선 표시(정확도)
plt.figure(figsize=(6,4))
plt.plot(history[:,0], history[:,2], 'b')
plt.xlabel('iter', fontsize=14)
plt.ylabel('accuracy', fontsize=14)
plt.title('iter vs accuracy', fontsize=14)
plt.show()
```

그림 8-18 정확도의 추이

그림 8–18은 정확도를 세로축에 둔 그래프입니다. 정확도가 100%가 되지 않는 것은 산점도 좌측 하단에서 본 예외적인 데이터 때문으로 보여지며 반복 횟수가 2000번 정도에서 정확도가 가장 높게 나오는 것을 알 수 있습니다.

예측함수의 3차원 표시

마지막으로 반복 계산이 완료되어 최종 확정된 $(w_0,\ w_1,\ w_2)$의 값을 사용해 시그모이드 함수의 결괏값(y의 예상값)을 3차원으로 그려봅시다. 다음 그림에서는 원래의 입력 데이터값(z좌표가 1이거나 0인 정답값)을 그래프에 함께 표시했습니다.

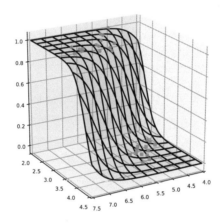

그림 8–19 예측함수의 3차원 표시

칼럼 **사이킷런 라이브러리와의 비교**

이번 장의 실습에서는 라이브러리를 쓰는 대신 본문에서 소개한 수식만으로 모델을 만들어 봤습니다.

사이킷런(scikit-learn)[10]에는 지금까지 설명한 모든 내용이 라이브러리로 구현돼 있어서 입력 데이터와 정답값만 있으면 똑같은 모델을 어렵지 않게 만들 수 있습니다.

사이킷런으로 모델을 만들었을 때 어떤 결과가 나오는지 확인할 수 있도록 앞서 살펴본 그래프에 결정경계를 하나 더 그려 봤습니다. 또한 여기에 더해 전혀 다른 방식으로 모델을 구현한 서포트 벡터 머신(SVM: support vector machine)의 결정경계도 함께 표시했습니다.

결과는 그림 8–20과 같습니다. 참고로 모델의 매개변수는 모두 기본값으로 검증했습니다.

---

10 사이킷런은 파이썬으로 머신러닝 모델을 구축할 때 자주 쓰이는 라이브러리입니다. 선형회귀나 로지스틱 회귀 같은 모델 자체도 제공하지만 그 밖에도 데이터 전처리나 검증과 같은 머신러닝에 필요한 각종 도구들도 함께 갖추고 있습니다.

실습으로 만든 모델(Hands on)과 사이킷런 라이브러리를 사용한 선형회귀 모델(scikitLR)은 거의 같은 결과가 나왔는데 SVM(scikit SVM)만 조금 다른 경향을 보입니다. 다만 앞서 예외적으로 결정경계를 벗어났던 점이 SVM에서는 결정경계에 근접한 것을 알 수 있습니다.

이런 차이는 두 모델의 접근법상의 차이, 즉 선형회귀는 모든 점에서 균형 있게 경계를 그리려 하고, SVM은 경계 영역에만 주목해서 영역을 나누려고 하는 태생적인 차이에 의한 것으로 보입니다.

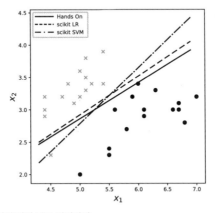

그림 8-20 라이브러리를 사용했을 때의 이진 분류 결정경계

| # 로지스틱 회귀 모델 (다중 클래스 분류)

필수 딥러닝 구현을 위한 필수 개념	1장 회귀1	7장 회귀2	8장 이진 분류	9장 다중 클래스 분류	10장 딥러닝
1 손실함수	○	○	○	○	○
3.7 행렬과 행렬 연산				○	○
4.5 경사하강법		○	○	○	○
5.5 시그모이드 함수			○		○
5.6 소프트맥스 함수				○	○
6.3 최대가능도 함수와 최대가능도 추정			○	○	○
10 오차역전파					○

이번 장에서는 앞 장에서 사용했던 아이리스 데이터셋으로 다중 클래스 분류 모델을 만들어 보겠습니다. 다중 클래스 분류라고 할지라도 기본적인 알고리즘의 흐름은 이진 분류와 똑같습니다. 그래서 '예측함수의 작성' → '평가함수의 작성' → '경사하강법으로 최적의 매개변숫값 탐색'이라는 과정을 거치게 됩니다.

다중 클래스로 분류할 때는 여러 값을 예측하는 하나의 '분류기(classifier)'[1]를 쓰는 것이 아니라 **0과 1 사이의 확률값을 출력하는 분류기를 여러 개로 만들어서 사용합니다. 최종적으로는 여러 분류기 중에서도 확률값이 가장 큰 분류기의 클래스가 모델 전체의 예측값이 됩니다.** 다중 클래스 분류는 이진 분류와 비교했을 때 다음과 같은 차이점이 있습니다.

- **가중치 벡터 → 가중치 행렬**
- **시그모이드 함수 → 소프트맥스 함수**

달리 말하자면 이진 분류 모델에서 위의 두 가지만 바꿔주면 다중 클래스 분류 모델이 된다는 말이기도 합니다. 이번 장을 읽을 때는 바로 이 점에 유의해서 읽어 보기 바랍니다.

이해를 돕기 위해 이번 장에서 다룰 내용을 그림 9-1로 정리했습니다.

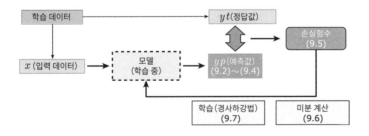

그림 9-1 이번 장의 구성

---

1   머신러닝 모델에서는 분류를 하기 위한 노드를 분류기라고 부릅니다.

9.1 예제 개요

학습 데이터는 앞 장에서 본 아이리스 데이터셋을 그대로 사용합니다. 앞 장에서는 문제를 쉽게 만들기 위해 원래 3종류였던 붓꽃을 2종류로 줄이고 입력 데이터도 원래는 4개의 항목이었던 것을 2개로 줄여서 썼습니다. 이번 장에서는 다중 클래스 분류를 위해 3종류의 붓꽃을 모두 사용할 것입니다.

입력 데이터의 항목으로는 우선 꽃받침 길이(sepal length)와 꽃잎 길이(petal length)의 2개 항목을 사용합니다. 입력 항목을 2개만 쓰는 이유는 설명하거나 그래프로 표현하기 쉽기 때문입니다. 참고로 항목의 값은 3종류로 분류하기 쉽도록 일부 수정해 뒀습니다. 입력 항목 수를 2개에서 4개로 확장하는 것은 크게 어렵지 않으므로 프로그램 구현의 마지막 부분에서 항목 수를 늘려 보겠습니다.

데이터의 특징을 정리하면 다음과 같습니다.

분류할 클래스(3개)

- class: 0(setosa), 1(versicolour), 2(virginica)

입력 항목(2개)

- sepal length(cm): 꽃받침의 길이

- petal length(cm): 꽃잎의 길이

데이터 건수(150건)

데이터의 일부 내용을 표 9-1에 표시했습니다.

표 9-1 학습 데이터의 내용

yt(정답값)	x_1(꽃받침의 길이)	x_2(꽃잎의 길이)
1	6.3	4.7
1	7	4.7
0	5	1.6
2	6.4	5.6
2	6.3	5
0	5	1.6
0	4.9	1.4
1	6.1	4
1	6.5	4.6

그림 9-2는 입력 데이터의 산점도입니다. class 1(versicolour)과 class 2(virginica) 사이의 경계가 다소 모호하지만 2개의 변수로도 어느 정도는 분류할 수 있음을 알 수 있습니다.

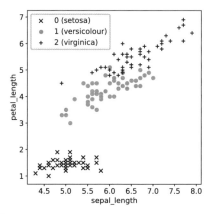

그림 9-2 3종류의 데이터로 그린 산점도

9.2 모델의 기본 개념

정답값의 원핫 인코딩

앞 장에서 살펴본 이진 분류에서는 모델의 최종적인 출력값이 0이나 1의 두 가지 값이 나오는 것을 감안해서 예측함수나 손실함수를 정의했습니다. 이 방법은 이번 예와 같이 모델의 출력값이 0, 1, 2의 세 가지가 나올 때는 사용할 수 없습니다. 그래서 생각해낸 방법이 이번 장의 소개에서 언급했던 **0과 1 사이의 확률값을 출력하는 분류기를 여러 개로 만들어서 사용하는 방법입니다. 이 방법은 여러 개의 분류기를 병렬로 사용하되 확률값이 가장 큰 분류기의 클래스를 모델 전체의 예측값으로 간주합니다.**

좀 더 구체적으로 설명하자면 0, 1, 2라는 정답값을 (1, 0, 0), (0, 1, 0), (0, 0, 1)과 같이 0과 1로 구성된 3차원 벡터로 변환해서 출력하는 모델을 만든다고 생각하면 됩니다. 이때 만들어지는 벡터는 요소 중 하나만 1이고 나머지는 0이라고 해서 '**원핫 벡터(one hot vector)**'라 부르고, 원핫 벡터로 변환하는 과정을 '원핫 인코딩(one hot encoding)'이라고 합니다.

그림 9-3은 정답값을 원핫 인코딩하는 모델의 개념도입니다.

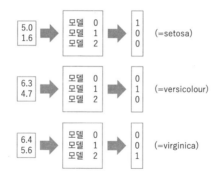

그림 9-3 **출력을 원핫 벡터로 만든 예측 모델**

1대다 분류기

그림 9-3의 모델에서 분류기의 동작 방식에 주목해 봅시다. 예를 들어, 모델 0을 보면 정답값이 0(setosa)일 때는 1을, 그 밖의 값인 1(versicolour)이나 2(virginica)일 때는 0을 출력합니다. 이렇게 동작하는 모델을 1대다 분류기(one vs rest classifier)라고 합니다.

9.3 가중치 행렬

앞 절에서 설명한 바와 같이 다중 클래스 분류 모델에서는 내부적으로 n개의 모델이 병렬로 동작합니다. 즉, 앞 장의 이진 분류 모델에서 가중치 벡터에 해당하는 부분이 n세트 필요하다는 의미입니다. 이처럼 **여러 벌의 가중치 벡터**를 다뤄야 할 때는 **행렬**로 표현하는 것이 좋다는 것을 3.7절에서 배운 적이 있습니다. 이때 행렬과 벡터의 곱을 사용하면 여러 세트의 내적 계산도 한 번에 표현할 수 있습니다.

복습도 할 겸 이진 분류와 가중치 벡터의 관계를 그림 9-4에, 다중 클래스 분류와 가중치 행렬의 관계를 그림 9-5에 정리했습니다.

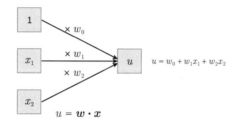

그림 9-4 **이진 분류와 가중치 벡터**

그림 9-4는 앞 장에서 다룬 이진 분류의 분류기를 표현한 것입니다. 좌측 상단의 1은 상수항 w_0를 내적 표현에 포함시키기 위해 추가한 더미 변수입니다. 입력 데이터는 더미 변수까지 포함해서 $\boldsymbol{x} = ((x_0 = 1),$ $x_1, x_2)$와 같은 벡터로 쓰고, 가중치도 $\boldsymbol{w} = (w_0, w_1, w_2)$와 같은 벡터로 쓸 수 있었습니다. 결국 출력 u 는 $u = \boldsymbol{w} \cdot \boldsymbol{x}$와 같은 내적으로 표현할 수 있었습니다.

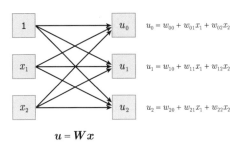

$$\boldsymbol{u} = \boldsymbol{W}\boldsymbol{x}$$

그림 9-5 **다중 클래스 분류와 가중치 행렬**

그림 9-5는 다중 클래스 분류기에서 여러 개의 내적 계산을 행렬로 한번에 처리하는 모습입니다.

수식으로 말하면 다음과 같은 3개의 내적 계산을

$$\begin{cases} u_0 = w_{00} + w_{01}x_1 + w_{02}x_2 \\ u_1 = w_{10} + w_{11}x_1 + w_{12}x_2 \\ u_2 = w_{20} + w_{21}x_1 + w_{22}x_2 \end{cases} \tag{9.3.1}$$

다음과 같은 행렬 $\boldsymbol{W}$로 정의할 수 있습니다.

$$\boldsymbol{W} = \begin{pmatrix} w_{00} & w_{01} & w_{02} \\ w_{10} & w_{11} & w_{12} \\ w_{20} & w_{21} & w_{22} \end{pmatrix}$$

입력 x에 더미 변수 $x_0 = 1$을 포함하면 위의 식을 다음과 같이 정리할 수 있습니다.

$$\boldsymbol{u} = \boldsymbol{W}\boldsymbol{x}$$

9.4 소프트맥스 함수

이진 분류기에서는 그림 9-4와 같이 입력 데이터 x와 가중치 벡터 w의 내적을 구하고 시그모이드 함수 를 적용했습니다. 이때의 함숫값은 확률로 해석할 수 있는 모델의 예측값이었습니다. 그러면 다중 클래 스 분류에서는 시그모이드 함수에 해당하는 부분을 어떻게 처리해야 할까요?

5장의 내용을 기억한다면 감을 잡을 수도 있는데 5.6절에서 본 소프트맥스 함수가 시그모이드 함수의 역할을 대신하게 됩니다.

말이 나온 김에 소프트맥스 함수의 특징을 다시 한번 복습해 봅시다.

- 입력은 n차원 벡터, 출력은 n차원 벡터값 함수
- 각 출력 요소는 0부터 1까지의 값을 가짐
- 모든 출력값을 더하면 1이 됨

이런 특징을 보면 각 요소가 확률값을 의미하는 모델에서는 소프트맥스 함수가 출력함수로 딱 맞다는 것을 알 수 있습니다.

소프트맥스 함수식을 정리하면 다음과 같습니다[2].

$$\begin{cases} y_0 = \dfrac{\exp(u_0)}{g(u_0, u_1, u_2)} \\ y_1 = \dfrac{\exp(u_1)}{g(u_0, u_1, u_2)} \\ y_2 = \dfrac{\exp(u_2)}{g(u_0, u_1, u_2)} \end{cases} \tag{9.4.1}$$

$$g(u_0, u_1, u_2) = \exp(u_0) + \exp(u_1) + \exp(u_2)$$

수식 (9.3.1)과 수식 (9.4.1)은 다중 클래스 분류기의 예측함수에 해당합니다.

그림 9-6은 9.2절부터 9.4절까지의 내용을 종합해서 다중 클래스 분류 모델을 그림으로 표현한 것입니다.

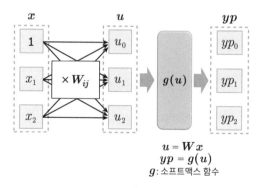

$$u = Wx$$
$$yp = g(u)$$
g: 소프트맥스 함수

그림 9-6 다중 클래스 분류기의 개념도

---

2 뒤에서 파이썬으로 구현하는 것을 감안해서 y의 첨자는 0부터 시작했습니다.

9.5 손실함수

예측함수가 정해졌으니 이번에는 손실함수를 정의합시다. 우선 원핫 인코딩된 정답값 벡터(yt)와 예측 값 벡터(yp)를 다음과 같이 표현합니다.

$$yt = (\, yt_0, \;\; yt_1, \;\; yt_2\,)$$
$$yp = (\, yp_0, \;\; yp_1, \;\; yp_2\,)$$

앞 장과 마찬가지로 정답값을 계산하는 분류기의 확률값에 로그를 적용합니다. 그 결과, 로그가능도함수 는 다음과 같이 쓸 수 있습니다[3].

$$\sum_{i=0}^{2} (yt_i \log{(yp_i)})$$

정답값이 2라고 가정할 때 이 식의 의미는 다음과 같습니다.

- 정답값의 원핫 벡터는 $yt = (0, 0, 1)$이다.

- 정답값을 계산하는 분류기의 예측값은 yp_2이다.

- 확률값의 로그는 $\log(yp_2)$이다.

- 앞의 Σ 식에서 $yt = (0, 0, 1)$을 대입한 결과다.

앞 장과 마찬가지로 로그가능도함수에 −1을 곱하면 손실함수가 됩니다[4]. 여러 개의 데이터 계열과 가능 도함수의 평균값 처리까지 감안한 최종적인 손실함수식은 수식 (9.5.1)과 같습니다. 참고로 M은 전체 데이터 건수인 150입니다. 한편 수식 (9.5.1)의 우변을 보면 가중치 행렬 W가 보이지 않는 것을 알 수 있습니다. 이는 입력 데이터 계열의 벡터와 가중치 벡터의 내적인 수식 (9.3.1), 그리고 소프트맥스 함수 인 수식 (9.4.1)을 통해 벡터 yp가 나왔기 때문인데 내부적으로 W가 포함돼 있다고 생각하면 됩니다[5].

$$L(W) = -\frac{1}{M} \sum_{m=0}^{M-1} \sum_{i=0}^{2} (yt_i^{(m)} \log{(yp_i^{(m)})}) \tag{9.5.1}$$

Σ가 두 번 나오다 보니 수식이 다소 복잡한데 각각의 의미를 알고 나면 그리 어려운 식이 아닙니다.

---

[3] 이 식은 앞 장의 이진 분류에서 교차 엔트로피 식 (8.4.2)가 확장된 것입니다.

[4] 옮긴이: 8.4절을 참고하기 바랍니다.

[5] 어떤 의미인지 감이 잘 오지 않는다면 그림 9–6을 살펴보기 바랍니다.

- 첫 번째 Σ : 데이터의 평균을 구하기 위한 것

- 두 번째 Σ : 원핫 벡터에 대응하기 위한 것

수식 (9.5.1)도 앞 장과 마찬가지로 **교차 엔트로피**라고 부릅니다.

9.6 손실함수의 미분 계산

손실함수도 정해졌으니 이번에는 편미분으로 기울기를 구해 봅시다. 우선 계산식이 복잡해 보이지 않도록 데이터 계열의 첨자를 생략해서 다음과 같이 쓰겠습니다[6].

$$yt^{(m)} \rightarrow yt = (\; yt_0, \;\; yt_1, \;\; yt_2\;)$$
$$yp^{(m)} \rightarrow yp = (\; yp_0, \;\; yp_1, \;\; yp_2\;)$$

데이터 계열 하나에 대한 교차 엔트로피를 ce라고 할 때 수식은 다음과 같습니다.

$$ce(yp_0, yp_1, yp_2) = -\sum_{i=0}^{2} (yt_i \log(yp_i))$$

$$= -(yt_0 \log(yp_0) + yt_1 \log(yp_1) + yt_2 \log(yp_2)) \tag{9.6.1}$$

여기서 교차 엔트로피 ce의 계산 결과는 가중치 행렬 W의 함수인 $L(W)$입니다. 그래서 $L(W)$를 가중치 행렬의 요소 w_{ij}로 편미분해야 합니다.

우선 일반화된 식은 나중에 생각하기로 하고 일단은 w_{12}를 예로 들어 편미분해보겠습니다.

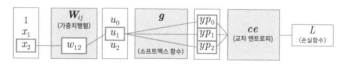

그림 9-7 가중치 행렬과 소프트맥스 함수, 그리고 손실함수와의 관계

그림 9-7을 살펴봅시다. 이 그림은 입력값($1, x_1, x_2$)에서 손실함수 L이 계산되는 과정을 표현한 것입니다. 그림을 살펴보면 다음과 같은 사실을 알 수 있습니다.

- w_{12}의 변화는 u_1에만 영향을 주고 u_0, u_2와는 무관하다.

---

6 수식 (9.5.1)의 첫 번째 Σ 를 생략한 것이라고 생각하면 됩니다.

- u_1의 변화는 yp_0, yp_1, yp_2 모두에게 영향을 준다.

- yp_0, yp_1, yp_2의 변화는 L에게 영향을 준다.

이러한 내용을 의식하면서 편미분해 봅시다.

우선 첫 번째 단계로 w_{12}와 u_1의 관계는 다음과 같은 합성함수의 미분 공식으로 표현할 수 있습니다.

$$\frac{\partial L}{\partial w_{12}} = \frac{\partial L}{\partial u_1} \frac{\partial u_1}{\partial w_{12}} \qquad (9.6.2)$$

두 개의 편미분이 곱셈으로 연결된 모양이 됐습니다. 앞부분의 $\frac{\partial L}{\partial u_1}$은 계산이 복잡하기 때문에 일단 뒤로 미루기로 하고 뒷부분의 $\frac{\partial u_1}{\partial w_{12}}$를 먼저 편미분합시다.

수식 (9.3.1)에 나오는 세 개의 식 중에서 이번의 편미분과 관련된 식은 다음과 같습니다.

$$u_1 = w_{10} + w_{11}x_1 + w_{12}x_2$$

u_1을 w_{12}의 함수라고 생각하면 이 식은 w_{12}의 1차함수이고 계수는 x_2이므로 다음과 같이 편미분할 수 있습니다.

$$\frac{\partial u_1}{\partial w_{12}} = x_2 \qquad (9.6.3)$$

이때 수식 (9.6.3)을 수식 (9.6.2)에 대입하면 다음 식을 얻을 수 있습니다.

$$\frac{\partial L}{\partial w_{12}} = x_2 \frac{\partial L}{\partial u_1} \qquad (9.6.4)$$

이번에는 앞에서 미뤘던 $\frac{\partial L}{\partial u_1}$의 편미분을 해 보겠습니다.

다시 한번 그림 9-7을 살펴봅시다. 이번에는 u_1을 조금만 변화시켰을 때 손실함수 L에 어떤 영향을 미치는지 생각하면서 편미분해봅시다. 영향 관계를 정리하면 다음과 같습니다.

- u_1의 변화는 yp_0, yp_1, yp_2 모두에게 영향을 준다.

- yp_0, yp_1, yp_2의 변화는 L에게 영향을 준다.

u_1에서 보자면 손실함수 L은 소프트맥스 함수 g와 교차 엔트로피 함수 ce의 합성함수로 볼 수 있습니다. 공식 (4.4.5)에 의해 손실함수의 편미분은 다음과 같이 풀어 쓸 수 있습니다.

$$\frac{\partial L}{\partial u_1} = \frac{\partial L}{\partial yp_0}\frac{\partial yp_0}{\partial u_1} + \frac{\partial L}{\partial yp_1}\frac{\partial yp_1}{\partial u_1} + \frac{\partial L}{\partial yp_2}\frac{\partial yp_2}{\partial u_1} \tag{9.6.5}$$

편미분의 곱셈이 여러 개가 더해지는 형태인데, 각 곱셈의 앞부분 $\frac{\partial L}{\partial yp_i}$ 은 교차 엔트로피 함수의 편미분, 곱셈의 뒷부분 $\frac{\partial yp_i}{\partial u_1}$ 는 소프트맥스 함수의 편미분에 해당합니다.

손실함수 L을 수식 (9.6.1)의 교차 엔트로피 함수로 바꿔 쓰면 다음과 같은 모양이 됩니다.

$$L(yp_0, yp_1, yp_2) = ce(yp_0, yp_1, yp_2) = -(yt_0 \log(yp_0) + yt_1 \log(yp_1) + yt_2 \log(yp_2))$$

지금은 학습 단계이므로 앞의 식에서 예측값 벡터(yp_0, yp_1, yp_2)는 가중치 행렬 $\boldsymbol{W}_{ij}$를 포함한 변수이고 정답값 벡터(yt_0, yt_1, yt_2)는 상수로 볼 수 있습니다. 그래서 이 식을 편미분하면 다음과 같이 나옵니다[7].

$$\frac{\partial L}{\partial yp_0} = \frac{\partial ce}{\partial yp_0} = -\frac{yt_0}{yp_0}$$

$$\frac{\partial L}{\partial yp_1} = \frac{\partial ce}{\partial yp_1} = -\frac{yt_1}{yp_1} \tag{9.6.6}$$

$$\frac{\partial L}{\partial yp_2} = \frac{\partial ce}{\partial yp_2} = -\frac{yt_2}{yp_2}$$

한편 수식 (9.6.5)에서 편미분이 곱해진 뒷부분 $\frac{\partial yp_i}{\partial u_1}$ 는 그림 9-7에서 u_1과 (yp_0, yp_1, yp_2)의 관계이므로 소프트맥스 함수의 편미분에 해당합니다. 이 계산은 이미 5.6절의 수식 (5.6.1)에서 살펴본 적이 있으므로 그 결과를 바로 이용합시다. 구체적으로는 다음과 같은 식이 됩니다.

$$\frac{\partial yp_0}{\partial u_1} = -yp_1 \cdot yp_0$$

$$\frac{\partial yp_1}{\partial u_1} = yp_1(1 - yp_1) \tag{9.6.7}$$

$$\frac{\partial yp_2}{\partial u_1} = -yp_1 \cdot yp_2$$

수식 (9.6.5)에 수식 (9.6.6)과 (9.6.7)의 결과를 대입하면 다음과 같이 정리할 수 있습니다.

---

7 로그의 미분 공식이 사용됐습니다.

$$\frac{\partial L}{\partial u_1} = \frac{\partial L}{\partial yp_0}\frac{\partial yp_0}{\partial u_1} + \frac{\partial L}{\partial yp_1}\frac{\partial yp_1}{\partial u_1} + \frac{\partial L}{\partial yp_2}\frac{\partial yp_2}{\partial u_1}$$

$$= -\frac{yt_0}{yp_0}\cdot(-yp_1\cdot yp_0) - \frac{yt_1}{yp_1}\cdot yp_1(1-yp_1) - \frac{yt_2}{yp_2}\cdot(-yp_1\cdot yp_2) \qquad (9.6.8)$$

$$= yt_0\cdot yp_1 - yt_1(1-yp_1) + yt_2\cdot yp_2 = -yt_1 + yp_1(yt_0 + yt_1 + yt_2)$$

$$= yp_1 - yt_1$$

$(yt_0,\ yt_1,\ yt_2)$는 정답값을 원핫 벡터로 만든 것인데 하나의 요소만 1이고 나머지는 0입니다. 따라서 yt_0 + yt_1 + yt_2 = 1은 항상 성립합니다.

계산 과정은 복잡했지만 최종적으로는 매우 단순한 식이 됐습니다.

손실함수 L은 u_0이나 u_2로 편미분하더라도 똑같은 결과로 수식 (9.6.8)이 나옵니다. 그래서 다음과 같이 일반화할 수 있습니다.

$$\frac{\partial L}{\partial u_i} = yp_i - yt_i \qquad (9.6.9)$$
$$(i = 0,\ 1,\ 2)$$

이때 예측값 벡터 $\boldsymbol{yp}$와 정답값 벡터 $\boldsymbol{yt}$ 간의 차이를 오차 벡터 $\boldsymbol{yd}$라고 합시다.

$$\boldsymbol{yd} = \boldsymbol{yp} - \boldsymbol{yt} \qquad (9.6.10)$$

오차 벡터 $\boldsymbol{yd}$를 사용해 수식 (9.6.9)를 다시 쓰면 다음과 같습니다.

$$\frac{\partial L}{\partial u_i} = yd_i \qquad (9.6.11)$$
$$(i = 0,\ 1,\ 2)$$

이어서 수식 (9.6.11)을 사용해 수식 (9.6.4)를 다시 쓰면 다음과 같습니다.

$$\frac{\partial L}{\partial w_{12}} = x_2\frac{\partial L}{\partial u_1} = x_2\cdot yd_1 \qquad (9.6.12)$$

수식 (9.6.11)의 결과를 일반화하면 다음과 같이 쓸 수 있습니다.

$$\frac{\partial L}{\partial w_{ij}} = x_j\cdot yd_i \qquad (9.6.13)$$

수식 (9.6.10), (9.6.11), (9.6.13)은 다중 클래스 분류에서 손실함수를 가중치 행렬의 요소 w_{ij}로 편미분한 결과입니다. 중간의 계산 과정이 다소 복잡했지만 최종적으로는 이진 분류와 마찬가지로 단순한 형태가 됐습니다. 수식 (9.6.11)은 그냥 편미분만 한 것 같지만 10장의 딥러닝에서 상당히 중요한 역할을 하기 때문에 일부러 수식 번호를 달아서 정리했습니다.

지금까지는 데이터 계열을 고려하지 않고 손실함수를 단순화해서 미분했습니다. 데이터 계열을 고려하면서 손실함수(9.5.1)에 수식 (9.6.13)의 결과를 적용하면 다음과 같은 식이 만들어집니다. 이때의 M은 데이터 계열의 전체 개수로 이 예에서는 150이 들어갑니다.

$$\frac{\partial L}{\partial w_{ij}} = \frac{1}{M} \sum_{m=0}^{M-1} x_j^{(m)} \cdot y d_i^{(m)} \tag{9.6.14}$$

수식 (9.6.14)는 다중 클래스 분류 모델에서의 손실함수를 편미분한 결과입니다.

계산 과정이 상당히 복잡했지만 막상 정리해보니 '(x의 입력값)×(y의 오차)'와 같이 간단한 식으로 정리됐습니다. 결국 다중 클래스 분류도 이진 분류와 같은 방법으로 손실함수의 편미분(기울기)을 계산한다는 것을 알 수 있습니다.

9.7 경사하강법의 적용

앞 절에서 손실함수를 편미분한 결과(기울기함수)를 구했으니 지금까지 했던 것과 마찬가지로 경사하강법 알고리즘을 써보겠습니다. 이진 분류와 비교해보면 가중치 벡터가 가중치 행렬로 바뀐 것뿐이라서 그밖의 내용들은 이전과 같은 방식으로 경사하강법 알고리즘을 구현할 수 있습니다. 구체적으로 식을 써보면 다음과 같습니다. 여러 가지 첨자가 함께 나와서 헷갈릴 수 있습니다. 첨자와 변수에 대한 설명을 함께 써 뒀으니 참고하기 바랍니다.

첨자

- i, j: 벡터나 행렬 데이터에서 몇 번째 요소인지 나타내는 첨자
- m: 데이터 계열에서 몇 번째 데이터인지 나타내는 첨자
- k: 반복 계산에서 몇 번째 계산인지 나타내는 첨자

변수

- M: 데이터 계열의 전체 개수(150건)

- N: 분류 클래스의 개수(3개)

$$\boldsymbol{u}^{(k)(m)} = \boldsymbol{W}^{(k)} \cdot \boldsymbol{x}^{(m)} \tag{9.7.1}$$

$$\boldsymbol{yp}^{(k)(m)} = \boldsymbol{h}(\boldsymbol{u}^{(k)(m)}) \tag{9.7.2}$$

$$h_i = \frac{\exp{(u_i)}}{\displaystyle\sum_{j=0}^{N-1} \exp{(u_j)}} \tag{9.7.3}$$

$$\boldsymbol{yd}^{(k)(m)} = \boldsymbol{yp}^{(k)(m)} - \boldsymbol{yt}^{(m)} \tag{9.7.4}$$

$$w_{ij}^{(k+1)} = w_{ij}^{(k)} - \frac{\alpha}{M} \sum_{m=0}^{M-1} yd_i^{(k)(m)} \cdot x_j^{(m)} \tag{9.7.5}$$

각 수식의 의미는 다음과 같습니다.

- (9.7.1) 가중치 행렬과 입력 데이터의 내적

- (9.7.2) 내적의 결과에 소프트맥스 함수를 적용해 예측값 벡터를 계산

- (9.7.3) 소프트맥스 함수의 정의

- (9.7.4) 예측값 벡터와 정답값 벡터 사이의 오차 벡터 계산

- (9.7.5) 오차를 사용해 가중치 행렬값을 변경

9.8 프로그램 구현

앞 장과 마찬가지로 소스코드 중에서 중요한 포인트만 골라 설명해 보겠습니다. 소스코드를 내려받는 방법과 실습 환경을 구성하는 방법을 준비편에 안내해 뒀으니 본문과 비교하면서 따라해 보기 바랍니다.

- URL: https://github.com/wikibook/math_dl_book_info/blob/master/notebooks/ch09–multi–classify.ipynb

- 단축 URL: https://bit.ly/2q9dgJO

원핫 인코딩

```
# y의 원핫 인코딩
from sklearn.preprocessing import OneHotEncoder
ohe = OneHotEncoder(sparse=False, categories='auto')
y_work = np.c_[y_org]
y_all_one = ohe.fit_transform(y_work)
print('오리지널', y_org.shape)
print('2차원화', y_work.shape)
print('원핫 인코딩', y_all_one.shape)

오리지널 (150,)
2차원화 (150, 1)
원핫 인코딩 (150, 3)
```

그림 9-8 정답값의 원핫 인코딩

그림 9-8을 살펴봅시다. 이 내용은 이번 장에서 처음 선보이는 것으로, 정답값을 원핫 벡터로 구현한 것입니다. 이 부분은 사이킷런의 라이브러리인 OneHotEncoder라는 함수를 사용했습니다.

원본인 y_org는 150차원의 벡터 변수입니다. 이를 np.c_의 기능을 사용하면 (150×1)의 행렬을 만들 수 있습니다. 이어서 여기에 fit_transform 함수를 적용하면 원핫 벡터가 만들어집니다.

학습 데이터

```
print('입력 데이터(x)')
print(x_train[:5,:])

입력 데이터(x)
[[1.   6.3 4.7]
 [1.   7.   4.7]
 [1.   5.   1.6]
 [1.   6.4 5.6]
 [1.   6.3 5. ]]
```

그림 9-9 입력 데이터

```
print('정답값(y)')
print(y_train[:5])

정답값(y)
[1 1 0 2 2]

print('정답값(원핫 인코딩)')
print(y_train_one[:5,:])

정답값(원핫 인코딩)
[[0. 1. 0.]
 [0. 1. 0.]
 [1. 0. 0.]
 [0. 0. 1.]
 [0. 0. 1.]]
```

그림 9-10 정답값

그림 9-9는 정리된 데이터, 그림 9-10은 학습 전의 데이터를 표시한 것입니다. 입력 데이터는 항상 값이 1인 더미 변수(1개)와 길이 데이터(2개)로 구성됩니다. 원래는 정답값이 0부터 2까지의 정수였지만 원핫 인코딩을 통해 0과 1의 값을 가지는 3차원 벡터로 변환된 것을 알 수 있습니다.

소프트맥스 함수

```
# 소프트맥스 함수(9.7.3)
def softmax(x):
    x = x.T
    x_max = x.max(axis=0)
    x = x - x_max
    w = np.exp(x)
    return (w / w.sum(axis=0)).T
```

그림 9-11 소프트맥스 함수

그림 9-11은 소프트맥스 함수를 구현한 것입니다. 앞 절의 알고리즘 식으로 보자면 수식 (9.7.3)에 해당합니다. 상당히 짧은 코드지만 다음의 두 가지 사항이 고려돼 있습니다.

오버플로 대책

입력값이 너무 크면 $\exp(x_i)$를 계산하다가 오버플로가 발생할 수 있습니다. 그래서 지수함수를 호출하기 전에 입력 데이터의 최댓값을 빼서 오버플로가 발생하지 않도록 처리합니다[8].

행렬 연산

입력 변수는 벡터일 때도 있지만 여러 개의 데이터 계열을 한번에 다룰 때는 행렬을 사용하게 됩니다. 그래서 벡터와 행렬 모두를 다룰 수 있어야 합니다. 이를 위해 입력 데이터를 일단 전치시키고 마지막에 한 번 더 전치시키는 부분과 집계함수 sum과 max의 매개변수로 (axis=0)을 사용합니다. 집계함수의 동작 방식에 대해서는 이어지는 칼럼에서 설명합니다. 칼럼을 보면서 소스코드에 녹아있는 의미를 되짚어 보기 바랍니다.

칼럼 **넘파이 행렬에 대한 집계함수의 동작 방식**

앞서 살펴본 소스코드에는 집계함수[9]가 사용됐는데 이때 알아야 할 중요한 개념으로 axis가 무엇인지 살펴보겠습니다. 우선 그림 9-12를 살펴봅시다.

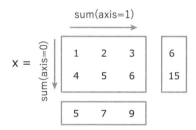

그림 9-12 집계함수의 동작 방식

여기서 집계함수를 적용할 x는 2×3 행렬입니다. sum이라는 집계함수는 세로로 더할 수도 있고, 가로로 더할 수도 있습니다. 더하는 방향은 매개변수 axis로 결정하는데 axis가 0이면 세로 방향으로 합산하고 axis가 1이면 가로 방향으로 합산합니다. 그림 9-13은 실제 소스코드와 실행 결과입니다.

- URL: https://github.com/wikibook/math_dl_book_info/blob/master/notebooks/ch09-x-numpy.ipynb
- 단축 URL: https://bit.ly/33Genz8

---

8   최댓값을 빼더라도 함수의 결과에는 영향을 미치지 않습니다.

9   sum이나 mean과 같이 벡터를 입력받아 하나의 결과를 돌려주는 함수를 말합니다.

```python
import numpy as np
x = np.array([[1,2,3],[4,5,6]])
print(x)

[[1 2 3]
 [4 5 6]]

y = x.sum(axis=0)
print(y)

[5 7 9]

z = x.sum(axis=1)
print(z)

[ 6 15]
```

그림 9-13 집계함수의 사용 예와 실행 결과

참고로 sum 함수에서 axis 매개변수를 생략하면 행렬의 전체 요소를 합산합니다.

예측함수

```python
# 예측값 계산 (9.7.1), (9.7.2)
def pred(x, W):
    return softmax(x @ W)
```

그림 9-14 예측함수

그림 9-14는 예상값을 계산하는 pred 함수를 구현한 것입니다. 얼핏 보면 이진 분류를 할 때와 비슷하다는 것을 알 수 있습니다. 자세히 살펴보면 표 9-2와 같은 차이점이 있는데 이러한 변화는 출력 데이터의 형식이 다르기 때문에 생기는 차이입니다.

표 9-2 이진 분류와 다중 클래스 분류의 예측 함수 간의 차이점

	이진 분류	다중 클래스 분류
가중치	벡터(w)	행렬(W)
함수	시그모이드 함수	소프트맥스 함수
결괏값(입력 데이터가 1건인 경우)	스칼라	벡터(분류 클래스 수)
결괏값(입력 데이터가 데이터 계열인 경우)	벡터(데이터 계열 수)×스칼라	행렬(데이터 계열 수)×(분류 클래스 수)

초기화 처리

그림 9-15는 경사하강법의 초기화 과정입니다. 이진 분류와 달라진 것이 있다면 분류할 클래스 개수로 N이라는 변수가 추가된 것입니다.

이전에는 가중치 벡터 w를 사용했는데 이제는 (입력 데이터의 차원 수)×(분류 클래스의 개수)의 2차원 요소를 가진 가중치 행렬 W를 사용하고 있습니다. 그 밖의 내용은 이진 분류를 할 때와 다르지 않습니다.

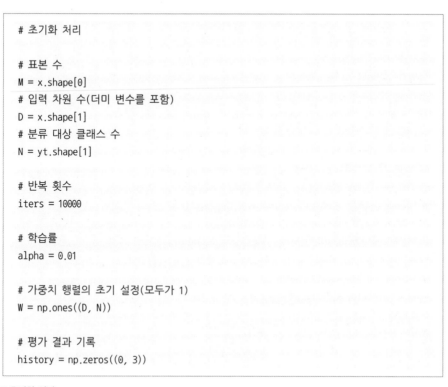

```
# 초기화 처리

# 표본 수
M = x.shape[0]
# 입력 차원 수(더미 변수를 포함)
D = x.shape[1]
# 분류 대상 클래스 수
N = yt.shape[1]

# 반복 횟수
iters = 10000

# 학습률
alpha = 0.01

# 가중치 행렬의 초기 설정(모두가 1)
W = np.ones((D, N))

# 평가 결과 기록
history = np.zeros((0, 3))
```

그림 9-15 초기화 처리

주요 처리

그림 9–16은 경사하강법의 주요 처리 내용입니다.

```
# 주요 처리
for k in range(iters):

    # 예측값 계산 (9.7.1), (9.7.2)
    yp = pred(x, W)

    # 오차 계산 (9.7.4)
    yd = yp - yt

    # 가중치 업데이트 (9.7.5)
    W = W - alpha * (x.T @ yd) / M

    if (k % 10 == 0):
        loss, score = evaluate(x_test, y_test, y_test_one, W)
        history = np.vstack((history, np.array([k, loss, score])))
        print("epoch = %d loss = %f score = %f" % (k, loss, score))
```

그림 9–16 주요 처리

반복 처리에서 핵심적인 부분은 루프의 첫 세 줄입니다. 코드만 보면 이진 분류 때와 거의 똑같아 보이는데 실제로는 다음과 같은 내용이 달라져 있습니다.

- yt, yp, yd, W: 벡터 → 행렬

이런 차이가 있는데도 같은 구현으로 처리할 수 있다는 것이 파이썬의 장점입니다.

한편 'x.T @ yd'에서는 다음의 두 행렬에 대한 내적을 구하게 되는데, 계산 결과가 3×3 행렬로 나옵니다. 결과적으로 원래 행렬의 전체 요소를 한꺼번에 변경하는 것처럼 동작하게 됩니다.

- x.T: 3×75 ((입력의 차원 수)×(학습 데이터의 계열 개수))
- yd: 75×3 ((학습 데이터의 계열 개수)×(분류 클래스의 개수))

손실함수의 값과 정확도의 확인

그림 9-17은 손실함수의 값과 정확도의 초기 상태와 최종 상태를 표시한 것입니다. 두 값 모두 초기 상태보다 최종 상태에서 더 개선된 것을 알 수 있습니다.

```
# 손실함수의 값과 정확도 점검
print('[초기 상태] 손실함수: %f, 정확도: %f' % (history[0,1], history[0,2]))
print('[최종 상태] 손실함수: %f, 정확도: %f' % (history[-1,1], history[-1,2]))

[초기 상태] 손실함수: 1.092628, 정확도: 0.266667
[최종 상태] 손실함수: 0.197948, 정확도: 0.960000
```

그림 9-17 손실함수의 값과 정확도

교차 엔트로피 함수

그림 9-18은 교차 엔트로피 함수를 구현한 내용입니다.

```
# 교차 엔트로피 함수(9.5.1)
def cross_entropy(yt, yp):
    return -np.mean(np.sum(yt * np.log(yp), axis=1))
```

그림 9-18 교차 엔트로피 함수의 구현

교차 엔트로피 함수는 수식 (9.5.1)을 구현한 것입니다.

인수인 yt(정답값 벡터)와 yp(예측값 벡터)는 행렬로 전달되므로 다음 계산을 하게 됩니다.

- 'yt*log(yp)'의 결과를 클래스 수의 차원 단위로 합산한다(np.sum..., axis=1).
- 계산 결과(1차원)의 평균을 구하고(np.mean(...)) 마이너스 부호를 붙인다.

평가함수

```python
# 모델을 평가하는 함수
from sklearn.metrics import accuracy_score

def evaluate(x_test, y_test, y_test_one, W):

    # 예측값 계산(확률값)
    yp_test_one = pred(x_test, W)

    # 확률값에서 예측 클래스(0, 1, 2)를 도출
    yp_test = np.argmax(yp_test_one, axis=1)

    # 손실함수 값 계산
    loss = cross_entropy(y_test_one, yp_test_one)

    # 정확도 산출
    score = accuracy_score(y_test, yp_test)
    return loss, score
```

그림 9-19 **평가함수**

그림 9-19의 평가함수(evaluate)에서는 다음과 같은 처리를 합니다.

(1) 학습에 사용하지 않은 검증 데이터(x_test)로 예측값을 계산한다.

(2) (1)의 예측값은 확률값의 벡터 정보이므로 argmax 함수로 가장 확실한 클래스를 계산한다.

(3) 그림 9-18에서 구현된 cross_entropy 함수로 손실함수를 계산한다.

(4) (2)의 결과와 사이킷런의 accuracy_score 함수로 검증 데이터에 대한 정확도를 계산한다.

(5) (3)의 손실함수의 값과 (4)의 정확도를 반환한다.

학습 곡선 표시

그림 9-20과 그림 9-21에 검증 데이터에 대한 손실함수와 정확도의 학습 곡선을 표시했습니다. 손실함수는 값이 지속적으로 줄어들고, 정확도는 2000회 정도까지는 나아지지만 4000회 정도에서 상한선에 이른 것을 알 수 있습니다.

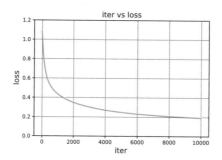

그림 9-20 손실함수의 그래프

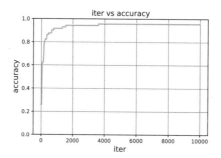

그림 9-21 정확도의 그래프

이번에는 그림 9-22의 3차원 그래프를 살펴봅시다. 이 그래프는 이번 모델에서 만든 세 개의 분류기 각각의 확률값을 3차원 그래프로 표현한 것입니다. 세 개의 모델 각각에서 높은 확률값이 나오는 범위가 어디쯤인지 그래프를 보면서 확인할 수 있습니다.

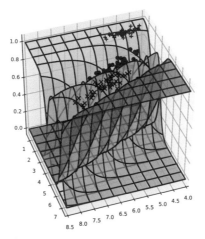

그림 9-22 분류기 3개의 예측값에 대한 3차원 그래프

입력 데이터의 4차원화

마지막으로 입력 데이터를 2차원에서 4차원으로 늘리면 어떻게 되는지 생각해 봅시다. 7장과 마찬가지로 이미 다양한 차원에 대응하도록 일반화돼 있으므로 단지 입력 데이터의 차원 수를 늘리기만 하면 됩니다. 코드에서 변경된 부분과 결과만 살펴보면 다음과 같습니다.

```python
# 더미 변수를 추가
x_all2 = np.insert(x_org, 0, 1.0, axis=1)

# 학습 데이터와 검증 데이터로 분할
from sklearn.model_selection import train_test_split

x_train2, x_test2, y_train, y_test,\
y_train_one, y_test_one = train_test_split(
    x_all2, y_org, y_all_one, train_size=75,
    test_size=75, random_state=123)
print(x_train2.shape, x_test2.shape,
    y_train.shape, y_test.shape,
    y_train_one.shape, y_test_one.shape)

(75, 5) (75, 5) (75,) (75,) (75, 3) (75, 3)


print('입력 데이터(x)')
print(x_train2[:5,:])

입력 데이터(x)
[[1.  6.3 3.3 4.7 1.6]
 [1.  7.  3.2 4.7 1.4]
 [1.  5.  3.  1.6 0.2]
 [1.  6.4 2.8 5.6 2.1]
 [1.  6.3 2.5 5.  1.9]]

# 학습 대상의 선택
x, yt, x_test = x_train2, y_train_one, x_test2
```

그림 9-23 입력 데이터를 만드는 법

그림 9-23은 4차원의 입력 데이터를 만드는 내용입니다. x_train2는 더미 변수를 포함해서 5차원 데이터가 된 것을 알 수 있습니다.

소스코드는 범용적으로 쓸 수 있도록 구현돼 있으므로 그 밖의 내용은 수정할 필요가 없습니다. 실행 결과를 살펴보면 다음과 같습니다.

```
# 손실함수의 값과 정확도 점검
print('[초기 상태] 손실함수: %f, 정확도: %f' % (history[0,1], history[0,2]))
print('[최종 상태] 손실함수: %f, 정확도: %f' % (history[-1,1], history[-1,2]))

[초기 상태] 손실함수: 1.091583, 정확도: 0.266667
[최종 상태] 손실함수: 0.137235, 정확도: 0.960000
```

그림 9-24 손실함수의 결괏값과 정확도

그림 9-24는 실행 결과를 요약한 것입니다. 아쉽게도 이번에 사용한 데이터로는 2변수를 사용할 때와 정확도 면에서는 큰 차이가 없었습니다. 이전에도 언급한 것처럼 눈에 띄게 예외적인 이상 데이터가 하나 있었는데 아무래도 그 데이터 때문에 영향을 받은 것으로 짐작하고 있습니다. 다만 손실함수의 결괏값은 2변수였을 때 약 0.2였던 것에 반해 4변수일 때 약 0.14으로 개선되어 더 나은 품질의 모델이 된 것을 알 수 있습니다.

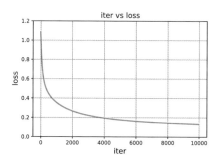

그림 9-25 손실함수의 그래프

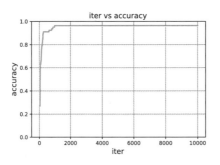

그림 9-26 정확도의 그래프

그림 9-25는 손실함수의 결괏값을 세로 축으로, 그림 9-26은 정확도를 세로축으로 해서 학습 곡선을 표시한 것입니다. 2변수였을 때는 가장 좋은 정확도로 0.96이 나오기까지 4000회 정도 반복했는데 이번에는 1000회 정도 반복해서 비슷한 정확도를 내고 있습니다. 손실함수의 결괏값이 작다는 점까지 고려하면 변수를 늘렸을 때 모델의 품질이 개선될 수 있다는 것을 알 수 있습니다.

마지막 실습에서 한 가지 더 짚어볼 중요한 사실이 있습니다. 이번 장에서는 원래의 입력 변수가 2차원이라는 전제로 모델의 동작 방식을 생각하고 알고리즘을 구현했습니다. 이후에는 그렇게 만든 모델을 입력 변수가 4차원인 경우로 확장했는데 결과적으로는 아무런 문제없이 잘 동작했습니다. 이 말은 이번에 만든 모델이 임의의 차원까지도 확장할 수 있다는 것을 의미합니다. 실제로 뒤에 나올 10장에서는 이미지 데이터를 처리하기 위해 784차원의 입력 데이터를 다루게 될 것입니다.

딥러닝 구현을 위한 필수 개념	1장 회귀1	7장 회귀2	8장 이진 분류	9장 다중 클래스 분류	10장 딥러닝
1. 손실함수	○	○	○	○	○
3.7 행렬과 행렬 연산				○	○
4.5 경사하강법		○	○	○	○
5.5 시그모이드 함수			○		○
5.6 소프트맥스 함수				○	○
6.3 최대가능도 함수와 최대가능도 추정			○	○	○
10 오차역전파					○

이번 장에서는 드디어 딥러닝 모델을 구현합니다.

지금까지는 신경망에서 입력층 노드와 출력층 노드만 사용했었는데 이번 장에서는 처음으로 은닉층 노드가 등장합니다. 그러다 보니 학습 방법도 복잡해지는데 순서대로 계산하다 보면 앞 장의 로지스틱 회귀가 응용된 것이라고 깨닫게 됩니다.

딥러닝 모델을 정의할 때는 '은닉층이 있는 신경망'이라 정의하기도 하고 '은닉층이 최소한 2개가 있는 신경망'이라고 더 엄격한 기준으로 정의하기도 합니다.

이번 장에서는 먼저 은닉층이 1개인 3계층 신경망을 다루고, 마지막에 은닉층이 2개인 패턴을 다뤄서 두 정의를 모두 만족시키고 있습니다.

이번 장까지 완독하면 딥러닝이라는 산에서 정상 가까이에 이른 셈입니다. 조금만 더 힘을 내서 정상에서 바라보는 아름다운 풍경을 만끽하기 바랍니다.

앞 장과 마찬가지로 이번 장의 전체 구성을 그림 10-1에 정리했습니다.

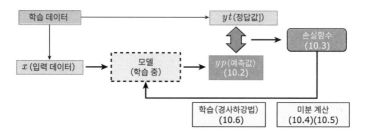

그림 10-1 이번 장의 구성

10.1 예제 개요

이번 장에서는 학습 데이터로 'mnist 손글씨 데이터'를 사용합니다[1].

이 데이터는 0에서 9까지의 숫자를 손으로 쓴 이미지의 모음인데 해상도는 28×28로 총 7만 장의 데이터가 인터넷에 공개돼 있습니다[2]. 딥러닝을 할 때는 대량의 학습 데이터가 필요하므로 실습용으로는 최적의 데이터셋이라 볼 수 있습니다.

그림 10-2는 데이터의 일부를 표시한 것입니다.

이번 장에서는 해상도 28×28의 이미지를 입력 데이터로 만들기 위해 784(=28×28)개의 요소로 구성된 1차원 데이터를 사용합니다. 각 요소는 흑백의 정도를 나타내는 데이터 값으로 0(흰색)에서 255(검정색)까지의 값을 가집니다.

참고로 딥러닝에는 2차원 데이터로 이미지를 다룰 수 있는 CNN이라는 기법이 있는데 이에 대해서는 11장에서 짧게 소개하겠습니다.

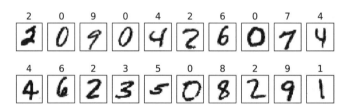

그림 10-2 mnist 데이터의 일부

---

1 URL: http://yann.lecun.com/exdb/mnist/
   단축 URL: https://bit.ly/3cFdPOO
2 학습용 6만 장. 검증용 1만 장이 준비돼 있습니다.

10.2 모델 구성과 예측함수

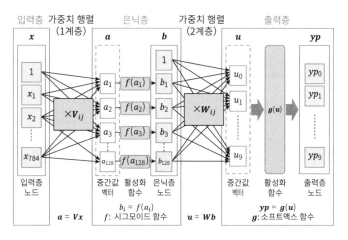

그림 10-3 3계층 신경망의 개념도

그림 10-3은 이제부터 구현할 3계층 신경망의 개념도입니다. 꽤나 복잡해 보이지만 하나하나 뜯어보면 지금까지 배운 내용이 조합돼 있다는 걸 알게 됩니다. 과연 그러한지 각 요소를 하나하나 뜯어봅시다.

우선 전체적인 구성부터 살펴봅시다. 지금까지는 신경망에 입력층과 출력층밖에 없었지만 이번에는 그 중간에 '은닉층(hidden layer)'이라는 것이 생겼습니다. 그에 따라 가중치 행렬도 1계층의 행렬 V와 2계층의 행렬 W까지 2개로 늘었습니다. 이들의 관계를 그림 10-3을 보면서 확인해 봅시다.

그림 10-3을 보면 은닉층과 출력층이 중간값 벡터와 활성화함수(출력용 함수), 그리고 결과 노드(은닉층 노드와 출력층 노드)의 세 가지로 구성된 것을 알 수 있습니다. 이러한 구성 요소의 기능에 대해서는 8장과 9장에서 이미 설명했는데 부르는 이름이 달라졌으니 다시 한번 상기하는 차원에서 정리해보겠습니다.

- 중간값 벡터: 앞 계층의 노드와 가중치 행렬을 곱한 후의 벡터입니다. 9.4절의 그림 9-6에서는 벡터 u에 해당합니다.

- 활성화함수: 중간값 벡터를 입력으로 받아 각 층의 최종값(결과 노드)을 출력합니다. 그림 9-6에서는 소프트맥스 함수 $g(u)$에 해당하고 8장의 이진 분류에서는 시그모이드 함수에 해당합니다.

- 결과 노드: 활성화함수의 결과로 최종값을 가진 노드입니다. 그림 9-6에서는 벡터 yp에 해당합니다.

이 관계를 정리하면 표 10-1과 같습니다.

표 10-1 계층과 구성 요소 간의 관계

	은닉층	출력층
중간값 벡터	a	u
활성화함수	시그모이드 함수 $f(a_i)$	소프트맥스 함수 $g(u)$
결과 노드	b(은닉층 노드)	yp(출력층 노드)

이제 예측 단계의 데이터 흐름을 살펴봅시다.

첫 번째 단계는 입력층 노드 x에서 은닉층 노드 b로 이어지는 은닉층 처리입니다. 입력층 노드 x의 입력 변수에는 항상 값이 1인 더미 변수가 포함돼 있습니다. 그래서 입력 데이터의 차원 수는 785차원입니다. 지금까지 해왔던 실습에 비하면 차원 수가 상당히 크지만 그간 다뤘던 알고리즘은 입력 차원과 상관없이 범용적으로 사용할 수 있으므로 큰 문제가 되지 않습니다.

은닉층의 입력으로 들어갈 1계층의 가중치 행렬을 V_{ij}라고 합시다. 이때 은닉층 노드 b의 차원 수는 128개입니다[3]. 결국 1계층의 가중치 행렬 V는 785×128의 요소를 갖게 됩니다.

입력층 노드 x에서 중간값 벡터 a를 구하는 식은 다음과 같습니다.

$$a = Vx$$

a의 요소 a_i에서 은닉층 b의 요소 b_i를 구하는 식은 활성화함수 $f(x)$를 시그모이드 함수로 사용해 다음과 같이 쓸 수 있습니다.

$$b_i = f(a_i)$$
$$f(x) = \frac{1}{1 + \exp(-x)}$$

다음 단계는 은닉층 노드 b에서 출력층 노드 yp로 이어지는 출력층의 처리입니다. 중간값 벡터 u는 앞의 방법과 비슷해서 가중치 행렬 W와 b의 내적으로 구할 수 있습니다.

$$u = Wb$$

---

3 은닉층 노드의 차원 수를 얼마로 할 것인지 특별히 정해진 규칙은 없습니다. 차원 수를 바꿨을 때 어떤 결과가 나올지 궁금하다면 실습 프로그램에서 은닉층 노드의 차원 수(H)를 바꿔서 시험해 보기 바랍니다.

한편 벡터 $\boldsymbol{u}$에 소프트맥스 함수 $\boldsymbol{g(u)}$를 적용하면 예측값 $\boldsymbol{yp}$를 구할 수 있습니다. 이 내용을 식으로 표현하면 다음과 같습니다[4].

$$\boldsymbol{yp} = \boldsymbol{g(u)}$$

$$g_i(\boldsymbol{u}) = \frac{\exp(u_i)}{\displaystyle\sum_{k=0}^{N-1} \exp(u_k)}$$

지금까지 나온 식을 정리하면 다음과 같습니다.

$$\boldsymbol{a} = \boldsymbol{Vx} \tag{10.2.1}$$

$$b_i = f(a_i) \tag{10.2.2}$$

$$f(x) = \frac{1}{1+\exp(-x)} \tag{10.2.3}$$

$$\boldsymbol{u} = \boldsymbol{Wb} \tag{10.2.4}$$

$$\boldsymbol{yp} = \boldsymbol{g(u)} \tag{10.2.5}$$

$$g_i(\boldsymbol{u}) = \frac{\exp(u_i)}{\displaystyle\sum_{k=0}^{N-1} \exp(u_k)} \tag{10.2.6}$$

식의 개수가 많다 보니 따라가는 것이 힘들 수 있는데 그림 10-3과 비교해 보면서 데이터의 흐름에 식을 맞춰 보기 바랍니다. 왼쪽의 입력층 노드 $\boldsymbol{x}$로부터 오른쪽의 출력층 노드 $\boldsymbol{yp}$에 이르기까지 데이터가 흘러가는 모습이 눈에 보일 것입니다. 이러한 흐름의 계산 과정을 '**순전파**(forward propagation)'라고 합니다.

10.3 손실함수

앞 장에서 본 로지스틱 회귀 모델(다중 클래스 분류)의 그림 9-6과 딥러닝 모델의 그림 10-3을 비교해 보면 출력 부분이 똑같다는 것을 알 수 있습니다. 이 말은 손실함수의 정의를 똑같이 활용할 수 있다는 말이기도 합니다.

---

4 수식 중 N은 분류할 클래스의 개수이며, 이 예에서는 10입니다.

따라서 이전에 사용한 손실함수(교차 엔트로피)를 그대로 쓰고 자세한 설명은 생략합니다. 잘 생각이 나지 않는다면 9.5절을 참고하기 바랍니다.

$$L(\boldsymbol{W}) = -\frac{1}{M}\sum_{m=0}^{M-1}\sum_{i=0}^{N-1}(yt_i^{(m)}\log(yp_i^{(m)}))$$

수식에 사용된 변수의 의미는 다음과 같습니다.

- M : 데이터 계열의 전체 개수
- N : 분류 클래스의 개수(10개)
- $yt_i^{(m)}$: m번째 데이터 계열에 대한 i번째 분류기의 정답값
- $yp_i^{(m)}$: m번째 데이터 계열에 대한 i번째 분류기의 출력값(예측값)

다음 절에서 손실함수를 미분할 때는 계산식이 복잡해지지 않도록 데이터 계열의 첨자는 생략합니다. 간단히 표현된 손실함수는 다음과 같습니다.

$$L(\boldsymbol{W}) = -\sum_{i=0}^{N-1} yt_i\log(yp_i)$$

10.4 손실함수의 미분 계산

이번 절에서는 딥러닝 모델의 손실함수를 미분해서 경사하강법을 적용할 준비를 해 봅시다.

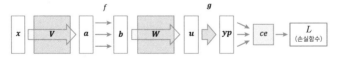

그림 10-4 입력 데이터와 손실함수의 관계

그림 10-4는 앞 장의 그림 9-7과 같이 입력 데이터에서 손실함수에 이르기까지의 계산 과정을 표현한 것입니다. 구조가 상당히 복잡해진 터라 혼란스럽지 않도록 그림 9-7보다 간단하게 그렸습니다. 기본적인 구성 요소는 그림 9-7과 같기 때문에 내용이 헷갈린다면 앞의 내용을 참고해도 됩니다. 다만 그림을 간략히 그리다 보니 더미 변수 같은 세부적인 내용이 생략됐는데 그런 부분까지 감안하고 큰 그림으로 맥락을 살펴봐주기 바랍니다.

우선 그림 10-4에서 각 변수(대부분은 벡터)의 관계를 정리하면 다음과 같습니다.

$$\boldsymbol{a} = \boldsymbol{V}\boldsymbol{x}$$

$$b_i = f(a_i)$$

$$f(x) : \text{시그모이드 함수}$$

$$\boldsymbol{u} = \boldsymbol{W}\boldsymbol{b}$$

$$\boldsymbol{yp} = \boldsymbol{g}(\boldsymbol{u})$$

$$\boldsymbol{g}(\boldsymbol{u}) : \text{소프트맥스 함수}$$

$$L = \text{ce} = -\sum_{k=0}^{N-1} yt_k \log(yp_k)$$

그림 10-4에서 우선 주목해야 할 부분은 중간의 $\boldsymbol{b}$에서 가장 오른쪽의 손실함수 L까지의 구간입니다. 변수 $\boldsymbol{b}$를 $\boldsymbol{x}$로 바꿔보면 앞 장의 수식 (9.7.1)과 기본 구조가 똑같다는 것을 알 수 있습니다. 이 말은 2계층의 가중치 행렬 $\boldsymbol{W}$의 미분은 앞 장과 똑같다는 의미이기도 합니다.

이해를 돕기 위해 이번 장에서 사용할 미분 식에 이전 장의 수식 번호를 나란히 적어봤습니다.

$$\boldsymbol{yd} = \boldsymbol{yp} - \boldsymbol{yt} \qquad\qquad (10.4.1) \leftarrow (9.6.10)$$

$$\frac{\partial L}{\partial u_i} = yd_i \qquad\qquad (10.4.2) \leftarrow (9.6.11)$$

$$\frac{\partial L}{\partial w_{ij}} = b_j \cdot yd_i \qquad\qquad (10.4.3) \leftarrow (9.6.13)$$

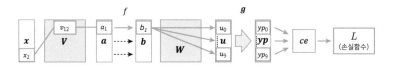

그림 10-5 v_{12}를 변화시켰을 때 영향을 받는 요소

이번에는 1계층의 가중치 행렬 $\boldsymbol{V}$를 편미분해봅시다. 우선 앞 장과 마찬가지로 특정 요소 v_{12}에 대해 편미분한 다음, 결과가 나오면 일반화해 봅시다.

그림 10-5는 가중치 행렬의 한 요소인 v_{12}에 주목해서 이 요소가 변할 때 어디에 영향을 주는지를 표현한 것입니다. 그림을 보면 은닉층의 중간값 벡터 $\boldsymbol{a}$의 요소 중에서 a_1만 영향을 받는 것을 알 수 있습니다. 벡터 $\boldsymbol{a}$의 a_2 이후의 요소는 v_{12}와 무관하므로 4.4절의 합성함수의 공식을 사용해 다음과 같은 식을 쓸 수 있습니다.

$$\frac{\partial L}{\partial v_{12}} = \frac{\partial L}{\partial a_1} \cdot \frac{\partial a_1}{\partial v_{12}} \tag{10.4.4}$$

먼저 $\frac{\partial a_1}{\partial v_{12}}$ 부터 살펴봅시다.

수식 (10.2.1)을 요소가 보이게 전개한 다음, a_1을 기준으로 식을 정리하면 다음과 같이 쓸 수 있습니다.

$$a_1 = v_{10}x_0 + v_{11}x_1 + v_{12}x_2 + v_{13}x_3 + \cdots$$

이 식을 v_{12}로 편미분하면 다음과 같은 결과를 얻을 수 있습니다.

$$\frac{\partial a_1}{\partial v_{12}} = x_2 \tag{10.4.5}$$

수식 (10.4.5)의 결과를 수식 (10.4.4)에 대입하면 다음과 같은 식이 나옵니다.

$$\frac{\partial L}{\partial v_{12}} = x_2 \cdot \frac{\partial L}{\partial a_1} \tag{10.4.6}$$

다음은 $\frac{\partial L}{\partial a_1}$ 을 살펴봅시다.

그림 10-5를 보면 a_1이 변할 때 $\boldsymbol{b}$의 계층에서는 b_1만 변합니다. b_2 이후의 요소는 a_1과 관련이 없으므로 합성함수의 공식을 써서 다음과 같이 표현할 수 있습니다.

$$\frac{\partial L}{\partial a_1} = \frac{\partial L}{\partial b_1} \cdot \frac{db_1}{da_1} \tag{10.4.7}$$

우변의 뒷부분은 함수 $f(a_1)$의 미분이므로 다음과 같이 쓸 수 있습니다.

$$\frac{db_1}{da_1} = f'(a_1) \tag{10.4.8}$$

그림 10-5로 다시 돌아가 b_1이 변화할 때 어디까지 영향이 미치는지 확인해봅시다. 확인 결과 b_1이 변할 때 $\boldsymbol{u}$의 모든 요소가 영향을 받는 것을 알 수 있습니다. 이때 편미분을 포함한 합성함수의 미분 공식 (4.4.5)를 사용하면 다음과 같이 편미분을 계산할 수 있습니다. 이때의 N은 분류 클래스의 개수이며 이 예에서는 10입니다.

$$\frac{\partial L}{\partial b_1} = \sum_{l=0}^{N-1} \frac{\partial L}{\partial u_l} \frac{\partial u_l}{\partial b_1} \tag{10.4.9}$$

$\frac{\partial L}{\partial u_l}$에는 수식 (9.6.11)이나 (10.4.2)를 사용할 수 있습니다.

단, 미분하는 변수명이 u_i가 아닌 u_l이므로 다음과 같이 다시 쓸 수 있습니다.

$$\frac{\partial L}{\partial u_l} = yd_l \qquad (10.4.10)$$

$\frac{\partial u_l}{\partial b_1}$를 풀기 위해 u_l을 u_2라고 가정합시다. u_2는 다음과 같이 풀어 쓸 수 있습니다.

$$u_2 = w_{20}b_0 + w_{21}b_1 + w_{22}b_2 + w_{23}b_3 + \cdots$$

u_2를 b_1로 편미분하면 다음과 같습니다.

$$\frac{\partial u_2}{\partial b_1} = w_{21}$$

이제 u_2를 u_l로 일반화해서 원래의 모양으로 되돌려 놓습니다.

$$\frac{\partial u_l}{\partial b_1} = w_{l1} \qquad (10.4.11)$$

결국 수식 (10.4.9)는 수식 (10.4.10)과 (10.4.11)에 의해 다음과 같이 쓸 수 있습니다.

$$\frac{\partial L}{\partial b_1} = \sum_{l=0}^{N-1} yd_l \cdot w_{l1} \qquad (10.4.12)$$

그리고 수식 (10.4.7)에 수식 (10.4.8)과 (10.4.12)를 대입하면 다음 식을 얻을 수 있습니다.

$$\frac{\partial L}{\partial a_1} = f'(a_1) \sum_{l=0}^{N-1} yd_l \cdot w_{l1} \qquad (10.4.13)$$

수식 (10.4.6)과 (10.4.13)은 편미분의 최종 결과입니다. 이 식을 v_{ij}의 요소로 일반화하면 다음과 같이 표현할 수 있습니다.

$$\frac{\partial L}{\partial v_{ij}} = x_j \cdot \frac{\partial L}{\partial a_i} \qquad (10.4.14)$$

$$\frac{\partial L}{\partial a_i} = f'(a_i) \sum_{l=0}^{N-1} yd_l \cdot w_{li}$$

(10.4.15)

이것이 손실함수 L을 1계층의 가중치 행렬 V, 그중에서도 v_{ij} 요소로 편미분한 결과입니다.

10.5 오차역전파

이번 절에서는 앞 절에서 도출한 편미분 수식을 파이썬으로 구현할 수 있도록 정리할 것입니다. 가중치 행렬을 미분할 때는 예측 단계와는 달리 출력층 노드에서 입력층 노드 방향으로 반대로 계산합니다. 또한 미분 계산의 출발점은 출력층 노드의 오차에서 시작합니다. 이런 특징 때문에 이러한 계산 방식을 '오차역전파(誤差逆伝播, backpropagation)'라고 합니다. 이제 구체적인 계산 방법을 확인해 봅시다.

우선 가중치 앞 장에서 도출한 행렬 W의 편미분 결과와 앞 절에서 도출한 가중치 행렬 V의 편미분 결과를 다시 써보면 다음과 같습니다.

가중치 행렬 W의 편미분

$$\frac{\partial L}{\partial w_{ij}} = b_j \cdot \frac{\partial L}{\partial u_i}$$

(10.5.1)

$$\frac{\partial L}{\partial u_i} = yd_i$$

(10.5.2)

가중치 행렬 V의 편미분

$$\frac{\partial L}{\partial v_{ij}} = x_j \cdot \frac{\partial L}{\partial a_i}$$

(10.5.3)

$$\frac{\partial L}{\partial a_i} = f'(a_i) \sum_{l=0}^{N-1} yd_l \cdot w_{li}$$

(10.5.4)

이때 은닉층 노드 b에서의 오차 bd는 다음과 같이 표현할 수 있습니다.

$$bd_i = \frac{\partial L}{\partial a_i} = f'(a_i) \sum_{l=0}^{N-1} yd_l \cdot w_{li}$$

(10.5.5)

이 식을 활용하면 수식 (10.5.3)과 (10.5.4)를 다음과 같이 쓸 수 있습니다.

$$\frac{\partial L}{\partial v_{ij}} = x_j \cdot bd_i \qquad (10.5.6)$$

$$\frac{\partial L}{\partial a_i} = bd_i \qquad (10.5.7)$$

식을 보면 수식 (10.5.1)과 (10.5.2)와 유사한 형태라는 것을 알 수 있습니다.

이렇게 정의된 bd를 딥러닝에서는 '**은닉층의 오차**'라고 합니다. 1계층의 가중치 행렬 V를 편미분(기울기)하는 계산과 2계층의 가중치 행렬 W를 편미분(기울기)하는 계산을 같은 수식으로 풀 수 있습니다.

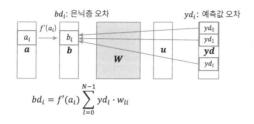

그림 10-6 은닉층의 오차 계산

그림 10-6은 은닉층의 오차 bd의 계산을 그림으로 표현한 것입니다. 그림에서 알 수 있듯이 예측값의 오차 yd_i와 가중치 행렬 w_{li}의 곱을 모두 더하는 방법으로 오차를 구한 것을 알 수 있습니다.

은닉층이 2개일 때의 학습

은닉층이 1개인 신경망을 편미분한 결과는 수식 (10.5.5)와 (10.5.7)에서 구했습니다. 남은 것은 경사 하강법 알고리즘으로 표현하는 것인데, 이왕 여기까지 계산해봤으니 은닉층이 2개인 신경망도 편미분해 봅시다.

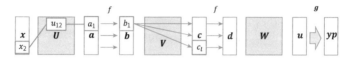

그림 10-7 은닉층이 2개인 신경망

그림 10-7은 은닉층이 2개인 신경망을 표현한 것입니다. 앞서 설명한 은닉층이 1개인 경우와 비교해 보면 입력층 노드 쪽에 U_{ij}라는 가중치 행렬이 추가된 것을 알 수 있습니다. 그래서 새롭게 추가된 부분만 편미분을 따로 해 보겠습니다. U의 특정 요소 u_{12}를 예로 들어 설명하겠습니다.

먼저 합성함수의 미분을 두 번 써서 다음과 같이 표현합니다.

$$\frac{\partial L}{\partial u_{12}} = \frac{\partial L}{\partial b_1} \cdot \frac{db_1}{da_1} \cdot \frac{\partial a_1}{\partial u_{12}}$$

각각의 미분 결과는 앞에서 이미 다뤘기 때문에 자세한 설명은 생략합니다[5].

$$\frac{\partial L}{\partial b_1} = \sum_{l=1}^{H} \frac{\partial L}{\partial c_l} \frac{\partial c_l}{\partial b_1} = \sum_{l=1}^{H} dd_l \cdot v_{l1}$$

$$\frac{db_1}{da_1} = f'(a_1)$$

$$\frac{\partial a_1}{\partial u_{12}} = x_2$$

결국 다음과 정리할 수 있습니다.

$$\frac{\partial L}{\partial u_{12}} = x_2 \cdot \frac{\partial L}{\partial a_1}$$

$$\frac{\partial L}{\partial a_1} = f'(a_1) \sum_{l=1}^{H} dd_l \cdot v_{l1}$$

앞서 예로 들었던 요소 u_{12}를 u_{ij}로 일반화하면 다음과 같이 쓸 수 있습니다.

$$\frac{\partial L}{\partial u_{ij}} = x_j \cdot \frac{\partial L}{\partial a_i} \tag{10.5.8}$$

$$\frac{\partial L}{\partial a_i} = f'(a_i) \sum_{l=1}^{H} dd_l \cdot v_{li} \tag{10.5.9}$$

이 두 가지 식에서 다음 내용을 알 수 있습니다.

- 1계층의 가중치 행렬 u_{ij}의 편미분(기울기)을 구하려면 첫 번째 은닉층의 오차 $bd_i = \frac{\partial L}{\partial a_i}$를 알아야 한다. (수식 (10.5.8) 참고)

---

5 여기서 나오는 H는 은닉층 노드의 차원 수를 의미합니다. 엄밀히 말하자면 은닉층에도 더미 변수가 들어가는데 나중에 소스코드에서 구현하기로 하고 여기서는 편의상 생략하고 넘어갑니다.

▪ **첫 번째 은닉층의 오차** $bd_i = \dfrac{\partial L}{\partial a_i}$ 은 두 번째 은닉층의 오차 dd_i과 **2계층의 가중치 행렬** v_{li}의 값으로 구할 수 있다. (수식 (10.5.9) 참고)

같은 구조가 반복되므로 미분도 같은 방식으로 구할 수 있습니다.

다음은 그림 10-7에 나오는 3개의 가중치 행렬로 편미분(기울기)을 구하는 절차입니다.

(1) 오차의 계산

▪ 1-a 예측값 벡터 yp와 정답값 벡터 yt로 출력값의 오차 벡터 yd를 계산

▪ 1-b yd와 가중치 행렬 W로 두 번째 은닉층의 오차 벡터 dd를 계산

▪ 1-c dd와 가중치 행렬 V로 첫 번째 은닉층의 오차 벡터 bd를 계산

(2) 편미분(기울기)의 계산

▪ 2-a yd와 d로 W의 기울기를 계산

▪ 2-b dd와 b로 V의 기울기를 계산

▪ 2-c bd와 x로 U의 기울기를 계산

그림 10-8은 이러한 계산 과정을 그림으로 표현한 것입니다.

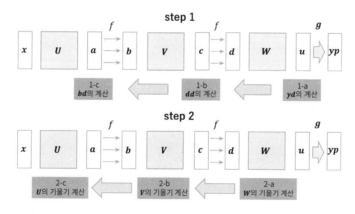

그림 10-8 오차역전파의 계산 순서

이 방법이라면 이론상 아무리 많은 은닉층이 있다고 하더라도 각 층에 입력되는 가중치 행렬을 편미분할 수 있습니다. 이것이 **딥러닝 학습의 핵심 원리**입니다.

이러한 계산 과정에서 중요한 것은 예측 단계에서는 입력층에서 출력층으로 순방향의 계산이 진행(순전파)되지만 **학습 단계에서는 출력층에서 입력층으로 역방향의 오차 계산이 진행(역전파)**된다는 점입니다. 그래서 이 방식을 '**오차역전파(backpropagation)**'라고 합니다.

10.6 경사하강법의 적용

앞 절에서 손실함수에 대한 가중치 행렬의 편미분 결과(기울기함수)를 구했으니 이번 절에서는 앞 장과 마찬가지로 경사하강법의 알고리즘을 구현해 봅시다.

먼저 수식에 사용할 첨자와 변수의 의미를 살펴보겠습니다.

첨자

- i, j, l: 벡터나 행렬 데이터에서 몇 번째 요소인지 나타내는 첨자

- m: 데이터 계열에서 몇 번째 데이터인지 나타내는 첨자

- k: 반복 계산에서 몇 번째 계산인지 나타내는 첨자

변수

- M: 데이터 계열의 전체 개수

- N: 분류 클래스의 개수

- H: 은닉층 노드의 차원 수

이번에는 알고리즘이 상당히 복잡해진 터라 크게 '함수 정의'와 '예측값 계산', '오차 계산'과 '기울기 계산'의 네 부분으로 나눠서 살펴보겠습니다. 우선 은닉층이 1개일 때의 수식을 정리하면 다음과 같습니다.

은닉층이 1개일 때의 함수 정의

$$f(x) = \frac{1}{1 + \exp(-x)} \tag{10.6.1}$$

$$g_i(\boldsymbol{u}) = \frac{\exp(u_i)}{\displaystyle\sum_{j=0}^{N-1} \exp(u_j)} \tag{10.6.2}$$

(10.6.1) 시그모이드 함수의 정의

(10.6.2) 소프트맥스 함수의 정의

은닉층이 1개일 때의 예측값 계산

$$a^{(k)(m)} = V^{(k)} x^{(m)} \tag{10.6.3}$$

$$b_i^{(k)(m)} = f(a_i^{(k)(m)}) \tag{10.6.4}$$

$$u^{(k)(m)} = W^{(k)} b^{(k)(m)} \tag{10.6.5}$$

$$yp^{(k)(m)} = g(u^{(k)(m)}) \tag{10.6.6}$$

(10.6.3) 입력층 노드와 1계층 가중치 행렬의 내적

(10.6.4) 내적 결과에 시그모이드 함수를 적용해 은닉층 노드의 값으로 사용

(10.6.5) 은닉층 노드와 2계층 가중치 행렬의 내적

(10.6.6) 내적 결과에 소프트맥스 함수를 적용해 예측값으로 사용

은닉층이 1개일 때의 오차 계산

$$yd^{(k)(m)} = yp^{(k)(m)} - yt^{(m)} \tag{10.6.7}$$

$$bd_i^{(k)(m)} = f'(a_i^{(k)(m)}) \sum_{l=0}^{N-1} yd_l^{(k)(m)} w_{li}^{(k)} \tag{10.6.8}$$

(10.6.7) 예측값 오차

(10.6.8) 예측값 오차로부터 은닉층의 오차를 계산

은닉층이 1개일 때의 기울기 계산

$$w_{ij}^{(k+1)} = w_{ij}^{(k)} - \frac{\alpha}{M} \sum_{m=0}^{M-1} b_j^{(k)(m)} yd_i^{(k)(m)} \tag{10.6.9}$$

$$v_{ij}^{(k+1)} = v_{ij}^{(k)} - \frac{\alpha}{M} \sum_{m=0}^{M-1} x_j^{(m)} bd_i^{(k)(m)} \tag{10.6.10}$$

(10.6.9) 예측값 오차에서 2계층 가중치 행렬의 기울기를 계산

(10.6.10) 은닉층 오차에서 1계층의 가중치 행렬의 기울기를 계산

이번에는 은닉층이 2개인 경우입니다. 변수가 많아서 헛갈린다면 앞의 그림 10-8과 비교하면서 살펴보기 바랍니다. 참고로 은닉층이 1개일 때와 크게 다르지 않은 시그모이드 함수와 소프트맥스 함수에 대한 설명은 생략했습니다.

은닉층이 2개일 때의 예측값 계산

$$\boldsymbol{a}^{(k)(m)} = \boldsymbol{U}^{(k)}\boldsymbol{x}^{(m)} \tag{10.6.11}$$

$$b_i^{(k)(m)} = f(a_i^{(k)(m)}) \tag{10.6.12}$$

$$\boldsymbol{c}^{(k)(m)} = \boldsymbol{V}^{(k)}\boldsymbol{b}^{(k)(m)} \tag{10.6.13}$$

$$d_i^{(k)(m)} = f(c_i^{(k)(m)}) \tag{10.6.14}$$

$$\boldsymbol{u}^{(k)(m)} = \boldsymbol{W}^{(k)}\boldsymbol{d}^{(k)(m)} \tag{10.6.15}$$

$$\boldsymbol{yp}^{(k)(m)} = \boldsymbol{g}(\boldsymbol{u}^{(k)(m)}) \tag{10.6.16}$$

은닉층이 2개일 때의 오차 계산

$$\boldsymbol{yd}^{(k)(m)} = \boldsymbol{yp}^{(k)(m)} - \boldsymbol{yt}^{(m)} \tag{10.6.17}$$

$$dd_i^{(k)(m)} = f'(c_i^{(k)(m)}) \sum_{l=0}^{N-1} yd_l^{(k)(m)} w_{li}^{(k)} \tag{10.6.18}$$

$$bd_i^{(k)(m)} = f'(a_i^{(k)(m)}) \sum_{l=1}^{H} dd_l^{(k)(m)} v_{li}^{(k)} \tag{10.6.19}$$

은닉층이 2개일 때의 기울기 계산

$$w_{ij}^{(k+1)} = w_{ij}^{(k)} - \frac{\alpha}{M} \sum_{m=0}^{M-1} d_j^{(k)(m)} yd_i^{(k)(m)} \tag{10.6.20}$$

$$v_{ij}^{(k+1)} = v_{ij}^{(k)} - \frac{\alpha}{M} \sum_{m=0}^{M-1} b_j^{(k)(m)} dd_i^{(k)(m)} \tag{10.6.21}$$

$$u_{ij}^{(k+1)} = u_{ij}^{(k)} - \frac{\alpha}{M} \sum_{m=0}^{M-1} x_j^{(m)} bd_i^{(k)(m)} \tag{10.6.22}$$

10.7 프로그램 구현 (1)

이제 파이썬으로 경사하강법 알고리즘을 구현해 봅시다. 이번 장에서도 소스코드의 핵심적인 부분만 발췌해서 설명하겠습니다. 소스코드를 내려받는 방법과 실습 환경을 구성하는 방법을 준비편에 안내해뒀으니 본문과 비교하면서 따라해 보기 바랍니다[6].

- URL: https://github.com/wikibook/math_dl_book_info/blob/master/notebooks/ch10-deeplearning.ipynb

- 단축 URL: https://bit.ly/2O9P1mH

데이터 확인

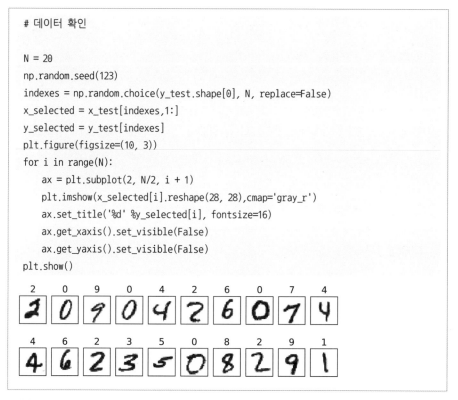

```python
# 데이터 확인

N = 20
np.random.seed(123)
indexes = np.random.choice(y_test.shape[0], N, replace=False)
x_selected = x_test[indexes,1:]
y_selected = y_test[indexes]
plt.figure(figsize=(10, 3))
for i in range(N):
    ax = plt.subplot(2, N/2, i + 1)
    plt.imshow(x_selected[i].reshape(28, 28),cmap='gray_r')
    ax.set_title('%d' %y_selected[i], fontsize=16)
    ax.get_xaxis().set_visible(False)
    ax.get_yaxis().set_visible(False)
plt.show()
```

그림 10-9 데이터 내용의 확인

---

6 옮긴이: 소스코드를 실행해보면 'fetch_mldata was deprecated' 같은 경고가 나옵니다. 향후 해당 함수를 못 쓰게 될 수도 있다는 경고로서 실습할 때는 문제되지 않습니다. 참고로 이 함수 대신 케라스(Keras)로 mnist 데이터를 불러올 수 있는데 이 책의 범위를 벗어나므로 따로 설명하진 않습니다.

그림 10-9는 샘플 이미지를 표시하기 위한 프로그램과 샘플 이미지를 표시한 것입니다. 샘플을 보면 사람이 보더라도 무엇인지 알아보기 힘든 숫자가 포함된 것을 알 수 있습니다.

입력 데이터의 가공

```
# 입력 데이터의 가공

# step1 데이터 정규화 값의 범위를 [0, 1]로 제한
x_norm = x_org / 255.0

# 앞에 더미 데이터 변수(1)를 추가
x_all = np.insert(x_norm, 0, 1, axis=1)

print('더미 변수 추가 후', x_all.shape)

더미 변수 추가 후 (70000, 785)
```

그림 10-10 입력 데이터의 가공

그림 10-10은 입력 데이터를 가공하는 부분입니다. 원래의 입력값은 0부터 255까지의 정수인데 머신 러닝에서 입력 데이터가 너무 크면 다루기가 힘들어집니다. 그래서 모든 항목을 255로 나눠서 0에서 1까지의 값이 나오도록 데이터를 가공했습니다. 그리고 언제나 그랬던 것처럼 더미 변수도 추가해 뒀습니다.

미니 배치 학습법

앞 장까지의 예제에서는 데이터의 전체 건수가 수백 건 정도에 불과해서 데이터가 그리 많은 편은 아니었습니다. 그래서 학습 단계에서 기울기를 계산할 때는 모든 데이터를 사용할 수 있었습니다. 반면 이번 예제에서는 데이터의 전체 건수가 수만 건에 이르기 때문에 같은 방법을 쓸 수 없습니다. 이럴 때는 전체 학습 데이터에서 일부만 무작위로 뽑아서 사용하게 되는데 이러한 방법을 '**미니 배치(mini-batch) 학습법**'이라고 합니다. 자세한 내용은 4.5절의 칼럼에서 설명한 바 있습니다[7]. 한편 사이킷런 같은 라이브러리에는 미니 배치를 할 수 있는 함수가 없어서 미니 배치를 위한 인덱스(Indexes) 클래스를 직접 구현했습니다. 이 책은 파이썬 문법을 익히기 위한 책은 아니므로 자세한 구현 방법에 대해서는 다루지 않습니다. 대신 인덱스 클래스의 사용법을 확인할 수 있도록 그림 10-11에 테스트 코드를 실었습니다.

---

7 11.7절에서도 설명합니다.

```
# 인덱스 클래스의 테스트

# 클래스 초기화
# 20: 전체 배열의 크기
# 5: 한번에 가져오는 인덱스 수
indexes = Indexes(20, 5)

for i in range(6):
    # next_index 함수 호출
    # 리턴 값1: 인덱스의 numpy 배열
    # 리턴 값2: 작업용 인덱스가 갱신됐는지 여부
    arr, flag = indexes.next_index()
    print(arr, flag)

[10  7  9  1 17] True
[ 6 16  2 19 14] False
[ 3  5  0  4 12] False
[11 15 13 18  8] False
[11 16  4  3 10] True
[14  2 15 12  8] False
```

그림 10-11 Indexes 클래스의 테스트 코드

클래스를 초기화하는 과정

생성자는 두 개의 인수를 사용합니다. 첫 번째 인수는 인덱스의 전체 개수이고 두 번째는 한 번의 배치에서 사용할 인덱스의 개수입니다. 이 예에서는 첫 번째 인수(학습 데이터의 건수)로 60000을, 두 번째 인수(미니 배치 사이즈)로 512를 사용합니다.

인덱스를 가져오는 과정

arr와 flag에 값이 할당됩니다. arr은 넘파이 형태의 Index 배열이고 flag는 작업용 Index가 갱신됐는지 확인할 수 있는 플래그입니다. 이 플래그를 사용하면 학습 결과의 정확도를 기록하는 작업을 1에포크 단위로 제어할 수 있습니다. '에포크(epoch)'는 미니 배치 학습법에서의 반복 횟수를 세는 단위인데 전체 데이터를 몇 번 사용했는지를 나타냅니다. 딥러닝에서 자주 쓰이는 용어이므로 이번 기회에 잘 봐둡시다.

초기화 처리

```
# 변수 초기 선언

# 은닉층의 노드 개수
H = 128
H1 = H + 1
# M: 학습용 데이터 계열의 전체 개수
M  = x_train.shape[0]
# D: 입력 데이터의 차원 수
D = x_train.shape[1]
# N: 분류 클래스의 개수
N = y_train_one.shape[1]

# 반복 횟수
nb_epoch = 100
# 미니 배치 크기
batch_size = 512
B = batch_size
# 학습률
alpha = 0.01

# 가중치 행렬의 초기 설정(모든 값이 1)
V = np.ones((D, H))
W = np.ones((H1, N))

# 검증 결과 기록(손실함수와 정확도)
history1 = np.zeros((0, 3))

# 미니 배치를 위한 초기화
indexes = Indexes(M, batch_size)

# 반복 횟수 카운터 초기화
epoch = 0
```

그림 10-12 초기화 처리

그림 10-12는 초기화 과정을 구현한 것입니다. 지금까지 나오지 않았던 변수에 대해 설명합니다.

H, H1

H는 은닉층 노드의 차원 수입니다. 차원의 개수로 얼마가 적당한지 따로 정해진 규칙은 없지만 이 예에서는 128개로 설정했습니다. 앞에서는 설명하지 않았지만 은닉층에도 더미 변수는 필요합니다. 더미 변수까지 포함한 차원 수를 H1로 정의했습니다.

V, W

앞 장에서는 하나였던 가중치 행렬이 V, W의 두 개로 늘었습니다. 1계층 V의 크기는 '(입력 데이터의 차원 수)×(은닉층 노드의 차원 수)'이고 2계층 W의 크기는 '(은닉층 노드의 차원 수+1)×(분류 클래스의 개수)'입니다. 은닉층과 더미 변수의 관계에 대해서는 이번 장의 앞에서 그림 10-3으로 정리했으니 기억이 나지 않는다면 다시 살펴보기 바랍니다. 그림을 보면 가중치 행렬 V의 차원 수가 왜 H이고 가중치 행렬 W의 차원 수가 왜 H1인지 알 수 있습니다.

그리고 앞 장과 마찬가지로 가중치 행렬의 초기값은 모두 1로 설정했습니다.

한편 앞에서 설명한 미니 배치를 하기 위해 Indexes 클래스는 전체 건수 M을 60000으로, 1회당 인덱스 개수 batch_size를 512로 초기화하고 있습니다.

주요 처리

```
while epoch < nb_epoch:

    # 학습대상 선택(미니 배치 학습법)
    index, next_flag = indexes.next_index()
    x, yt = x_train[index], y_train_one[index]

    # 예측값 계산(순전파)
    a = x @ V                    # (10.6.3)
    b = sigmoid(a)               # (10.6.4)
    b1 = np.insert(b, 0, 1, axis=1) # 더미 변수의 추가
    u = b1 @ W                   # (10.6.5)
    yp = softmax(u)              # (10.6.6)

    # 오차 계산
    yd = yp - yt                 # (10.6.7)
    bd = b * (1-b) * (yd @ W[1:].T)  # (10.6.8)

    # 기울기 계산
    W = W - alpha * (b1.T @ yd) / B  # (10.6.9)
    V = V - alpha * (x.T @ bd) / B   # (10.6.10)

    # 평가 결과 기록
    if next_flag: # 1에포크 종료 후의 처리
        score, loss = evaluate(x_test, y_test, y_test_one, V, W)
        history1 = np.vstack((history1, np.array([epoch, loss, score])))
        print("epoch = %d loss = %f score = %f" % (epoch, loss, score))
        epoch = epoch + 1
```

그림 10-13 딥러닝의 주요 처리

그림 10-13을 살펴봅시다. 이 부분이 바로 딥러닝 알고리즘의 핵심 부분입니다.

앞부분에서는 미니 배치용 클래스에서 새로운 인덱스 값을 구하고 그 값을 바탕으로 학습용 변수 x와 yt 를 설정합니다.

전반적인 처리 과정은 입력 변수로부터 예측값를 얻기까지의 '**순전파**' 처리입니다. 앞 장에서는 이러 한 처리를 pred라는 함수 안에서 실행했는데, 이번 장에서는 계산 과정의 값을 다른 용도로도 사용(오 차의 계산)해야 하므로 한 단계씩 알아볼 수 있는 형태로 구현했습니다. 기본적으로 수식 (10.6.3)에서

(10.6.6)까지의 수식에 대응하고 있는데, 눈에 띄는 점이라면 더미 변수를 추가하고 있는 부분입니다. 설명이 번거로워 지금까지 생략하고 있었지만 사실은 은닉층에도 더미 변수가 필요하고 그를 위한 추가 처리를 구현해야 합니다.

처리 과정의 뒷부분은 **오차 계산**과 **기울기 계산**입니다. 수식 (10.6.8)의 오차 계산에서는 넘파이의 특징을 살려 여러 개의 벡터 성분을 한꺼번에 계산했기 때문에 원래의 수식 (10.6.8)보다는 표현이 간결해진 것을 알 수 있습니다.

수식 (10.6.8)의 코드는 두 부분으로 나눠서 설명합니다.

우선 원래의 식에서 $f'(a)$라고 된 부분은 시그모이드 함수가 들어갈 곳으로 시그모이드 함수의 미분 결과 $y' = y(1 - y)$에 맞춰 $b*(1 - b)$라고 표현하고 있습니다.

다음은 수식 (10.6.8)의 일부인 'yd @ W[1:].T' 부분을 설명합니다.

우선 수식 (10.6.8)이 어떤 식이었는지 재확인해봅시다.

$$bd_i^{(k)(m)} = f'(a_i^{(k)(m)}) \sum_{l=0}^{N-1} yd_l^{(k)(m)} w_{li}^{(k)} \tag{10.6.8}$$

이 중에서 'yd @ W[1:].T'에 해당하는 부분은 오른쪽의 일부입니다.

$$\sum_{l=0}^{N-1} yd_l^{(k)(m)} \cdot w_{li}^{(k)}$$

이제 그림 10-14를 살펴봅시다.

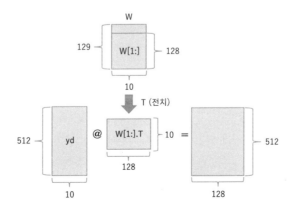

그림 10-14 **오차 계산 방법**

가중치 행렬 W 가운데 더미 변수용으로 오차 계산과 관련 없는 부분을 처리하는 것이 W[1:]입니다. 행렬 yd는 yp와 마찬가지로 크기가 (512×10)입니다. 이때 512는 배치의 크기이고 10은 클래스 개수입니다. 한편 W[1:]은 크기가 (128×10)입니다. 이 행렬을 전치하면 크기가 (10×128)이 되고 yd와 내적하면 최종적으로 크기가 (512×128)인 행렬이 나옵니다. 이것이 지금 구하려고 하는 은닉층의 오차 행렬입니다.

수식 (10.6.9)와 (10.6.10)의 기울기 계산식은 앞 장과 같고 내적으로 가중치 행렬의 모든 요소를 한번에 계산하는 방식을 쓰고 있습니다.

이렇게 해서 모든 준비는 끝났습니다. 이제 주피터 노트북에서 초기화 처리 부분, 주요 처리 부분을 차례대로 실행하며 결과를 확인할 수 있습니다.

그런데 막상 실행을 해보면 이상한 점을 발견하게 됩니다. 그림 10-15는 100에포크를 실행했을 때의 학습 곡선을 나타낸 것인데 전혀 학습이 진행되지 않은 것처럼 보입니다. 혹시 알고리즘에 문제가 있었던 것일까요?

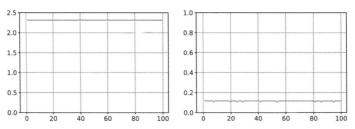

그림 10-15 초기 버전의 학습 곡선(왼쪽: 손실 함수, 오른쪽: 정확도)

10.8 프로그램 구현 (2)

가중치 행렬의 초기화

앞 절의 프로그램이 제대로 동작하지 않았던 이유를 살펴봅시다. 사실 앞의 프로그램은 가중치 행렬을 초기화하는 과정에 문제가 있었습니다. 앞 장의 실습처럼 입력 변수의 차원 수가 작을 때는 가중치 벡터나 가중치 행렬의 초깃값이 큰 문제가 되지 않습니다. 그런데 이번 장의 실습처럼 입력 데이터의 차원 수가 1000에 이르는 큰 수일 경우 가중치 행렬의 초깃값을 신중하게 고르지 못하면 결과가 제대로 나오지 않을 수 있습니다.

초깃값을 결정할 때 다양한 방법을 쓸 수 있는데 이 책에는 다음과 같은 방식을 소개하겠습니다[8].

- 가중치 행렬의 요소 값에는 평균이 0, 분산이 1인 '정규분포난수(Gaussian distributed numbers)'[9]를 특정값으로 나눈 값을 사용한다.

- 입력 데이터의 차원 수를 N이라고 할 때 특정값은 $\sqrt{\frac{N}{2}}$ 이다.

앞 절의 코드에서 변수의 초기화 부분만 수정해서 다시 실행해봅시다.

```python
# 개선된 가중치 행렬의 초기화
V = np.random.randn(D, H) / np.sqrt(D / 2)
W = np.random.randn(H1, N) / np.sqrt(H1 / 2)
print(V[:2,:5])
print(W[:2,:5])

[[-0.08440114  0.04721255  0.05068377  0.01938338  0.02942705]
 [-0.00712018 -0.02907812  0.0158024   0.06774243 -0.01337301]]
[[ 0.32216175 -0.03621708 -0.11023385  0.17969603 -0.23765369]
 [-0.00670979  0.21989387 -0.2568314   0.23900038 -0.15799896]]
```

그림 10-16 개선된 가중치 행렬의 초기화 처리

그림 10-16에 수정된 소스코드와 가중치 행렬의 초기화 값을 표시했습니다. 이 코드로 실행된 결과를 확인해봅시다. 그림 10-17은 수정된 후의 학습 곡선과 실행 결과입니다.

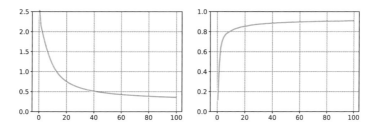

---

8 이 방법을 'He normal'이라고 합니다. 11.8절에서 다시 설명합니다.
9 정규분포함수에 대해서는 6.2절에서 소개했습니다. 난수의 발생할 확률이 정규분포를 따를 때 그 난수를 정규분포난수라고 합니다.

```
# 손실함수와 정확도의 확인
print('[초기 상태] 손실함수: %f, 정확도: %f' % (history2[0,1], history2[0,2]))
print('[최종 상태] 손실함수: %f, 정확도: %f' % (history2[-1,1], history2[-1,2]))

[초기 상태] 손실함수: 2.515432, 정확도: 0.113600
[최종 상태] 손실함수: 0.347654, 정확도: 0.904500
```

그림 10-17 개선된 버전의 학습 곡선(왼쪽: 손실함수, 오른쪽: 정확도, 아래쪽: 최종 결과)

그 전까지는 제대로 나오지 않던 결과가 깔끔하게 잘 나온 것을 알 수 있습니다. 7.10절의 선형회귀 실습에서 학습률을 설명할 때도 그랬지만 머신러닝이나 딥러닝에서는 이번 건과 같이 미묘하게 균형을 맞춰야 하는 내용이 종종 나옵니다.

일단 결과는 나왔지만 100에포크에 정확도가 90% 정도라서 그리 좋은 모델이라고 할 수는 없을 것 같습니다. 더 높은 정확도가 나오게 하려면 어떻게 해야 할까요?

10.9 프로그램 구현 (3)

ReLU 함수의 도입

앞의 질문에 대한 해결 방법은 몇 가지가 있지만 그중에서도 가장 간단한 방법을 소개하겠습니다. 그 방법은 우선 입력 데이터와 가중치 행렬의 내적을 구한 다음, 은닉층 노드의 활성화함수로 시그모이드 함수 대신 'ReLU 함수'[10]를 사용하는 것입니다.

ReLU 함수는 다음과 같이 정의합니다.

$$f(x) = \begin{cases} 0 & (x < 0\text{의 경우}) \\ x & (x \geqq 0\text{의 경우}) \end{cases}$$

경사하강법에서 기울기를 계산하려면 활성화함수의 미분($f'(x)$)을 구해야 합니다. ReLU 함수는 미분을 하고 나면 계단 모양의 결과가 나오는 '계단함수(step function)'가 됩니다.

$$f'(x) = \begin{cases} 0 & (x < 0\text{의 경우}) \\ 1 & (x \geqq 0\text{의 경우}) \end{cases}$$

---

10 '램프함수'라고 하기도 합니다.

위의 두 함수를 파이썬으로 구현하면 그림 10-18과 같습니다.

```python
# ReLU 함수
def ReLU(x):
    return np.maximum(0, x)

# 계단함수
def step(x):
    return 1.0 * ( x > 0)
```

그림 10-18 ReLU 함수와 계단함수의 정의

두 함수를 그래프로 그리면 그림 10-19와 같습니다.

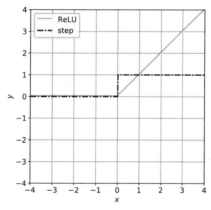

그림 10-19 ReLU 함수와 계단함수의 그래프

그림 10-20은 시그모이드 함수를 ReLU 함수로 교체한 소스코드입니다. 알고리즘을 구현한 주요 부분에서 변경된 곳은 밑줄을 그은 두 곳입니다. 여기에는 나오지 않지만 참고로 부수적인 부분으로는 평가함수에서 수정할 곳이 한 군데 더 있습니다.

```
# 예측값 계산(순전파)
a = x @ V                      # (10.6.3)
b = ReLU(a)                    # (10.6.4) ReLU 함수로 교체
b1 = np.insert(b, 0, 1, axis=1) # 더미 변수의 추가
u = b1 @ W                     # (10.6.5)
yp = softmax(u)                # (10.6.6)

# 오차 계산
yd = yp - yt                   # (10.6.7)
bd = step(a) * (yd @ W[1:].T)  #(10.6.8) 계단함수로 교체

# 기울기 계산
W = W - alpha * (b1.T @ yd) / B  # (10.6.9)
V = V - alpha * (x.T @ bd) / B   # (10.6.10)
```

그림 10-20 시그모이드 함수를 ReLU 함수로 수정한 소스코드

이제 수정한 내용을 실행해 봅시다. 결과는 그림 10-21과 같습니다. 이전과 마찬가지로 100회를 반복했을 때 90%였던 정확도가 95%까지 개선됐습니다. 활성화함수를 바꾼 효과가 확실하게 나타나는 것을 알 수 있습니다.

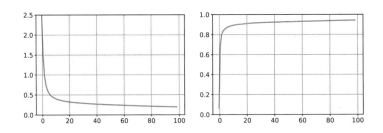

```
# 손실함수와 정확도의 확인
print('[초기 상태] 손실함수: %f, 정확도: %f' % (history3[0,1], history3[0,2]))
print('[최종 상태] 손실함수: %f, 정확도: %f' % (history3[-1,1], history3[-1,2]))

[초기 상태] 손실함수: 2.509378, 정확도: 0.059600
[최종 상태] 손실함수: 0.199495, 정확도: 0.944200
```

그림 10-21 활성화함수를 교체한 후의 학습 곡선(왼쪽: 손실함수, 오른쪽: 정확도, 아래쪽: 실행 결과)

이제 이렇게 만들어진 모델로 샘플 이미지를 분류할 차례입니다. 손글씨 위에 있는 숫자는 왼쪽이 정답 값, 오른쪽이 예측값입니다. 실제로 손글씨 이미지 20개를 분류해보니 18개가 맞고 2개가 틀렸습니다[11]. 앞에서 계산한 정확도와 비슷하게 나온 것을 알 수 있습니다.

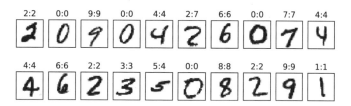

그림 10-22 샘플 이미지의 정확도 검증 결과

10.10 프로그램 구현 (4)

은닉층의 2계층화

마지막으로 이 모델의 은닉층을 두 개로 늘려 봅시다.

일반적으로 은닉층이 두 개 이상인 신경망 모델을 '딥러닝 모델'이라고 부릅니다. 그런 의미에서 이번 절에서 구현하는 모델은 진짜 딥러닝 모델인 셈입니다.

다소 거창하긴 해도 여기까지 학습해 온 독자라면 딥러닝의 장벽이 생각보다 높지 않다는 것을 체감했을 것입니다. 실제로 10.9절의 소스코드와 비교해보면 본질적인 의미에서 바뀐 것이라고는 그림 10-23의 초기화 선언의 부분(가중치 행렬이 하나 더 추가)과 그림 10-24의 주요 처리 부분의 두 곳뿐입니다. 엄밀하게는 평가함수의 구현에서 변경할 부분이 하나 더 있긴 한데 이러한 추가 내용들도 은닉층이 하나일 때의 모델에서 자연스럽게 확장되는 내용이라 별도의 설명이 필요 없을 정도입니다.

```
# 가중치 행렬의 초기 설정
U = np.random.randn(D, H) / np.sqrt(D / 2)
V = np.random.randn(H1, H) / np.sqrt(H1 / 2)
W = np.random.randn(H1, N) / np.sqrt(H1 / 2)
```

그림 10-23 초기화 선언 부분

---

11 옮긴이: 첫 줄 가운데의 2를 7로, 둘째 줄 가운데의 5를 4로 인식했습니다.

```python
# 예측값 계산(순전파)
a = x @ U                         # (10.6.11)
b = ReLU(a)                       # (10.6.12)
b1 = np.insert(b, 0, 1, axis=1)   # 더미 변수의 추가
c = b1 @ V                        # (10.6.13)
d = ReLU(c)                       # (10.6.14)
d1 = np.insert(d, 0, 1, axis=1)   # 더미 변수의 추가
u = d1 @ W                        # (10.6.15)
yp = softmax(u)                   # (10.6.16)

# 오차 계산
yd = yp - yt                      # (10.6.17)
dd = step(c) * (yd @ W[1:].T)     # (10.6.18)
bd = step(a) * (dd @ V[1:].T)     # (10.6.19)

# 기울기 계산
W = W - alpha * (d1.T @ yd) / B   # (10.6.20)
V = V - alpha * (b1.T @ dd) / B   # (10.6.21)
U = U - alpha * (x.T @ bd) / B    # (10.6.22)
```

그림 10-24 주요 처리 부분

그림 10-24의 소스코드에는 10.6절에서 썼던 알고리즘을 주석으로 표시해 뒀습니다. 소스코드와 수식을 비교하면서 살펴보기 바랍니다.

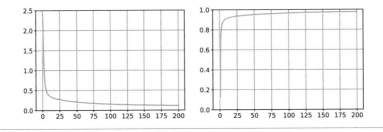

```python
# 손실함수와 정확도의 확인
print('[초기 상태] 손실함수: %f, 정확도: %f' % (history4[1,1], history4[1,2]))
print('[최종 상태] 손실함수: %f, 정확도: %f' % (history4[-1,1], history4[-1,2]))

[초기 상태] 손실함수: 1.408921, 정확도: 0.698400
[최종 상태] 손실함수: 0.097799, 정확도: 0.970200
```

그림 10-25 은닉층을 두 개로 확장했을 때의 테스트 결과

그림 10-25는 이 모델의 테스트 결과입니다. 이번에는 반복 횟수를 늘려 nb_epoch를 100회에서 200회로 바꿔봤습니다.

테스트 결과, 이전의 손실함수 값이 0.20, 정확도가 94.4%였던 것에 반해 이번에는 손실함수 값이 0.10, 정확도는 97.0%가 나와 결과가 개선된 것을 알 수 있습니다. 은닉층의 계층 수를 늘리면서 매개변수의 자유도와 문제에 대한 적합도가 높아져서 인식률이 좋아진 것으로 보입니다.

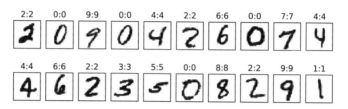

그림 10-26 샘플 이미지의 정확도 검증 결과

그림 10-26은 이번 장의 앞에서 본 샘플 이미지의 분류 결과입니다. 앞의 그림 10-22에서는 잘못 인식했던 두 개의 숫자가 제대로 인식된 것을 알 수 있습니다. 확실히 전체적으로 정확도가 개선된 것으로 보입니다.

수고 많으셨습니다. 이렇게 해서 딥러닝을 정복하기 위한 등정이 끝났습니다. 정상에서 바라보는 풍경은 어떠신지요?

사실 정상에 막상 올라보면 멀지 않은 곳에 더 높은 산이 또 있다는 것을 알게 됩니다. 발전편의 11장에서는 더 높은 산에 올라갈 때 준비하면 좋을 주요 개념들을 소개합니다. 다음 장을 읽고 새로운 등정을 계획해 보세요.

발전편

11 | 실용적인 딥러닝을 위해

지금까지는 수학적인 관점으로 딥러닝을 바라보며 기본적인 예시 위주로 설명했습니다.

이번 장에서는 딥러닝을 좀 더 실용적인 관점에서 바라볼 때 어떤 개념을 더 알아야 하는지 큰 그림으로 살펴보려 합니다. 단 이제까지 살펴본 내용에 비하면 개념 위주의 설명과 개요를 살펴보는 수준입니다. 더 상세한 내용은 전문적인 관련 서적을 참고하기 바랍니다.

11.1 프레임워크의 활용

이 책은 딥러닝에 필요한 알고리즘을 수학적으로 이해하는 것을 목표로 쓰여졌습니다. 그래서 딥러닝의 학습 방법에 관한 구현은 모두 스크래치(scratch) 방식[1]으로 개발했습니다[2].

이러한 접근은 '수학적으로 이해한다'는 취지에서는 상당히 의미가 있는 방법입니다. 다만 딥러닝 모델을 만들 때마다 이 같은 방법으로 구현하는 것은 너무 번거로울 수 있습니다. 최근에는 딥러닝을 쉽게 할 수 있는 강력한 프레임워크가 많으므로 이것들을 활용해 모델을 구축하는 편이 더 현실적입니다. 자주 활용되는 프레임워크와 각 프레임워크의 특징을 표 11-1에 정리했습니다.

---

1 라이브러리를 쓰지 않고 밑바닥부터 하나하나 직접 개발하는 방식을 '스크래치 개발'이라고 합니다

2 일부 소스코드에서는 사이킷런 라이브러리를 유틸리티 수준으로 제한적인 범위에서 사용하고 있습니다. (학습 데이터를 가져오거나 데이터의 전처리, 정확도 평가에서 사용)

표 11-1 대표적인 딥러닝용 프레임워크

이름	장점	단점
케라스[3] (Keras)	간단히 신경망 구현 가능. 퍼포먼스가 좋음 (TensorFlow 등의 래퍼). 사용자가 많음.	처리 내용을 코드로 보면 이해하기 어려움. 원래의 처리를 하는 것이 번거로움. 계산 그래프 생성 후 변경 불가.
텐서플로[4] (TensorFlow)	이용자가 많음. GPU를 이용 가능해서 고속 계산에 편리. 저수준 처리 가능. 라이브러리가 풍부	익숙해지는 데 시간이 걸림(계산 그래프의 접근법). 계산 그래프 생성 후 변경 불가.
체이너[5] (Chainer)	계산 그래프의 생성이 쉬움. 객체지향으로 클래스 상속을 쉽게 할 수 있음. 일본에서 만든 프레임워크	퍼포먼스가 좋지 않음. 업데이트가 잦음(호환성 이슈). 사용자가 적음.
카페[6] (Caffe)	GPU 이용 가능. 커뮤니티가 활발. 이미지 처리를 위한 라이브러리가 많음	커스터마이징 어려움. 환경 구축이 어려움. 향후 사용하지 못할 가능성이 있음.

이 중에서도 현재 가장 폭넓게 사용되는 프레임워크는 **케라스**입니다. 그래서 10.10절에서 구현한 은닉층이 두 개인 경우를 케라스로 바꿔서 그림 11-1부터 11-3까지 정리했습니다[7].

특히 그림 11-3은 모델의 정의를 간결하게 표현하고 있으니 어떻게 다른지 확인해 보기 바랍니다.

- URL: https://github.com/wikibook/math_dl_book_info/blob/master/notebooks/ch11-keras.ipynb

- 단축 URL: https://bit.ly/2NKDLOT

---

3 https://keras.io/

4 https://www.tensorflow.org/

5 https://chainer.org/

6 https://caffe.berkeleyvision.org/

7 그림 11-1에서 그림 11-3의 소스코드를 주피터 노트북에서 실행하려면 텐서플로와 케라스를 추가로 설치해야 합니다. 관련 내용은 준비편의 실습 환경 구성에 안내했으니 참고하기 바랍니다.

```python
# 데이터 준비
# 변수 정의

# D: 입력 노드 개수
D = 784

# H: 은닉층의 노드 개수
H = 128

# 분류 클래스의 개수
num_classes = 10

# 케라스 함수로 데이터 읽기
from keras.datasets import mnist
(x_train_org, y_train), (x_test_org, y_test) \
 = mnist.load_data()

# 입력 데이터의 가공(1차원)
x_train = x_train_org.reshape(-1, D) / 255.0
x_test = x_test_org.reshape((-1, D)) / 255.0

# 정답 데이터의 가공(원핫 인코딩)
from keras.utils import np_utils
y_train_ohe =\
 np_utils.to_categorical(y_train, num_classes)
y_test_ohe =\
 np_utils.to_categorical(y_test, num_classes)
```

그림 11-1 케라스를 이용한 딥러닝 프로그램(데이터 준비 부분)

```
# 모델의 정의

# 필요 라이브러리 로딩
from keras.models import Sequential
from keras.layers import Dense

# Sequential 모델의 정의
model = Sequential()

# 은닉층1의 정의
model.add(Dense(H, activation='relu', input_shape=(D,)))

# 은닉층2의 정의
model.add(Dense(H, activation='relu'))

# 출력층
model.add(Dense(num_classes, activation='softmax'))

# 모델의 컴파일
model.compile(loss = 'categorical_crossentropy',
              optimizer = 'sgd',
              metrics=['accuracy'])
```

그림 11-2 케라스를 이용한 딥러닝 프로그램(모델 정의 부분)

그림 11-3은 학습 과정의 소스코드와 실행 결과입니다. 1에포크마다 처리 시간과 손실함수의 결괏값, 정확도 등의 정보가 실시간으로 표시됩니다. 이렇게 전체적인 모습을 볼 수 있는 것은 프레임워크 덕분 입니다.

```
# 학습 과정

# 학습의 단위
batch_size = 512

# 반복 횟수
nb_epoch = 50

# 모델의 학습
history1 = model.fit(
    x_train,
    y_train_ohe,
    batch_size = batch_size,
    epochs = nb_epoch,
    verbose = 1,
    validation_data = (x_test, y_test_ohe))

Train on 60000 samples, validate on 10000 samples
Epoch 1/50
60000/60000 [==============================] - 1s 22us/step - loss: 2.0457 - acc:
0.3765 - val_loss: 1.7234 - val_acc: 0.6499
Epoch 2/50
60000/60000 [==============================] - 1s 20us/step - loss: 1.4119 - acc:
0.7173 - val_loss: 1.0949 - val_acc: 0.7897
(생략)
Epoch 50/50
60000/60000 [==============================] - 1s 24us/step - loss: 0.2144 - acc:
0.9397 - val_loss: 0.2130 - val_acc: 0.9379
```

그림 11-3 케라스를 이용한 딥러닝 프로그램(학습 과정과 출력 결과)

11.2 CNN

오늘날 딥러닝이 발전하게 된 이유는 2012년에 **ILSVRC**[8]라는 이미지 인식 대회에서 딥러닝 모델을 사용한 팀이 압도적인 정확도로 우승했기 때문입니다. 그때 사용된 네트워크 구조가 'CNN(Convolutional

---

8   ImageNet Large Scale Visual Recognition Challenge의 약자로 2010년에 시작된 이미지 인식 대회입니다. 이미지 인식 및 분류 기술을 공개 데이터를 사용해 정량적으로 측정하면서 기술의 우위를 겨룹니다.

Neural Network)'인데 그림 11-5는 당시에 발표된 논문에서 AlexNet 네트워크 그림을 발췌한 것입니다.

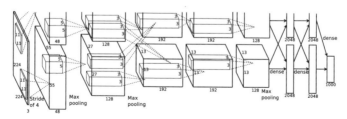

그림 11-4 AlexNet의 네트워크 개념도

- URL: https://www.cs.toronto.edu/~kriz/imagenet_classification_with_deep_convolutional.pdf
- 단축 URL: https://bit.ly/2WfVrnQ

그림 11-5는 CNN의 전형적인 신경망 구조입니다.

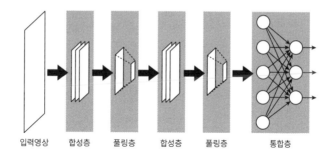

입력영상   합성층   풀링층   합성층   풀링층   통합층

그림 11-5 전형적인 CNN의 구조

CNN의 특징은 **'합성곱층(convolution layer)'**과 **'풀링층(pooling layer)'**이 있다는 점입니다. 이들에 대해 간단히 살펴봅시다.

합성곱층

그림 11-6은 합성곱층의 처리 과정을 그림으로 표현한 것입니다.

우선 원본 이미지(왼쪽 그림)와 필터 역할을 하는 작은 정사각형 배열(가운데 그림)을 준비합니다. 그리고 이미지를 필터의 크기만큼 잘라낸 부분과 필터를 내적해서 출력 영역(오른쪽 그림)에 표시합니다. 잘

라내는 부분을 조금씩 옮기면서 원본 이미지 전체를 변환하면 필터가 적용된 새로운 이미지가 만들어집니다[9].

이때 필터 역할을 하는 정사각형 영역의 배열이 신경망의 가중치 행렬에 해당하며, 이 행렬값이 학습 대상이 되는 매개변숫값입니다. 실제로는 이러한 배열을 32장이나 64장 같이 여러 장을 준비하고 합성곱의 처리 결과 이미지도 그 개수만큼 만듭니다. 그림 11-5의 합성곱층 부분에 여러 장의 이미지가 그려진 것은 바로 이런 이유 때문입니다.

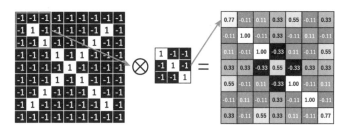

그림 11-6 합성곱층의 처리 개요

- URL: http://brohrer.github.io/how_convolutional_neural_networks_work.html

- 단축 URL: https://bit.ly/2BGNjDH

풀링층

그림 11-7은 풀링 처리로 자주 사용되는 '맥스 풀링(max pooling)'의 처리 방식을 그림으로 표현한 것입니다.

2×2와 같이 작은 사각형 영역으로 대상 이미지를 분할하고 그 범위에서의 최댓값을 출력으로 사용합니다. 정사각형 영역을 조금씩 옮기면 새로운(화소수가 반이 된) 이미지를 출력할 수 있습니다.

CNN은 이처럼 **'합성곱층'**과 **'풀링층'**을 반복적으로 조합해서 구성됩니다[10]. 이런 방식 덕분에 높은 정확도로 이미지를 분류할 수 있는 것입니다.

---

9 옮긴이: 이미지 편집 프로그램에서 이미지를 선명하게 만들거나 흐리게 할 때 이 방법을 씁니다.
10 더 정확하게 말하자면 합성곱층 뒤에 활성화함수(ReLU 함수)를 사용하는 것이 일반적입니다.

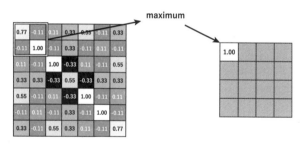

그림 11-7 맥스 풀링층 처리 개요

- URL: http://brohrer.github.io/how_convolutional_neural_networks_work.html
- 단축 URL: https://bit.ly/2BGNjDH

11.3 RNN과 LSTM

RNN

CNN이 이미지 분류에서 탁월한 결과를 내긴 했지만 한 가지 약점도 있었습니다. 그것은 이미지처럼 정적인 데이터를 분류할 땐 강하지만 시계열 데이터처럼 동적인 데이터를 처리하긴 곤란하다는 점이었습니다. 이를 극복하기 위한 대안이 필요했고 그래서 고안된 것이 'RNN(Recurrent Neural Network)'입니다.

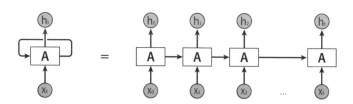

그림 11-8 RNN의 네트워크 개념도

- URL: http://colah.github.io/posts/2015-08-Understanding-LSTMs/
- 단축 URL: https://bit.ly/2MN2v8C

그림 11-8을 살펴봅시다. RNN은 그림의 왼쪽과 같이 입력층에서 은닉층으로 연결된 네트워크 안에 자기 자신에게 되돌아오는 루프를 가지고 있습니다. 왼쪽 그림을 연속으로 이어 붙이면 시간에 따라 x의

입력이 변하는 모습을 표현할 수 있는데 오른쪽 그림이 시간 축으로 펼쳐진 네트워크 개념도입니다. 이렇게 구성하면 시계열 데이터에 대응하는 신경망을 만들 수 있습니다. 이처럼 시계열 데이터에 적합한 RNN은 기계 번역, 음성 인식, 문장 합성 등의 영역에서 활용되고 있습니다.

LSTM

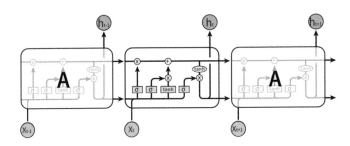

그림 11-9 LSTM의 네트워크 개념도

- URL: http://colah.github.io/posts/2015-08-Understanding-LSTMs/

- 단축 URL: https://bit.ly/2MN2v8C

RNN 덕분에 딥러닝에 시계열 데이터를 사용할 수 있게 됐지만 풀어야 할 과제가 여전히 남아 있었습니다. 그것은 RNN을 사용할 때 정보를 오랫동안 저장할 수 없다는 점이었습니다. 모델이 발산하지 않으려면 루프에서 가중치의 절댓값이 1보다 작아야 하는데 루프를 반복하다 보면 신호가 점점 약해져 결국에는 소멸되는 문제가 발생할 수 있습니다.

이런 점을 극복하기 위해 만들어진 것이 그림 11-9의 'LSTM(Long Short-Term Memory)'입니다. LSTM을 크게 보면 RNN과 구조가 같지만 자세히 들여다 보면 그림 11-9와 같이 내부 구조가 복잡합니다. 이 구조 덕분에 이름 그대로 장기 기억(long term memory)과 단기 기억(short term memory)을 모두 가질 수 있는 것입니다.

LSTM의 용도는 RNN과 거의 같아서 기계 번역과 음성 인식, 문장 합성 등에 사용됩니다. 참고로 11.1 절에서 소개했던 케라스에는 LSTM이 제공되므로 내부의 복잡한 구조를 의식하지 않고 블랙박스처럼 LSTM을 이용할 수 있습니다.

11.4 수치미분

딥러닝의 학습 원리는 경사하강법입니다. 그리고 경사하강법의 기본 원리는 미분입니다. 그래서 이 책에서는 이론편의 다양한 미분 공식을 사용해 시그모이드 함수와 소프트맥스 함수, 교차 엔트로피 함수 등을 미분해 왔습니다.

그러면 케라스 같은 프레임워크는 미분 계산을 어떻게 하고 있을까요? '매스매티카(Mathematica)'[11] 처럼 수식으로 미분하는 시스템[12]도 있지만 일반적인 딥러닝 프레임워크에서는 그런 접근법 대신 '수치 미분(numerical differentiation)'이라는 방법을 사용합니다.

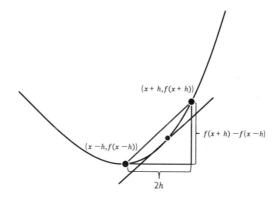

그림 11-10 수치 미분의 원리

그림 11-10을 살펴봅시다. 이 그림은 2장에서 설명한 미분의 정의 그림을 조금 수정한 것입니다.

$$\lim_{h \to 0} \frac{f(x+h) - f(x-h)}{2h} \tag{11.4.1}[13]$$

수식 (11.4.1)에서 h의 값을 0에 무한히 가깝게 하면 이 값은 $f'(x)$의 미분에 무한히 가까워집니다. 이때 유한한 값이라도 h에 아주 작은 값을 적용해보면 미분의 근삿값을 구할 수 있습니다. 이 과정을 파이썬에서 실행해 봅시다.

---

11   옮긴이: 과학이나 공학 분야에서 사용하는 계산용 소프트웨어입니다.

12   수식 처리 시스템이라고 합니다.

13   수치 계산을 할 때는 2장에 나온 원래의 미분의 정의보다 이 방식이 더 나은 근사식이 나온다고 알려져 있습니다. 그림 11-11에서 직선의 기울기와 접선의 기울기가 상당히 비슷한 것을 보면 직관적으로 이해할 수 있을 것입니다.

```
import numpy as np

# 네이피어 상수를 밑으로 하는 로그함수의 정의
def f(x):
    return np.exp(x)

# 아주 작은 수 h의 정의
h = 0.001

# f'(0)의 근사계산
# f'(0) = f(0) = 1에 가까워짐
diff = (f(0 + h) - f(0 - h))/(2 * h)

# 결과 확인
print(diff)

1.0000001666666813
```

그림 11-11 수치 미분의 계산

그림 11-11의 결과를 보면 확실히 실용적으로 쓰기에도 큰 무리가 없는 값이 나온 것을 알 수 있습니다.

이처럼 원래 함수에서 그 함수의 미분에 대한 근삿값을 얻는 방법을 '**수치 미분**'이라고 합니다. 그림 11-2의 케라스 코드를 다시 살펴보면 모델을 만들 때 compile 함수의 인수로 손실함수(loss)를 지정하고 있습니다. 케라스에서는 이 손실함수를 시작으로 수치 미분을 하고 오차역전파에 필요한 미분의 근삿값을 얻고 있는 것입니다.

11.5 심화 학습법

앞에서도 언급했지만 딥러닝의 학습 원리는 4장에서 본 경사하강법입니다. 단 실제로 경사하강법을 사용해 보면 결과가 수렴하지 않거나 수렴을 한다 해도 시간이 오래 걸리는 경우가 있습니다. 그래서 이를 극복하기 위한 다양한 학습 방법이 고안됐는데 그중에서 자주 사용되는 알고리즘을 이번 절에서 소개합니다. 먼저 수식에 사용할 표기법부터 살펴봅시다.

손실함수를 L이라 하고 이 L이 가중치 행렬 W의 함수라고 가정합니다.

$$L = L(w_{ij})$$

L을 w^{ij}로 편미분한 결과를 u^{ij}로 표현하면 다음과 같습니다.

$$u_{ij} = \frac{\partial L}{\partial w_{ij}}$$

이때 U라는 행렬이 생기는데 이 행렬은 다음과 같은 식으로 쓸 수 있습니다.

$$U = \nabla L$$

이때의 수학 기호 ∇는 기호는 '벡터 미분 연산자(vector differential operator)'이며 '나블라(nabla)'라고 읽습니다. 이 기호를 사용하면 지금까지 설명한 경사하강법의 수식을 다음과 같이 표현할 수 있습니다.

$$W^{(k+1)} = W^{(k)} - \alpha \nabla L$$

모멘텀

4.5절에서도 설명했지만 경사하강법을 사용할 때는 다음 단계로 이동할 벡터에서 어느 쪽으로 갈 것인지를 나타내는 '방향'과 얼마나 이동할 것인지를 나타내는 '크기'가 중요합니다.

기존의 경사하강법에서는 손실함수의 편미분값만 사용하는 반면, '모멘텀(momentum)'에서는 **방향을 결정할 때 '반복 계산 이전 단계의 경사 벡터'도 사용**합니다. 구체적으로는 다음과 같은 방식으로 가중치 행렬을 계산합니다. 이때 α는 학습률이고 γ는 감쇠율(learning rate decay)입니다[14].

$$V^{(k+1)} = \gamma V^{(k)} - \alpha \nabla L$$
$$W^{(k+1)} = W^{(k)} + V^{(k+1)}$$

감쇠율은 통상 0.9 정도의 값을 사용합니다. 식을 보면 가중치 행렬을 바로 계산하는 것이 아니라 **모멘트 행렬 V**도 사용하는 것을 알 수 있습니다. 이때의 V는 경사하강법의 반복 계산에서 오래된 계산일수록 '기여율(寄與率)'[15]이 작아지는데 그 영향이 아주 없어지진 않습니다. 예를 들어, 반복 계산에서 한 단계 앞의 편미분 결과라면 0.9, 두 단계 앞의 편미분 결과라면 0.9×0.9=0.81과 같이 줄어듭니다. 이렇게 모멘텀 행렬을 더하는 방법으로 새로운 가중치 행렬을 구할 수 있습니다.

---

14 옮긴이: 이때의 그리스 문자 γ는 감쇠율을 의미하며 'gamma'라고 읽습니다.

15 옮긴이: 기여율이란 전체를 증감시키는 데 특정 항목이 얼마나 공헌했는지를 나타내는 지표입니다.

RMSProp

모멘텀이 이동량 벡터의 '방향'을 고려한 것이라면 'RMSProp'은 이동량 **벡터의 '크기'**를 고려한 방법입니다. 구체적인 알고리즘은 다음과 같습니다. 수식 하나하나를 이해하는 것은 다소 어렵지만 마지막 식을 보면 이 **알고리즘이 이동량 벡터의 크기에 관한 것**임을 짐작할 수 있습니다[16].

$$h_{ij}^{(k+1)} = \alpha \cdot h_{ij}^{(k)} + (1 - \alpha) \left(\frac{\partial L}{\partial w_{ij}} \right)^2$$

$$\eta_{ij}^{(k+1)} = \frac{\eta_0}{\sqrt{h_{ij}^{(k+1)} + \epsilon}}$$

$$w_{ij}^{(k+1)} = w_{ij}^{(k)} - \eta_{ij}^{(k+1)} \frac{\partial L}{\partial w_{ij}}$$

아담

이 책에서 자세히 다루지는 않지만 모멘텀이 고려한 벡터의 '방향'과 RMSProp이 고려한 벡터의 '크기'까지 두 측면 모두를 고려한 것으로 '아담(adam)'이라는 기법이 있습니다. 최근의 딥러닝 모델에서 많이 활용되고 있습니다.

케라스를 사용할 때는 이러한 최적화 기법들을 compile 함수의 인수(optimizer)로 간단히 설정할 수 있습니다. 이런 특징을 살려 11.1절의 프로그램을 학습 방법만 바꿔서 그래프로 표현해 봅시다. 모멘텀과 RMSProp 중 어느 방식이든 기존 경사하강법인 확률적 경사하강법보다 더 효과적인 학습이 이뤄진다는 것을 알 수 있습니다.

---

16 옮긴이: 이때의 그리스 문자 η는 학습률을 의미하며, 'eta'라고 읽습니다. 7.6절에 나온 학습률 α는 정수인 반면, 이번 장에 나오는 학습률 η는 함수입니다.

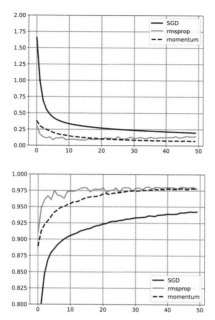

그림 11-12 여러 가지 학습 방법 간의 학습 효율 비교(위쪽: 손실함수, 아래쪽: 정확도)

11.6 과적합 대책

딥러닝에서는 학습 데이터가 많을수록 일반적인 머신러닝보다 정확도가 올라갑니다. 다만 학습 데이터에 지나치게 최적화될 경우 다른 검증 데이터에서는 오히려 정확도가 낮아질 수 있는데 이 같은 현상을 '**과적합**(overfitting)'이라고 합니다.

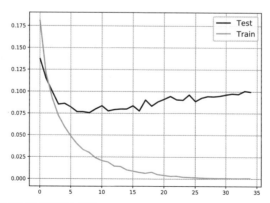

그림 11-13 학습 데이터와 검증 데이터에 대한 학습 곡선

그림 11-13을 살펴봅시다. 이것은 가로축에 학습 횟수를, 세로축에 손실함수의 결괏값을 둔 그래프로, 학습 데이터(Train)와 검증 데이터(Test) 각각에 대한 학습 곡선을 함께 표시한 것입니다. 학습 데이터에 대한 손실함숫값은 점차 낮아지는 반면 검증 데이터에 대한 손실함숫값은 일정 지점에서 오히려 올라가는 것을 알 수 있습니다.

보통은 학습 데이터를 반복적으로 사용하며 그 데이터에 관한 손실함숫값이 작아지도록 매개변수를 최적화하는 것이 기계학습이나 딥러닝의 기본 원리입니다. 그러나 그 수준이 지나치면 학습에 사용되지 않은 데이터를 사용했을 때 정확도가 나빠지는 약점이 있습니다. 이러한 문제를 해결하는 가장 쉬운 방법은 학습 데이터를 **학습용**과 **검증용**으로 미리 나눈 다음, 검증 데이터에 대한 정확도가 떨어지면(혹은 일정 수준 이상 개선되지 않는다면) 그 지점에서 학습을 중단하는 방법입니다. 8장의 실습에서도 이 방법을 사용했습니다.

그 밖에도 과적합을 효과적으로 방지하기 위한 다양한 방법이 있는데 그중 몇 가지를 소개합니다.

드롭아웃

그림 11-14를 살펴봅시다. 이 그림은 '드롭아웃(dropout)'을 이용한 학습 방법을 그림으로 표현한 것입니다.

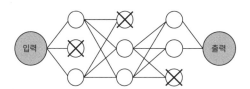

그림 11-14 드롭아웃의 개념도

드롭아웃을 이용한 학습은 다음과 같이 진행됩니다.

(1) 신경망을 정의할 때, 층과 층 사이에 드롭아웃층을 추가합니다. 드롭아웃층에는 드롭아웃 비율을 설정해 둡니다.

(2) 학습할 때마다 미리 지정한 비율만큼의 노드가 무작위로 드롭아웃됩니다. 마치 입구가 닫힌 터널과 같다고 생각하면 되는데 이 상태에서는 그림 11-14처럼 드롭아웃된 노드가 동작하지 않는 상태에서 학습이 이뤄집니다.

(3) 다음 학습에서는 또 다른 노드가 드롭아웃됩니다. 이후 학습 단계가 끝날 때까지 이러한 과정이 반복됩니다.

(4) 학습이 끝나고 예측 모드가 됐을 때는 드롭아웃 상태를 해제하고 모든 노드를 사용할 수 있게 만든 다음, 예측을 합니다.

요컨대 학습할 때마다 학습에 사용할 노드를 교체하는 방식인데 결과적으로 과적합을 방지하는 대책이 됩니다. 참고로 케라스에서는 이러한 드롭아웃 기능을 제공하고 있으니 노드와 노드 사이에 적용하면서 과적합을 방지해보기 바랍니다.

정칙화

과적합이란 모델이 학습 데이터에 지나치게 최적화되어 범용성이 없어진 상태를 말합니다.

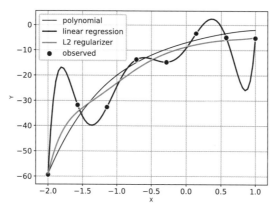

그림 11-15 과적합한 곡선과 L2 정칙화한 곡선

그림 11-15를 살펴봅시다. 이 그림의 검은 곡선은 학습 데이터(검은 점)를 다항식으로 근사한 모델의 곡선입니다. 학습 데이터로 주어진 점을 억지로 통과하다 보니 곡선이 부자연스럽게 그려진 것을 알 수 있습니다. 이처럼 과하게 적응한 모델들은 가중치 행렬이나 가중치 벡터에서 계수의 절댓값이 크다는 특징이 있습니다.

그래서 원래의 손실함수에 가중치 행렬이나 가중치 벡터의 계수에 비례하는 페널티(penalty)를 적용해 계수의 절댓값을 낮추는 방법을 고안하게 됩니다. 이러한 방법을 '**정칙화(regularization)**'라고 합니다.

페널티를 계산하는 방법으로는 각 가중치 요소의 제곱(**L2 노름**)을 더하는 방법과 절댓값(**L1 노름**)을 더하는 방법이 있습니다[17]. 그림 11-15의 파란 곡선은 손실함수에 L2 노름을 추가한 모델의 학습 결과입니다. 앞의 검은 곡선에 비해 곡선이 자연스럽게 그려진 것을 알 수 있습니다.

이 예는 머신러닝 모델(회귀 모델)의 예지만 딥러닝 모델에도 같은 방법을 적용할 수 있습니다. 케라스에서는 가중치 행렬을 정의할 때 kernel_regularizer라는 옵션을 사용해 정칙화할 수 있습니다.

---

17 옮긴이: L1 노름(norm)은 벡터 성분의 절댓값을 모두 더한 맨해튼 거리이고, L2 노름은 벡터의 유클리드 거리입니다.

배치 정규화

미니 배치 학습법에 사용할 입력 데이터를 전처리 과정에서 정규화하는 것을 '배치 정규화(BN: batch normalization)'라고 합니다. 여기서 정규화란 원래의 데이터가 정규 분포를 따른다는 전제로 데이터의 평균을 0으로, 분산을 1로 만들기 위한 통계 분석 기법입니다. 전처리식은 다음과 같습니다.

- M: 데이터 계열의 전체 개수

- $x^{(m)}$: m번째 데이터 계열의 데이터

- 평균 μ의 계산

$$\mu = \frac{1}{M} \sum_{m=1}^{M} x^{(m)}$$

- 분산 σ의 계산

$$\sigma^2 = \frac{1}{M} \sum_{m=1}^{M} (x^{(m)} - \mu)^2$$

- 데이터의 정규화[18]

$$\hat{x}^{(m)} = \frac{x^{(m)} - \mu}{\sqrt{\sigma^2 + \epsilon}}$$

입력 데이터에 이 같은 전처리를 하게 되면 오차역전파를 계산할 때도 추가적인 계산이 필요합니다. 이 책에서는 지면 관계상 추가되는 계산에 대해서는 따로 설명하지 않습니다.

배치 정규화는 과적합을 방지하는 효과도 있지만 학습 속도가 빨라지는 효과도 있다고 알려져 있습니다. 케라스에서는 'Batch Normalization'이라는 컴포넌트를 추가하면 이 기능을 사용할 수 있습니다.

---

18 옮긴이: 이때의 그리스 문자 ε는 분모가 0이 되지 않게 하는 양의 작은 수를 의미하며 'epsilon'이라고 읽습니다. 이때의 수학 기호 ^는 정규화 후의 x를 표현하기 위해 사용됐으며 'hat'이라고 읽습니다.

11.7 학습의 단위

4.5절의 칼럼과 10.7절에서는 사전에 준비한 학습 데이터를 어떤 단위로 경사하강법에 적용할지에 대해 이야기했습니다. 이 내용은 학습 단계에서 중요한 내용이므로 여기서 다시 한번 각 방식과 특징을 정리해 보겠습니다.

배치 학습

n개(10장의 예제에서는 6만개)의 학습 데이터가 있을 때 모든 손실함수의 합이 최소화되는 방향으로 학습을 진행합니다. 시간이 오래 걸리는 오차역전파의 계산 횟수가 적기 때문에 안정적으로 수렴되는 반면 국소 최적해에 빠질 위험이 있습니다[19].

온라인 학습(확률적 경사하강법)

n개의 학습 데이터에서 무작위로 하나의 데이터를 고르고 그 데이터에 대한 손실함수가 최소화되는 방향으로 학습을 진행합니다. 국소 최적해에 빠질 확률은 줄어드는 반면, 결과가 안정되지 않거나 계산 비용도 높은 편이라 잘 사용되지 않습니다.

미니 배치 학습

배치 학습과 온라인 학습이 절충된 방법입니다. n개의 학습 데이터에서 m개(2의 멱승이 일반적)의 데이터를 무작위로 고르고 그 m개의 데이터에 대한 손실함수가 최소화하는 방향으로 학습을 진행합니다. 두 안이 절충된 만큼 두 안의 중간 정도 수준으로 장점과 단점이 공존합니다.

참고로 이 책의 7장부터 9장까지는 실습 데이터의 건수가 적은 편이라 배치 학습법을 사용했습니다. 반면 앞 장에서는 학습 데이터의 건수가 6만 건에 이르는 많은 편인지라 1회당 512건씩 나눠서 학습하는 미니 배치 학습법을 사용했습니다.

케라스에는 학습에 사용하는 fit 함수에 batch_size라는 매개변수가 있어서 처음부터 미니 배치 학습을 사용한다고 전제하고 있습니다. 이 매개변숫값을 학습 데이터 건수와 똑같이 설정하면 배치 학습을 하게 되고, 1로 설정하면 온라인 학습을 하게 됩니다.

---

19 국소 최적해에 대해서는 4.5절의 칼럼에서 설명했습니다.

11.8 가중치 행렬의 초기화

10.8절의 실습에서는 입력 데이터의 차원 수가 클 때 경사하강법을 적용할 때는 가중치 행렬의 초깃값이 중요하다고 설명했습니다. 이런 문제를 해결하기 위한 다양한 연구가 있었는데 그중에서도 특히 효과적이라고 알려진 몇 가지 알고리즘이 케라스에 구현돼 있습니다. kernel_initializer라는 매개변수를 사용하면 적절한 방법을 선택할 수 있는데, 그중에서 대표적인 방법 몇 가지를 소개합니다.

He normal

10.8절의 실습에서 사용한 방법입니다. 활성화함수로 ReLU 함수를 사용할 때 적합한 방법으로 알려져 있습니다.

입력층 노드의 차원 수를 N, 평균은 0, 표준 편차는 σ라고 할 때 다음과 같은 난수로 초기화합니다.

$$\sigma = \sqrt{\frac{2}{N}}$$

케라스를 사용할 때는 다음과 같이 지정하면 됩니다.

```
kernel_initializer ='he_normal'
```

Glorot Uniform

초기화 방법을 따로 지정하지 않았을 때 동작하는 기본 초기화 방법입니다.

가중치 행렬에서 본 입력층 노드의 차원 수를 N_1, 출력층 노드의 차원 수를 N_2라고 할 때 다음 식으로 계산된 값을 사용해 구간이 [-limit, limit]인 '균등분포(均等分布, uniform distribution) 난수'로 초기화합니다[20].

$$\text{limit} = \sqrt{\frac{6}{N_1 + N_2}}$$

케라스를 사용할 때는 다음과 같이 지정하면 됩니다.

```
kernel_initializer='glorot_uniform'
```

---

20 옮긴이: 난수가 발생할 확률이 균등분포를 따를 때 그 난수를 정규분포난수라고 합니다

11.9 다음 목표를 향해

딥러닝의 세계는 급속도로 발전하고 있습니다. 지면 관계상 미처 소개하지 못한 내용으로 다음과 같은 것이 있습니다.

- 이미지 처리 방식: 사물 인식, 세그먼테이션(segmentation) 등
- 학습 방식: 전이 학습(transfer learning), Teacher-Student 모델, GAN(Generative Adversarial Network) 등

1.2절에서 이름만 소개한 강화학습은 모델의 구조가 상당히 수준이 높기 때문에 이 책에서는 다루지 않았습니다. 사실 강화학습에도 딥러닝의 접근 방식을 도입해서 DQN(Deep Q-Network)이 된 다음부터 바둑이나 로봇 제어와 같은 영역에서 놀라운 성과를 낸다고 알려지고 있습니다.

사실 이러한 최첨단 기술도 기본적인 학습 방법으로 이 책에서 배운 경사하강법의 개념을 사용합니다. 그래서 이 책에서 딥러닝의 기본을 이해할 수 있었다면 새로운 기술의 개념과 동작 방식도 큰 어려움 없이 이해할 수 있을 것입니다.

다음은 이러한 최첨단 기술을 목표로 삼아 새로운 정상을 향해 다시 한번 발걸음을 옮겨 보기 바랍니다.

부록

그리스 문자 목록

A	α	알파
B	β	베타
Γ	γ	감마
Δ	δ	델타
E	ε	입실론
Z	ζ	제타
H	η	에타
Θ	θ	쎄타
I	ι	이오타
K	κ	카파
Λ	λ	람다
M	μ	뮤
N	ν	뉴
Ξ	ξ	크사이
O	o	오미크론
Π	π	파이
P	ρ	로오
Σ	σ	시그마
T	τ	타우
Υ	υ	업실론
Φ	ϕ 또는 φ	파이
X	χ	카이
Ψ	ψ	프사이
Ω	ω	오메가